全国农业高等院校规划教材
农业部兽医局推荐精品教材

宠物行为与训练

● 李凤刚　王殿奎　主编

中国农业科学技术出版社

图书在版编目（CIP）数据

宠物行为与训练/李凤刚，王殿奎主编．—北京：中国农业科学技术出版社，2008.8
（2024.7 重印）

全国农业高等院校规划教材．农业部兽医局推荐精品教材

ISBN 978-7-80233-568-4

Ⅰ．宠…　Ⅱ．①李…②王…　Ⅲ．观赏动物－驯养－高等学校－教材　Ⅳ．S815

中国版本图书馆 CIP 数据核字（2008）第 081277 号

责任编辑　邬震坤
责任校对　贾晓红

出 版 者　中国农业科学技术出版社
　　　　　北京市中关村南大街 12 号　邮编：100081
电　　话　(010) 82106632（编辑室）
传　　真　(010) 62121228
网　　址　http:// www.castp.cn
经 销 者　新华书店北京发行所
印 刷 者　北京建宏印刷有限公司
开　　本　787mm×1 092mm　1/16
印　　张　14
字　　数　320 千字
版　　次　2008 年 8 月第 1 版　2024 年 7 月第 8 次印刷
定　　价　32.00 元

序

    中国是农业大国，同时又是畜牧业大国。改革开放以来，我国畜牧业取得了举世瞩目的成就，已连续 20 年以年均 9.9% 的速度增长，产值增长近 5 倍。特别是"十五"期间，我国畜牧业取得持续快速增长，畜产品质量逐步提升，畜牧业结构布局逐步优化，规模化水平显著提高。2005 年，我国肉、蛋产量分别占世界总量的 29.3% 和 44.5%，居世界第一位，奶产量占世界总量的 4.6%，居世界第五位。肉、蛋、奶人均占有量分别达到 59.2 千克、22 千克和 21.9 千克。畜牧业总产值突破 1.3 万亿元，占农业总产值的 33.7%，其带动的饲料工业、畜产品加工、兽药等相关产业产值超过 8 000 亿元。畜牧业已成为农牧民增收的重要来源，建设现代农业的重要内容，农村经济发展的重要支柱，成为我国国民经济和社会发展的基础产业。

    当前，我国正处于从传统畜牧业向现代畜牧业转变的过程中，面临着政府重视畜牧业发展、畜产品消费需求空间巨大和畜牧行业生产经营积极性不断提高等有利条件，为畜牧业发展提供了良好的内外部环境。但是，我国畜牧业发展也存在诸多不利因素。一是饲料原材料价格上涨和蛋白饲料短缺；二是畜牧业生产方式和生产水平落后；三是畜产品质量安全和卫生隐患严重；四是优良地方畜禽品种资源利用不合理；五是动物疫病防控形势严峻；六是环境与生态恶化对畜牧业发展的压力继续增加。

    我国畜牧业发展要想改变以上不利条件，实现高产、优质、高效、生态、安全的可持续发展道路，必须全面落实科学发展观，加快畜牧业增长方式转变，优化结构，改善品质，提高效益，构建现代畜牧业产业体系，提高畜牧业综合生产能力，努力保障畜产品质量安全、公共卫生安全和生态环境安全。这不仅需要全国人民特别是广大畜牧科教工作者长期努力，不断加强科学研究与科技创新，不断提供强大的畜牧兽医理论与科技支撑，而且还需要培养一大批掌握新理论与新技术并不断将其推广应用的专业人才。

    培养畜牧兽医专业人才需要一系列高质量的教材。作为高等教育学科建设的一项重要基础工作——教材的编写和出版，一直是教改的重点和热点之一。为了支持创新型国家建设，培养符合畜牧产业发展各个方面、各个层次所需的复合型人才，中国农业科学技术出版社积极组织全国范围内有较高学术水平和多年教学理论与实践经验的教师精心编写出版面向 21 世纪全国高等农林院校，反映现代畜牧兽医科技成就的畜牧兽医专业精品教材，并进行有益的探索和研究，其教材内容注重与时俱进，注重实际，注重创新，注重拾遗补缺，注重对学生能力、特别是农业职业技能的综合开发和培养，以满足其对知识学习和实践能力的迫切需要，以提高我国畜牧业从业人员的整体素质，切实改变畜牧业新技术难以顺利推广的现状。我衷心祝贺这些教材的出版发行，相信这些教材的出版，一定能够得到有关教育部门、农业院校领导、老师的肯定和学生的喜欢。也必将为提高我国畜牧业的自主创新能力和增强我国畜产品的国际竞争力作出积极有益的贡献。

国家首席兽医官
农业部兽医局局长

二〇〇七年六月八日

前　言

　　《宠物行为与训练》一书，是根据《教育部关于加强高职高专教育人才培养工作的意见》《关于加强高职高专教育教材建设的若干意见》以及《关于全面提高高等职业教育教学质量的若干意见》等文件精神编写的。

　　现有的宠物行为和训练方面的书籍，要么单纯作行为理论的讲授，要么单纯以宠物训练为主要内容，无法适应目前高职高专宠物专业教学的需要。为此，在本书编写过程中紧紧围绕高职教育的人才培养目标，紧密结合宠物饲养及训练的实际，突出理论适度、重在技能训练的高职教学特点，以强化技术应用能力为主线贯穿始终。在阐明动物行为基本理论的基础上，对宠物训练方法作重点讲授。做到了基础理论重点突出，训练技术规范严谨，训练方法简明易懂。

　　从全书的结构上看，前九章主要讲授宠物训练的基础理论、训练技巧和方法，最后精选犬、猫、鸟训练中的十个综合技能实训，编辑了课程的教学大纲，使理论与实践进一步融合；从每个单元看，在讲解理论或训练过程后都列有与本章重点内容紧密联系的数量适中、具有综合性和启发性的复习思考题；从每一个训练项目看，结尾都指出了该项目训练中的注意事项或易犯的错误。为了便于训练中的实际操作，在主要训练项目讲授的同时都配有图片或图示。既方便教师讲解又方便学生自学，既可以培养学生扎实的基础理论知识，又突出巩固了学生的实际应用能力。在保证科学性、实用性的基础上，力求反映本专业的新知识、新方法和新技术。

　　本书共分为十章，其中，第一章动物行为学由李凤刚编写；第二章动物行为的类型由孙凡花编写；第三章动物行为的生理基础由冯永谦与高金英编写；第四章犬的行为与习性由王殿奎编写；第五章驯犬基础由李凤刚与许云贺编写；第六章犬的训练由李凤刚与杨志东编写；第七章猫的行为由付志新编写；第八章猫的训练由刘艳艳编写；第九章鸟的技艺训练由林长水与李义编写。全书由李凤刚最后统稿，孙凡花协助绘图和编辑工作。

　　本书主要供动物科学和动物医学学科的宠物专业使用，同时也可以为宠物管理和宠物行为研究人员及广大宠物爱好者提供参考。

　　编写工作得到了中国农业科学技术出版社、东北农业大学李世安先生和徐世文教授的精心指导，也得到了许多同行的支持和帮助，并参考了一些宝贵资料。书稿完成后，佳木斯大学岳丽红教授给予了精心审阅，在此一并表示诚挚的谢意。

由于作者水平所限，加之时间仓促，书中定有许多缺点甚至纰漏，恳请业内专家和广大使用者批评指正，以备修订。

2008 年 5 月 20 日

目　　录

第一章　动物行为学 ··· 1

　第一节　动物行为学概述 ·· 1

　第二节　反射、本能与动机 ·· 4

　第三节　刺激、冲动与情绪 ·· 8

第二章　动物行为的类型 ·· 15

　第一节　领域行为 ·· 15

　第二节　防御行为 ·· 20

　第三节　食物行为 ·· 28

　第四节　性行为 ·· 30

　第五节　亲代抚育行为 ·· 31

　第六节　欲求行为和完成行为 ·· 35

　第七节　本能行为和学习行为 ·· 36

　第八节　睡眠行为 ·· 39

第三章　动物行为的生理基础 ·· 42

　第一节　动物行为的神经生理 ·· 42

　第二节　动物的感觉和知觉 ·· 45

　第三节　动物行为的内分泌基础 ·· 49

第四章　犬的行为与习性 ·· 56

　第一节　养犬的益处 ·· 56

　第二节　犬的一般生理特性 ·· 59

　第三节　犬的一般心理特点 ·· 62

　第四节　犬的情感表达 ·· 68

第五章　驯犬基础 ··· 73

　第一节　驯犬的生理基础 ·· 73

　第二节　驯犬的基本原理、原则和方法 ···································· 81

　第三节　驯犬的时机、道具和命令 ·· 87

　第四节　训犬人的准备及犬良好性格的培养 ································ 91

第六章 犬的训练 ·· 95

第一节 宠物犬的选购 ··· 95

第二节 宠物犬的日常生活训练 ··························· 97

第三节 宠物犬基础科目的训练 ··························· 101

第四节 宠物犬表演技能的训练 ··························· 116

第五节 其他工作犬的训练简介 ··························· 120

第六节 犬的问题行为及纠正方法 ······················ 131

第七章 猫的行为 ·· 136

第一节 家猫概述 ··· 136

第二节 猫的习性 ··· 137

第三节 人与猫之间的关系 ·································· 142

第四节 猫常见的行为 ·· 144

第八章 猫的训练 ·· 147

第一节 训练猫的生理基础 ·································· 147

第二节 训练的刺激方法 ····································· 148

第三节 训练的基本方法 ····································· 150

第四节 基本动作训练 ·· 150

第五节 猫技巧训练 ·· 155

第六节 训练中的注意事项 ·································· 157

第九章 鸟的技艺训练 ··· 159

第一节 鸟训练的基础知识 ·································· 160

第二节 鸟的鸣唱、说话与手玩训练 ···················· 161

第三节 鸟的基础训练 ·· 164

第四节 几种常见技艺的训练 ······························ 165

第五节 百灵鸟简介 ·· 168

第六节 百灵鸟的驯养与调教 ······························ 171

第七节 鹩哥的技艺训练 ····································· 174

第八节 八哥的训练 ·· 175

第九节 鸽子的基本情况概述 ······························ 179

第十节 鸽子的技艺训练 ····································· 181

实训一 犬行为（表情、情绪、动作）观察 ············· 192

实训二 奖励、惩罚与犬行为训练 ························· 195

实训三 命令与犬行为训练 ·································· 197

实训四 犬佩戴牵绳的训练 ·································· 198

实训五 犬的坐、立、卧与行走训练 ····················· 199

实训六　猫调教训练中刺激法的运用 ································· 202

实训七　鹩哥的说话训练 ··· 203

实训八　八哥的语言模仿训练 ··· 204

实训九　捉鸽、握鸽、递鸽和接鸽练习 ······························· 205

实训十　鸽子的放归训练 ··· 206

主要参考文献 ··· 209

第一章　动物行为学

第一节　动物行为学概述

一、动物行为

最早将生物划分为动物和植物的是博物学家林奈，划分的标准是能否运动。动物的运动就是动物行为学研究的重要内容。动物行为指动物对外界环境的变化和内在生理状况的改变作出的整体性反应。动物的行为通常表现为某种动作或运动形式，如跑、跳、游、飞等。当然，动物的行为多种多样，如鸣叫发声、变化身体姿态和颜色、散发某些气味、改变面部表情等引起其他个体发生反应的动作都属于动物的行为表现形式。而有时动物的行为并不表现为明显的动作或运动，如一只屹立在山巅上的雄羚羊看上去完全不动，却往往是在向其他个体显示它是该领域的占领者；一只蜥蜴静卧在阳光下，正在吸取阳光热量，这些也是动物的行为表现。前者可称为炫耀行为，而后者是热调节行为。动物都睡眠，但行为上却表现各异，马、象、牛、鹿等站着睡，树懒、某些蝙蝠头朝下挂着睡，很多食肉动物卷曲着身子睡等等，这些都是动物的睡眠行为。所以，动物的行为又不仅是动物的动作或运动。动物在生活过程中，会表现出各种各样的活动方式，这些活动方式是动物个体或群体对内外界环境条件变化所作出的有规律的、系统的适应性活动。总之，动物行为是一种运动变化过程，目的是使动物与生存的环境相适应，而且所有动物行为的产生都具有一定的遗传基础和生理基础。

二、动物行为学的研究范畴与方法

动物行为学是研究动物体在自然条件下的各种行为，即动物对外界环境和内在环境变化的所有反应过程的科学。目前，动物行为学的主要研究内容包括：本能行为、学习行为、食物行为、母性行为、探究行为、性行为、群体的社会行为以及这些行为的生理机制和遗传发育规律等。动物的行为对于维持个体生存和种族延续，都是十分重要的。人们通过对各种动物的行为进行深入的比较研究，能够在弄清行为的发生、发展规律及其调节因素的基础上，一方面在理论上为进化论提供证据，促进对人类自身演化历史的了解；另一方面在实际应用上，为提高家畜家禽生产性能提供适宜的生产环境，为防治有害动物提供措施和方法，为有益动物和稀有动物的保护、培育、繁殖和合理利用提供科学依据。

动物行为的研究方法有许多种。例如，可以在野外观察动物的活动情况，并建立相应的动物行为记录；可以在实验室条件下，通过模拟或干扰发生行为的动物或接收行为的动物之间使用的信号，然后分析刺激（引发）行为发生的主要因素；也可以在家养的环境下对动物的行为进行观察分析，为生产提供帮助。

三、动物行为学的研究历史

20世纪以前动物行为学的研究经历一个缓慢发展的阶段，这一阶段是动物行为学的萌芽时期。早在旧石器时代，人为了生存就已经开始注意动物的行为规律了，随着动物家养的开始，人对动物的行为有了更多的了解。在文明时代的早期，古埃及人就尝试过人工孵卵。古希腊的亚里士多德更是开辟了观察、描述动物行为的新纪元。在他的论著中，记录了540种动物的行为和生活史，对人类关于生命的认识产生了相当大的影响。17世纪和18世纪，研究动物行为的人更多了，开始了不同物种行为的比较研究和行为的理论探讨。如德国人约翰（Johun Pernaller）研究了不同鸟的行为差异，包括采食、筑巢、领地、季节性羽毛色彩变化、迁徙、鸣叫和育雏等；法国的勒雷（Chorles George Lereg）对狼、狐的捕食行为及野兔的恐惧表现有过生动的描述，提出了动物依靠它们的记忆和生活经验能够聪明地生活。19世纪动物行为研究的四大先驱是达尔文、摩根、法布尔和巴甫洛夫。达尔文的《物种起源》的发表，对动物行为学的研究产生了深远的影响。其《人类的由来》一书研究比较了人与动物的本能行为，为科学地、客观地观察和研究动物行为开辟了道路。摩根则证明了我们可用更简单的思路去解释动物的动作，而不能拿人类的感情和标准去判断动物的行为。法布尔的重要贡献在于他是第一位在自然环境中仔细观察动物的科学家，并把自己的观察所得详细、清晰地记录下来，他花了大量时间，观察昆虫的生活，说明了昆虫行为的复杂性。巴甫洛夫提出条件反射这一重要概念，他发现经过训练的犬，能对一个原本不会发生反应的刺激产生行为反应，这一重要的实验揭示了动物学习过程的本质，这是一切动物训练的理论基础。19世纪末，劳埃德（C. Lioyd Morgun）研究鸡的本能、学习、模拟行为，现代行为学中许多术语，如Behaviour（行为）、Animod Behaviour（动物行为），都首次出现在他的论著中。

20世纪是动物行为学迅速发展的世纪。霍布豪斯（Hobhouse）在1901年发现了猴及其他动物能使用一定的工具（棍、箱子）得到食物；1906年，动物学家詹宁斯（H. S. Jennings）对原生动物的行为进行了详细研究，写出了《原生动物的行为》一书，这是第一本专门论述动物行为的著作。柏林的海因罗特（Oskar Heinorth）在1871～1945年间，对多种鸭、鹅的运动方式、解剖学特征、社会行为、鸣叫以及繁殖行为等进行了非常详尽的研究，并发现了灰雁从孵卵箱中孵出后的印记行为，他独自阐述的同源性学说，被认为是行为学真正诞生的标志之一。动物学家罗曼内斯（H. S. Reimarus）发展了达尔文的思想，并正式建立了比较行为学这一学科，为现代行为生物学奠定了基础。随后，摩尔根（C. L. Morgun）、杰姆斯（W. James）以及劳埃波（J. Loeb）等都在方法、概念上对动物行为学的发展做出了贡献。1931～1941年，欧洲著名的行为生物学家廷伯根和劳伦兹在自然和半自然条件下对动物进行了长期的观察，发表了"社会性鸦的行为学"、"鸟类环境世界中的伙伴"、"关于本能的概念"、"对雁鸭类行为的比较研究"等论文，建立了物种的行为图谱，发现了所研究的行为型的功能，提出了显示、位移、仪式化等许多新概念和新的研究课题。特别是劳伦兹提出的"印记"这一术语，极好地说明了先天性和后天获得性行为的结合问题，在行为分析、行为生态方面做出了重要贡献。20 世纪 60 年代以来，随着人们对动物行为研究重要性的认识，有关的科研成果日益增多，动物行为学已成为生物学中极为活跃的分支学科。通过动物行为的研究，不但揭示了动物行为发生发展的规律及其功能，促进了行为生物学的发展，同时对其他学科（如分类学、生态学）也产生了很大的影响，而且对促进心理、生理、遗传、进化等学科的发展也起到了积极的作用。除了研究动物行为，还把研究内容从行为维系群体的作用，扩展到行为的个体发育进化史、行为的控制及社会性组织等方面。通过这些研究，使动物行为学发展成为涉及行为学、生态学、生理学、心理学、遗传学、进化论、社会学和经济学等多个领域的综合性学科。

四、动物行为学的现代进展

近年来，动物行为学的研究获得了蓬勃的发展，主要是把动物行为与生命科学中许多分支学科相互渗透在一起，形成了许多新的研究领域，从不同的角度进一步完整、系统地阐述动物行为产生的原因、机制、行为发生、发育、进化及与功能的适应等问题。动物行为学的分支很多，其中行为遗传学（用遗传学方法研究行为的遗传基础）与行为生态学（研究生态学中的行为机制，动物行为的生态学意义和进化意义）是最重要的两个分支。

（一）行为遗传学

行为遗传学，是用遗传学方法研究行为的遗传基础。1960 年，美国学者汤普森（Thompson）写成《行为遗传学》一书，宣布这一新学科的诞生。10 年后，第一份专业期刊《行为遗传学》问世。1967 年，本泽尔（Benzer）第一个通过人工诱导和选择的方法得到了果蝇的行为突变体，为行为遗传学的研究开辟了道路。从此以后，行为突变体的研究很快在果蝇、线虫、草履虫、细菌及其他生物领域大量开展起来。目前，已在分子水平分析的基础上，进一步开展行为基因的分离、克隆和转移的研究。行为遗传学为动物行为学的研究开辟了一个新天地，对于阐明行为遗传的规律和机制都具有重要意义。

（二）行为生态学

行为生态学，主要是研究生态学中的行为机制、动物行为的生态和进化意义，在理论及方法论方面是动物行为学中发展最快、最为活跃的一个领域。

行为生态学主要包括取食行为生态学、防御行为生态学、繁殖行为生态学、社会生态学、时空行为生态学（如栖息地的选择、定向和导航、巢域和领域现象等）以及行为生态学预测等内容。其中，社会生态学或社会生物学，近年来取得了突出的进展。K. Lorenz 对鸟类社会行为的研究、N. Tinbergen（1974）对人类社会行为的研究以及 K. Von Frisch 对蜜蜂社会行为的研究等，奠定了社会生物学的基础。1975 年，E. O. Wilson 出版了《社会生物学》一书，系统地介绍了这门学科的观点、理论体系和研究方法。许多社会生物学把达尔文自然选择的概念应用于社会行为的研究，又把生态学、行为学、遗传学和进化论加以综合，提出了内在适合度和亲缘选择的新概念。这些新概念把动物社会行为的研究提高到了一个新的高度。

目前，动物行为生态领域正吸引着越来越多的科学家投入研究。尤其是关于行为经济学和进化稳定对策（ESS）的研究，正显示着强大的生命力。

我国在这一领域的研究还处于起步阶段。动物行为的研究在我国自20世纪80年代初开始，以李世安先生的《应用动物行为学》为起点。研究主要是描述性的和应用性的，理论研究方面的广度和深度与国外仍存在着一定的差距。到目前为止，国内仍没有形成专门的动物行为学教材、期刊。但据已公开发表的有关论文和资料显示，我国在动物行为某些领域方面的研究也取得了一定的进展。

第二节　反射、本能与动机

每一个学科都有它专门的术语，用来十分便利，动物行为学也不例外。动物行为学的术语有一些是沿用了日常的词汇，如学习、本能、动机。还有一些是由生理学等邻近学科移植过来的，如刺激与反应等，它们在行为学中都富有一定的含义。不过，随着研究的进展和知识的积累，人们对问题的认识也在逐步深入。因此，术语的概念也会随之发展。

一、反射

动物的行为是动物对外界和内部所感受刺激的反应，而最简单的反应形式就是反射。反射是指在中枢神经系统参与下的机体对内外环境刺激的规律性应答。它是借用了物理学中的"反射"一词来表示刺激与机体反应间的必然因果关系。巴甫洛夫认为动物反射有条件反射和非条件反射两种类型。

（一）非条件反射

非条件反射，是动物生来就有的先天性反射，是动物维持生命最基本和最重要的反射活动。如哺乳动物生下来就会吮吸乳汁，就能呼吸，如动物生来就会搔痒、收缩、眨眼、喷嚏、呕吐等保护性行为等。能引起非条件反射的刺激称为非条件刺激，如食物、触摸等，这种非条件反射行为等同于物种的本能行为。

（二）条件反射

条件反射，是动物后天获得的，是动物在生活过程中，在一定的条件下通过学习逐渐形成的。条件反射是在非条件反射的基础上建立起来的，它是动物适应环境的一种神经反射活动。条件反射是保证动物机体和周围环境保持高度平衡的高级神经活动，是在饲养管理过程中形成的习惯和通过训练而培养起来的各种能力。条件反射是个体特有的反射活动，是动物高级神经活动的基本方式，是人、动物与环境之间互作的结果。形成条件反射的基本条件是条件刺激与非条件刺激在时间上的结合，即学习的行为。条件刺激与非条件刺激都属于动物的第一信号系统，而人类还有第二信号系统，即语言系统。但是，两种信号系统工作的原理是一致的，都服从于条件反射形成的一般规律。

在大脑皮质的参与下，任何条件刺激与非条件刺激相结合，都可以形成条件反射。传统观点认为，条件反射是在条件刺激的皮质代表区和非条件刺激的皮质代表区之间多次的同时兴奋，发生了机能上的"暂时联系"而建立的，条件刺激在皮质引起的兴奋，可以通过"暂时联系"到达非条件反射的皮质代表区，于是引起本来不能引起的反应。条件反射建立之后，如果反复使用条件刺激而得不到非条件刺激的强化，形成的条件反射就会消退。在条件反射形成的初期，条件反射还出现泛化与分化的现象，这是大脑皮质可以实现复杂的分析与综合的基础。

反射行为都是短暂的（除少数例外，如幼小灵长动物攀附在母体上的抓牢反射等），并且，简单的行为对于同一种刺激总是以相同的方式发生反应。但对相对复杂的行为而言，同一种刺激并不一定得到相同的反应。这说明，行为反应虽然包括一些反射性行为，但反射并不能完全概括行为。

二、本能

本能，通常是指人类和动物不学就会的本领，是有机体对外界刺激不知不觉地、无意识地作出的反应。达尔文把本能看成是可遗传的复杂反射，是在物种进化过程中形成的。这种反射是同动物的其他特征一起通过自然选择进化而来，这种反射已构成整个动物遗传结构的一部分，是遗传决定的、不必学习便能做出的、有利于个体或种族的适应行为。如幼小哺乳动物居高临下时的慎重表现，蜜蜂生来就会飞向花朵寻找花蜜的行为等。

对于本能的判定标准也各有不同。过去多用以下三项标准来判定：①不是学习得来的；②物种所特有的；③具有适应性。但高等动物的个体生活中很难完全排除学习的作用，所以，在实际应用中并不能完全囊括。如猫捕鼠，虽然很多人认为是本能，但实验证明不是。

目前多数学者认为，本能的判定标准就是两点：①本能行为都是由动物内部的一定状况决定的。比如，繁殖方面的本能便取决于体内性激素的水平。②本能行为只需一定的刺激来"引发"，在行为过程中并不需要刺激来维持，在进行方式上不受外因的影响。例如，孵蛋中的母鹅看到窝外边的蛋，会用喙的下部将蛋钩回到两腿之间。当这种本能行为被引发之后，即使中途把蛋拿走，钩取动作仍然会进行到底（图 1-1）。

图 1-1 抱窝母鹅收回蛋的动作

本能对于寿命短和缺乏亲代抚育的动物来说更具有明显的适应意义。当春天一只雌性泥蜂从地下羽化出来的时候，它的双亲早在前一年的夏天就死去了，它必须同雄泥蜂交尾，然后开始在地下挖洞建筑巢室，再完成如外出猎物、麻醉猎物、带回巢室、产卵和封堵洞口等一系列的工作。所有这些工作都必须在短短的几周内完成，然后死去。这些工作完全依靠泥蜂的本能。

本能行为的表现形式，如同物种的形态构造一样，多数情况下在同一物种中都是固定一致的。但是，本能行为中也常常包含有可变的成分。如在上述母鹅钩回蛋的行动中，有时包含左右交替以避免蛋滚向一边的平衡动作，如果用圆柱形的假蛋替代，则只有钩取而没有左右交替的动作。这说明收回蛋的全部行为是由钩取动作与交替动作两个部分组成。前者由巢外有蛋造成的视觉刺激所引起，中途不管蛋是否仍然存在，行为引起之后就会一直进行到底，是不变的部分；后者由滚动中的蛋的运动轨迹造成的反馈刺激所决定，是可变的成分。

所以，许多复杂的本能行为往往都由两部分构成。一部分是先天固定不变的，决定动作发生的时间和力量；另一部分是对后天环境条件的反馈反应，用以控制动作的空间方向。

许多本能行为甚至复杂到由相互连接的一系列（多个部分）行为组成，形成行为链锁。行为链锁在社会行为中表现的更为明显。如在三棘鱼的求偶行为过程（图1-2）中，一方的每一步活动都会引发对方下一步固定的活动。假如一方中途失去反应，将导致对方重复刚才的动作或者中断行为的进程。再如动物的繁殖行为就包括求偶、交配、筑巢、育幼等一系列行为。其中，各种行为又有一系列固定次序的活动，如筑巢行为包括收集材料、搬运材料、筑造、整修内部等活动。行为序列和行为链的形成，一方面是达成某些生物学目的需要许多行动的依次配合才能完成；另一方面也反映出这类遗传的行为在中枢神经系统中贮备的层次性。比如，织巢鸟可以用树枝树叶编织一个非常复杂和完善精致的鸟巢，其复杂和精致程度用人手都难以完成。但对织巢鸟来说，它所依赖的就是那么几个固定行为型动作，生来就会，不用学习。

图1-2　三棘鱼的求偶行为

三、动机

一个动物在某一时间里表现什么行为，由它所接受的外来刺激和它本身的动机两个方面的因素所决定。当周围环境发生变化的时候，动物的行为会发生相应的改变。如当主人走近时，正在睡觉的犬会醒来；当看到一只老鹰在空中盘旋时，正在啄食的鸽子会飞走。可见，外部刺激是引起动物行为变化的一类因素。但当周围环境不发生变化的时候，动物的行为也会发生改变。例如：给母鸡一个鸡蛋，母鸡有时会把蛋吃掉，但有时却表现为孵蛋。在这两种情况下外部条件都是一样的（一枚蛋），这种同一刺激下产生不同行为的原因是动物动机的不同而引发的。因为在前一种情况下的母鸡正处于饥饿状态，取食欲望占上风；而在后一种情况下，母鸡的孵卵欲望占了上风。再如：对于同样的食物（外界环境不变），饱餐和饥饿的两类动物所表现出的反应则完全不同，就像饥饿的动物一般不会去求偶；处于性兴奋状态的动物往往不去采食一样，这些情况下决定动物行为改变（动物的行为发生与否）的原因是在动物体内，这些原因就是动机。

简而言之，动机是一个动物在即将发生某一行为之前的内部状态。它是导致动物发生行为的内在原因的总和。动机形成于动物的内部，却是外来刺激、当时的生理状态、动物本身的遗传和后天经验所形成的个性等多种因素的集合。动物产生动机的因素主要有以下7种。

1. 内部刺激

例如血液中的渗透压和血糖浓度等能影响饮食动机。

2. 外部刺激

例如幼畜降生可以引发产后母畜的一系列母性行为。

3. 激素

血液中的激素水平能影响有关机能系统的行为反应，如性激素决定性行为。

4. 内源节律

即动物体内的生物钟，它可以控制一些动物的行为活动，使其只发生在一定的时间、时期或周期里。例如繁殖、迁徙、贮藏食物等行为有季节性规律，再如采食、饮水、鸣叫等行为都有时间性节律。

5. 成熟阶段

同一动物在不同年龄时对同样的刺激会有不同反应。如成年的草食动物一般不再喝奶等。

6. 既往经历

动物以往的经验对行为有潜在影响。如动物一旦被烧伤以后就学会了躲避火；如动物吃了某种食物几小时以后生了病，以后就不会再吃这种食物。而且，动机强度与行为消失的时间呈正相关。如与上一次采食的时间间隔越长，采食的动机越强烈。

7. 中枢神经系统自动产生的兴奋可以影响或产生某些自发行为

上述各种因素是相互关联而非单独地对行为起作用。

产生动物行为的动机多种多样，动物的某些行为有时是由于身体的需要引发的，如营养需要能促成食物动机，营养失调往往引起异嗜；而有的动机与身体的舒适度或情绪有关，如休息、整理羽毛以及游戏等。但要想知道一个动物目前的动机究竟是什么，我们必须从动物行为前的状态和随后的行为发生过程两个方面来推断。单纯依靠在动物发生行为之前的状态往往难于断定。动物虽然没有语言，但它们的行为在某种意义上可以看成是一种"体语"，即用身体的姿态和动作表达意愿。所以，我们只有充分掌握动物的行为规律，才能理解动物行为的含义。

动物在同一时刻可能存在多种动机，但却只能表现出一种行为，而不能两种（或多种）行为同时发生。此时发生哪种行为，取决于各种行为动机的强烈程度。例如：一只饥饿的犬会因食物的出现（给食）而从睡眠中醒过来，如果推迟给食时间，它就会继续睡下去。这表明，当食物出现的时候，犬仍有睡意（睡眠的内在动机仍然存在），只是此时取食的动机更为强烈。除了睡觉和吃食物的动机以外，此时犬还可能有散步等其他的动机，但与前两个动机相比散步的动机更弱，只有在满足睡眠和饱腹以后犬才有可能去散步。

假定这只犬在睡觉的时候具有吃东西和散步的潜在动机，如果没有食物，吃东西的动机不会表现为行为；而散步的动机也不会转化为行为，因为这一动机不如睡眠动机强烈。因此，当某一动物进行某项活动的时候，动物此时并不是只有这一种活动的动机。另外，动物的任何行为都有其各自的潜在动机作为基础，动物某一时刻发生什么行为，取决于动物内部多种动机的状态和复杂的外部环境状况的有机结合。

动物在同一时刻虽然只能进行一种活动，但不同的动机却常常在体内发生冲突，导致动物表现出折中行为。例如：当陌生人拿食物喂给一只鸽子时，鸽子常是为又想接近食物又想避开拿食物的人，导致外在行为是它走到一定的距离时，想继续接近，又想往后退，结果会停在那里不动，伸长脖颈去接近食物，但脚却尽量往后蹬，准备随时撤退。这是一种典型的折中姿态（又想接近又想走开）。这种姿态在其他动物的行为中也经常发生，根本原因就是两种不同动机内在冲突的外在行为表现。

第三节　刺激、冲动与情绪

一、刺激

（一）刺激的概念与分类

刺激，就是环境对动物发生的作用。刺激是引起行为的外因，能影响行为的方向、行为反应的阈值及改变活动的准备等。

动物的行为是通过感受器接收外来刺激引发，经过神经系统整合，再由效应器把能量放大输出的结果。各种动物从自然界中感受到的刺激种类和范围差别很大。如犬嗅辨脂肪酸的能力比人高2万倍，蜜蜂能察觉紫外线，蝙蝠能接收超声波，响尾蛇能分辨0.005℃的温差等。凡是动物的感觉器官所能感觉到的环境，都是由对动物本身有生物学意义的刺激所组成，多数情况下是多种刺激的综合体现。动物感受的环境刺激种类大体有生物和化学性刺激、物理性刺激和辐射性刺激三类。

1. 生物和化学性刺激

是动物最主要的刺激来源。哺乳动物对此类刺激非常敏感。主要是通过嗅觉、味觉及体内生理指标的变化来感知。包括气味、外激素、饥饿、口渴等。动物通过这些刺激去选择食物、逃避敌害、分辨异己、判定住处、区分性别以及识别老幼等。气味还是种间生殖隔离的屏障和种内协调两性繁殖时期的信号。

2. 物理性刺激

物理性刺激中，声音和接触是重要的。蛙和鸟类的鸣叫声会产生排斥同性和召集异性的作用。哺乳动物也能发出具有不同行为效果的叫声，比如求偶的叫声、威吓的叫声、报警的叫声、呼救的叫声等。触觉刺激也具有广泛的用途，对于初生家畜来说，触觉可能是出生后最先使用的。例如，仔猪根据母猪毛流方向便容易找到乳头的位置，当然母畜伸展前后肢所造成的触觉导向也起重要作用。

3. 辐射性刺激

辐射性刺激以光对动物的视觉刺激为主。因为鸟类的视觉发达，对光的视觉刺激异常敏感，能分辨同群或异群的个体，并且多以姿态表达行为信号。哺乳动物的视力不如鸟类敏锐。犬是色盲兼远视；马的视野虽宽，但距离感较差；绵羊在面对一长排围栏时，很难发现中间的门。

动物虽然每时每刻都面临着大量的环境信息（各种辐射的、物理的、化学和生物的信息），但是，其中只有一小部分具有生物学意义。因此，动物并不总是采纳所有感官收到的全部信息，而是从这些刺激当中抽出最主要的部分予以反应，即有选择地对外界刺激做出反应。神经生理学者把这种现象叫做"选通"。如在猫的脑中植入电极，从所记录的动作电位上看，猫在擒鼠的瞬间，听不到近处原有的节拍器响声。

外界环境信息能否获得"选通"，一方面取决于动物的感觉器官；另一方面取决于动物的中枢神经系统。前者称为外周性选通，后者称为中枢性选通。

外周性选通能够使来自环境的不必要的信息在感官阶段就被排除在外。不过，这种外围筛选的能力一般比较有限，只是在特殊的情况下，一些特化的动物（相对低等的动物）对于十分特殊刺激才有反应，如雄蛾羽化后只生活很短时间，不吃不喝，唯一的行为是寻找雌蛾交配，所以，只对同种雌蛾的性引诱气味发生反应；而壁虱只凭哺乳动物特有的酪酸气味搜寻寄主。

对于高等动物来说，感官筛选刺激不占重要地位。这是因为：①高等动物的信息来源十分复杂，动物往往要在综合各种刺激的不同细节及其相互关系的基础上发生反应，这是感官筛选所达不到的；②高等动物的一种感官往往担负不同机能系统的信息收集工作，如牛的眼睛既用于找草满足食物行为，又兼有注意敌害的防御作用，有时还靠它发现异性或寻找犊牛来完成性行为或母性行为。外周性选通的信息传入动物体内之后，必须经过中枢神经的精选，然后才能发生反应。目前，对中枢选通的机制虽不十分了解，但可以肯定的是中枢对刺激是有选择和辨别能力的。例如，火鸡专对鸡雏的叫声发生母性行为反应，而对鸡雏的形象刺激不予理会，如果事前破坏了母火鸡的听觉，则会啄死刚孵出的小火鸡鸡雏。对于简单而又不易混淆的刺激发生特定的反应的特性，可能对物种的生存更为有利。

（二）信号刺激与关键刺激

1. 信号刺激

能引发对方行为的刺激称为信号刺激。信号刺激对于收发信息的双方都有利益。信号刺激是在相互交流的系统中产生的，比如在种内的交往和信息传递，尤其在社会行为中表现较多。它可以是视觉的、声响的或化学的（如外激素），也可以是动作或姿态。Lorenz给信号刺激下的定义是：可被同类正常地当做信号予以接受和予以反应的一切形体结构或先天行为。简言之，就是能引起对象发生反应的（刺激）构造或行为。

信号刺激在社会行为中使用最多，如求偶行为或母性行为都是双方反应的。雄性必须识别出雌性以及了解它是否处于繁殖准备状态，然后才能表达求偶，而雌性也必须正确地应答。

社会性信号刺激，在进化中往往伴随着食物行为、性行为、进攻威吓等特定的行为而向简明化和仪式化演变。这种能被个体间相互理解的简化了的动作也称为"信号动作"或"表达行为"。表达行为不仅在系统发育进程中演变，在个体发育过程中也有变化（如成年与幼年的叫声不同）。这对于同种个体间的相互认识、两性结合、母子联系、显示领域等各方面都十分便利。

但是，信号刺激的概念偶尔也适用于异种之间的关系。例如昆虫的拟态，鸟类的报警，水貉、狐狸、黄鼬的放臭等情况，都属于种间关系。

许多攻击行为和性行为的信号刺激起着种族隔离作用，尤其在近缘物种共居的地方更为重要。身体上的信号刺激常常是在雄性或可以折叠的器官上发展起来，如公鹿的角，雄性鸡、鸭、火鸡、孔雀的尾羽，蝶蛾翅上的眼斑等等。

2. 关键刺激

在有些行为学书籍中，信号刺激与关键刺激常被当作同义词使用，其实，两者有所不同。关键刺激是只能被动物的接受方引发反应的刺激。关键刺激是一种偶然随机的外来因素，它可以是某种单纯的效果（如音响、颜色、气味……），也可以是复合的形象（如猛禽型的短颈长尾或头部与身体的比例关系）。Tinbergen（1973）曾用不同形状的模型掠过鸡雏或鹅雏的上方，以观察其逃避反应。结果能引发逃避行为的模型，都具有短颈的特征。用另一相似的模型向相反的方向移动时，也得到同样效果。这一试验说明短颈是肉食性猛禽类的共同特征，是引发逃避行为的关键刺激。区分信号刺激和关键刺激的核心是，关键刺激只是对接受信息的一方有生物学效应，而信号刺激则是双方都有反应。

（三）刺激的累加和超常刺激

1. 刺激的累加

能引起某种行为的刺激往往不是一种而是多种。它们有时单独起作用，有时合起来发生作用。当能引起某种行为的刺激合并使用并可以增强吸引力时就称为刺激的累加。比如，鸟类蛋的大小、颜色、斑点都对吸引抱蛋发生影响，并可以累加起来，增强对雌鸟的吸引力。

这种刺激的累加增效现象，不仅表现在不同刺激对同一刺激物可以产生累加增效现象，也表现在同一种刺激的次数累积方面。总之，各种刺激的效果在一定范围内取决于所有各单项有效刺激值的总和，但总效果不是简单的相加，各种刺激值之间可以互相补替或促进。

2. 超常刺激

是指比天然的刺激更为有效的刺激形式。超常刺激实质是一种刺激积累的特殊现象。

在自然界里就不乏超常刺激的实例，如海鸥喜欢孵大蛋或者蛋数较多的窝；杜鹃等寄生产卵的鸟雏更易受到养父养母的优待。

在自然选择的持续作用下，刺激信号变得日趋明显。同时，由于自然淘汰的制约使这种变化也会适可而止。

超常刺激的原理今天已广泛地运用于我们日常生活中，如我们所看到的广告和商品宣传等。在动物生产中的运用也随处可见。

（四）刺激的引发机制

动物在其环境中生活，必须不断地对感觉系统输入的信息加以辨认、解释以至贮存，只有适当的刺激才能引发出一定的行为。行为的引发机制就是对引起特定行为信息的收集、选通和整理过程。按其属性可分为先天决定或后天决定两种。

1. 先天性引发机制

先天性引发机制可以引发动物的一些定型行为如本能活动，可以看作是经遗传在中枢神经系统中编码的行为。引发这类行为反应所需要的刺激都是先天决定的。这类刺激与行为之间的关系是对应的，如同钥匙开锁的关系，所以，都是"关键刺激"。Tinbergen 认为，当刺激达到一定的生理状态时高层的中枢先开始活动，这时下层中枢仍处于抑制状态，必须得到特定的关键刺激才能解除抑制，表现出该阶段固有的反应，与此同时又复活下一层次的中枢。如此便构成了连贯的行为序列。动物在没得到关键刺激时会发生向往刺激的欲求行为，得到关键刺激之后才使抑制解脱而发生行为。这种解除抑制的机制便是先天性的引发机制。

2. 获得性引发机制

有些先天性引发机制受经验的修饰而扩大了反应的范畴。这种通过带有后天学得成分的关键刺激而引发行为的，便属于获得性的引发机制。例如，幼小动物的"跟从行为"反应就属于此类。Lorenz 用小鹅实验证明：人工孵化的小鹅，在生后没有母鹅可跟随时，会追随它所看到的其他动物，甚至跟一只气球。这说明，引发跟从行为的刺激，可以是后天提供的学习的对象。

Tinbergen 把动物行为发生的基础称为"行为机构"，他认为动物个体产生行为时必定有三个步骤，即信息的传达、信息的处理和结果的输出。

二、冲动

冲动，是导致某种行为的内部状态和外在刺激的复合刺激。冲动也可以看做是一种有持续力的刺激，它能使动物在达到目的以前始终保持活动，达到目的后冲动才会消失。冲动消失后生理要求随之下降，原来的刺激物不再引起反应。不过这种不反应只是暂时的，并且只限于对某一种行为。冲动有许多种类，如食物冲动、性冲动、攻击冲动等。

1. 冲动发生的条件

产生冲动的条件有外部刺激和动物的内在心理两个方面。从形态结构上看，某些种类有机体的神经系统十分简单，只由少数细胞和联结纤维构成。在其生物体内，由感官刺激引起的冲动运动是不规则的。但是，特定的感觉纤维（由于它们的位置或其他的原因）更经常地受到外部的刺激，直接的结果是运动纤维的相应发展，即与感觉纤维直接联结的运动纤维得到了发展。这种联系一旦建立就不会消失而且代传递。但从研究动物的心理可以看出，这一过程似乎是情绪对活动逐渐加以限制，而这些活动反过来会引发出情感，情感与情绪再一起进入复杂的联想状态。当然，联想不能遗传。但因神经系统中相应的物理联结从一代传到另一代，个体的冲动活动就像对构成情绪基础的中枢兴奋的反应一样具有反射性，正如它对外部感官印象（它们对感觉的效果是相似的）的反应一样。在长期的遗传发展过程中逐步获得的感情联想可能从一开始就以这种方式存在，而且，即便通过个体的实践，也很少取得进一步的发展。

2. 冲动、表达与情绪

在冲动活动和表达活动之间并没有明显的界线划分。每种冲动活动都是一种结果，同时也是一种情绪的表达。受到食欲驱使的动物扑向它的猎物，表现出一种受情绪支配的心理状态。在表达活动中，外部活动没有特定的目的，所以，表达活动是冲动活动的雏形。但积极的情绪会直接过渡到冲动和冲动活动本身，冲动与情绪的关系和冲动活动与表达活动的关系是相同的。但普遍的动物冲动都是在情绪发生前很早就已经发生，如摄取食物的冲动、性冲动、报复冲动、保护冲动等都是情绪的最初形式。所以说，情绪是变得复杂的冲动，是两种不同动机的内在冲突造成的。

三、情绪

情绪，是在将要发生一系列本能活动之前的酝酿准备，它是可以体验的心理现象，又是具有器官变化的生理现象。例如喜、怒、恐惧、痛苦等一时性的强烈感情状态等。

（一）情绪的特点

1. 情绪属于先天的反应模式

在同一种情绪状态下同种动物表现同样的行为。如失明的动物虽然没有模仿机会，但情绪表现与正常者无异。不过，情绪在一定程度上也会受后天因素的影响，如年龄变化的影响以及学习的作用等。

2. 情绪是动物体内的变化过程

动物处于情绪状态时，身体会发生显著的变化。主要表现在：①动物的学习能力下降；②植物神经系统的活动有显著改变（如被毛竖立、瞳孔扩大、血压升高、脉搏加快、血液分布改变、呼吸加速、腺体分泌增加等）；③随意肌的活动失灵。由此可见，动物的情绪是一种客观现象。而且，越是高等的动物，能引起其情绪反应的刺激越多，这可能与它的辨识能力有关。

3. 哺乳动物的情绪主要表现于姿态的改变

有些哺乳动物有表情肌，尾、耳、眼富于表情。如马的两耳（达尔文把马的耳朵称为马心理的镜子）指向一个方向表示注意，迅速移动表示不安，贴伏表示敌意。而马尾高举表示兴奋紧张，收紧表示恐惧，激烈摆动表示不安、不快或难以忍受等。

4. 情绪特征的变化始终伴随着生理变化，并依据特定情绪的强度和特性表现出相应的差异

情绪的表达除通过表象表现以外，在遗传上也十分重要。通过它们，我们能了解情绪与外部随意活动发展的关系。情绪与外部随意活动的关系类似于情感与内部意志过程的关系。意志向外部随意活动的过渡与情感向情绪的过渡是平行的。但是，不是每一种情感都能发展成意志，同样，也不是每一种情绪都必然导致一种随意的活动。例如人对情绪的控制，对于道德上和理智上成熟的意识来说是十分自然的，这种情绪的控制体现在可以把情绪与外部随意活动分离开来。而对野蛮人和动物，任何一种情绪都会毫无阻碍地转化为活动，即使它们有被动抑制，但是，情绪的内部张力也始终会在活动中谋求释放。动物与人的情绪根本的差别在于它们并不是有意识地去产生任何一种确定的结果，只是情绪的"纯粹"表达，而这些表达仅仅代表了一种特定的内部感情状态，是真实无意识活动的初始状态。

5. 在正常的情绪表达中存在着模仿活动

就特定的情绪性质而言，它们是最为独特的。从生理学的角度考虑，模仿活动与面部感觉器官的一些明确的反射运动相对应。如口部的各种模仿活动（这些活动对于感情状态的表达十分重要）与不同的味觉刺激（如酸、苦、甜等）之间建立起来的反射关系。当"尝到酸味"时嘴唇向两侧拉开，在嘴唇和舌（舌对酸是特别敏感的）之间形成更大的空间。而在"尝到苦味"时舌后部和腭部之间分得很开，因为这两个部位对苦味最为敏感。所以，所谓"酸相"和"苦相"都有赖于某些反射的运动，它们的作用是防止某些味道不好的物质与对此十分敏感的器官或部位相接触。而"甜相"则恰恰相反。舌是对甜味很敏感的部位。"甜相"表情存在于一种吮吸运动之中，这是为了让舌头尽可能与甜味物质完全接触。总之，所有这些运动都有赖于某些神经纤维和神经细胞的联结，而反射运动则逐渐受制于调节过程。在动物幼年生活中，模仿活动要比它们成年后更加扩散和不明确。例如，口部运动不但伴随着一般的脸部扭曲，而且还往往伴随着身体其他部分的运动。但是，对这些刺激而言，模仿活动不仅是对特定感觉的反应，即目的性反射，同时也是内部情绪的表达。无论哪种不愉快的刺激，都将以"酸相"和"苦相"表现出来（模仿）。"苦相"表情随着轻蔑、憎恶和厌烦的不同程度而变化；"酸相"在哭泣时达到高潮，既可以表示心理的紊乱，又可以表示肉体的痛苦和感情的障碍。于是，面部表情变成符号性的并成为一种心理状态的反应。当然，表情和产生这种表情的感官刺激或多或少与情绪相关联。所有的情绪都伴随着感官情感的变化，尽管这些感官情感只在情绪十分强烈时才可以清楚地被感知。这些模仿活动意味着来自肌肉的动觉，反过来又产生感官情感的变化，当动物表现出"酸相"、"苦相"或"甜相"时，我们不能单纯的认为动物是在品尝某种酸性物质、苦性物质或甜性物质。因为当这些刺激产生影响时，反射运动就会伴随而至，于是动物的模仿感觉与感知味觉时的表情会产生融合。

6. 每一种感官情感的兴奋均伴随着身体的变化

在所有的变化中，有些运动（也就是感情色彩类似于情绪的那些运动）相对于其他运动来说会逐渐取得优势。取得优势的运动反过来会限制其他运动的强度，这与反射运动逐步受到限制的过程相似。模仿活动和模仿活动过程中的感官情感与情绪和心境的多样性相比，数量极少。它们只表示特殊感情状态所属的一般种类，可是，它们仍然会有一定的变

化。正像不同的面部表情可以叠加或改变一样。然而，随着情绪变得越来越强烈，模仿也就变得越来越不确定了。

这些模仿活动充当了情绪和心境表达的手段，但不能视其为真正的反射，因为反射的前提是感官刺激的运作。但可以用"冲动的"运动来表示，因为"冲动"是诱导适合于特定精神状态下身体状况的意识努力，而反射无需涉及任何一种意识过程。在冲动中，这样的过程似乎是一个必要的条件，或作为外部运动的前提，或与外部运动同时发生。我们不能将符号性意义归于纯反射机能的模仿活动，因为运动首先是冲动的，然后才是反射的。从未尝过甜酸苦味的新生儿，能相当正确地作出相应的模仿动作。当新生儿啼哭时，便出现"酸相"和"苦相"，二者或交替或同时出现。在新生儿尚未将其嘴唇贴上母亲的乳房时，它已能作出吮吸动作，从而表现出"甜相"。经过几个星期，新生儿已能发展出笑的模仿动作，这是愉快的、心理兴奋的标志。

这些现象十分清楚地表明，人类婴儿出生之际便具有情感和情绪，甚至在生命的初期阶段，情绪已通过活动得以表达（这些活动的感情特征与情绪本身的感情特征有关）。

（李凤刚）

【复习思考题】

1. 什么是动物行为？动物产生各种行为的目的是什么？研究行为的意义是什么？
2. 什么是条件反射？条件反射对动物的训练有什么作用？
3. 什么叫动物的本能？本能判定的标准是什么？
4. 什么是动机？其产生的因素有哪些？
5. 什么是冲动？简述冲动、情绪和表达的关系。

第二章 动物行为的类型

动物行为的分类方法有很多种。可以按因果关系分类，可以按行为在动物间所行使的功能分类，可以按发生学的观点分类，也可以按行为所获得的途径分类。按照因果关系划分是根据它们所依赖的诱导因素不同，将同一诱导因素引发的行为归为一类，如雄性激素使动物活动频率和剧烈程度增加，这些就都归类为性行为。按行为在动物间所行使的功能来划分，可以分为觅食行为、贮食行为、攻击行为、防御行为等。还可以从历史因素或从发生学的观点来划分动物行为的类型，如按其来源和行为进化的观点，就可以把具有同一起源的行为划为一类，如定型行为，趋同、趋异行为等。根据行为所获得的途径，可以把行为分为先天的、学习的等等。目前，动物行为的分类多是用行为在动物间所行使的功能划分。

按动物行为在动物间所行使的功能将动物的行为分为领域行为、防御行为、食物行为、性行为、亲代抚育行为、欲求行为、完成行为、本能行为和学习行为等十种。学习和掌握动物的各种行为类型是动物训练及训练中使用不同方法的理论基础。

第一节 领域行为

一、领域行为

动物个体、配偶或家族的活动通常都只是局限于一定的区域范围。如果动物对这个区域实行保卫、不允许其他动物（通常是同种动物）进入，那么，这个区域或空间就称为它（它们）的领域。动物这种占有领域的行为称为领域行为或领域性。

领域行为是种内竞争资源的方式之一。占有者通过占有一定的空间而拥有所需要的各种资源。有些领域是暂时的，例如大部分鸟类都只是在繁殖期间才建立和保卫领域。有些领域则是永久的，如生活在森林中的每一对灰林鸮在第一次繁殖期间占有的一块林地，此后终生占有，不允许其他同类的个体进入。动物建立领域多数只是排斥其同种个体的进入。因为同种动物的资源需求相同，排斥其他同种个体的进入能够减少竞争，而领域占有者可以占有更多的资源，这种领域行为称为种内领域行为。有些资源可能对一个性别特别重要而对另一个性别不那么重要，这种情况将会导致在物种内形成特定性别个体的领域。如雌性灰色鼠为了独占食物资源常排他性地占有一个领域而不允许其他个体进入，但雌鼠与雄鼠的巢域却常常发生重叠。但是，当不同物种之间的资源利用方式相似时，领域行为也发生在不同物种之间，这种领域行为称为种间领域行为。例如，分布在美洲的黄头乌鸫和红翅乌鸫，两种鸟类利用相似的食物并且在相似的地方筑巢，因此，它们的领域是相互排斥的。

二、巢域、核心域和领域

1. 巢域和核心域

巢域是动物进行正常活动的整个区域。在巢域中往往还有一个动物更加经常集中的活动小区域，动物的大多数活动都发生在这里，这个集中的活动区就叫核心域。在某些情况下，巢域就是营巢地周围的区域或者是食物和水源的所在地。虽然不同动物的巢域可以重叠，但核心域却很少重叠。

2. 领域

领域是指由个体、家庭或其他社群单位所占据的，并积极保卫，不让同种其他成员侵入的空间。领域内包含占有者所需要的各种资源。

3. 领域的主要特征

领域的主要特征有三点：①领域是一个相对固定的区域（可随时间而有所变动）；②领域是受到占有者积极保卫的；③领域的利用是排他性的，即它是被某种动物的个体或群体所独占的。不同动物个体（或群体）的领域一般来说是不重叠的，如果重叠也是少量的和暂时性的，重叠区可以被两个领域的占有者所利用，但是，利用的时间不同。

三、领域的保卫与标记

1. 领域的保卫

保卫领域的方式很多，动物保护领域的所有行为都称作动物的领域行为。动物多是通过视觉性（包括姿势）、声音性的和嗅觉性的行为向入侵者宣告其领域范围，或以威胁、直接进攻驱赶入侵者。动物通过领域行为占有一定领域的特性称为领域性，脊椎动物和无脊椎动物都具有领域性。脊椎动物中以鸟、硬骨鱼、蛙类、蝾螈、蜥蜴、鳄鱼和绝大多数的哺乳动物为最多，尤其以鸟类的领域行为最发达，分布也最普遍；在啮齿动物和猿猴中，群体领域比较常见。很多无脊椎动物也有领域，如昆虫中的蜻蜓、蟋蟀、各种膜翅目昆虫、蝇类和蝶类等。占有和保卫领域的目的主要是保证食物资源、营巢地及其自身的安全，从而获得生存、配偶和养育后代的机会。

2. 领域的标记

一个领域的占有者自己必须知道领域的边界在哪里，同时也必须让其他个体知道自己所占有的领域，这需要标记行为来完成，标记领域的方式主要有以下4种。

（1）视觉标记　领域的占有者常常借助一些明显的炫耀行为来让其他动物认清自己的领域。动物的一些特定姿态、特有的运动以及身体上一些醒目的标志都可以作为向其他动物发出的信号。如色彩鲜艳的一种雄蜻蜓总是从几个固定的停歇地点起飞，然后沿着它的领域边界作引起注目的巡视飞行。而雄羚羊常常站立在自己领域最容易被看到的最高点或其他高地，以表明自己是领域的主人。

（2）声音标记　鸣叫的动物常常用声音来标记自己的领域，最常见的是鸟类的鸣叫。

鸟类建立领域后，鸣叫的频率显著增加，这种行为可把其他鸟类拒于领域之外。另外，海豹、吼猴、长臂猿和猩猩的叫声也可以传播得很远；青蛙和蜥蜴能凭声音认出各自的领域；某些鱼类，也用声音标记领域。

动物除了用声带、鸣囊和其他发声器官发声外，还可以利用别的发声方法来标记领域，如啄木鸟用喙敲击树木，多种鹬类可以利用外侧尾羽发出特殊的响声，一些螃蟹的敲击和振动行为等都具有标记领域的功能。

用人为的方法把领域的主人移走，并在该领域内播放这种动物的叫声录音，可以证明动物的叫声的确具有保卫领域的功能。如果把大山雀从它们的领域中挪走，一般在8～10h以后，领域就会被别的大山雀占有，但是，如果挪走后播放它的鸣声录音，那么，虽然20～30h（夜晚不算）过去了，它的领域仍无其他山雀占领。采用这种播放鸟叫录音的方法，可以在整整一个季节内阻止鸫歌鸲在某一地区建立领域。

有研究证明，鸟类会唱很多首歌曲比只会唱几首歌曲更有利于保卫自己的领域。原因可能是多种多样的鸣声可以使入侵者产生一种错觉，感觉那里已经有几只鸟而不是一只，因此不敢轻易侵入。有时，鸟类鸣声的多变性也是衡量它作为配偶和领域保卫能力高低的一个标志。

（3）气味标记　嗅觉发达的哺乳动物经常用尿、粪便、唾液及特定的腺体分泌物等有气味的物质来标记它们的领域。用尿、粪便、唾液标记领域的功能是附带的；用特定的腺体分泌物来标记领域的功能是专用的。如河马用排放粪便的方法标记领域；几种有袋类动物和啮齿动物用唾液标记；一些犬科和猫科动物、犀牛、原猴亚目的猴和某些啮齿动物则用尿标记领域；而印度黑羚和奥羚等很多有蹄动物用眶前腺所分泌的气味物质来标记它们的领域。这些特殊的腺体常常位于动物的肛门附近（如鼬科动物的肛腺）或头部，但也可以在动物其他部位，甚至某些动物的多个部位都可以分泌多种标记领域的气味。某些动物的气味腺体两性都有，而另一些动物则只有雄性才有，这主要决定于雌性是否参与领域保卫工作。一般来说，这些腺体只有在生殖季节才能充分发挥作用，腺体的分泌物被有选择地涂抹在一些外露的物体上，如树枝和草叶的顶端。另外，有些哺乳动物的气味标记物具有双重功能，除了标记领域外，还具有建立路标的作用，给动物指示方向，以防迷路。领域面积越大，这种功能就越重要。

除了哺乳动物，其他动物只有很少的种类用气味来标记领域。雄性熊蜂从上颚腺中分泌一种气味物质，用来标记它们的求偶领域。有一种蜜蜂也用气味作标记，但它们所使用的气味物质是从植物花上收集来的。

（4）领域的电标记　很多鱼类都具有由特殊的肌肉组织所组成的发电器官，因此，能够放电。通常，所产生的电流是用于捕食、防卫和定向（可改变周围电场），特别是在混浊的水中。很多鱼类能够用放电来标识它们的领域，不让同种的其他鱼侵入。

3. 不同领域标记的特点

气味标记的优点首先是领域的占有者可以不出现而达到保卫领域的目的，这样就避免了和入侵者的直接战斗，而且，气味标记所冒的风险比其他任何视觉和听觉标记都少。其次是气味标记的有效期比其他任何标记方式都长，这种标记方式特别适合于暂时重叠领域的标记。声音标记的优点是个体间存在着广泛的差异，因此有利于相邻个体间的相互识别，可以大大减少在已建立领域的邻里之间发生战斗，以便把主要精力用来对付那些更有威胁的新来者。视觉信号标记领域的优点是可以马上显示领域的位置，这种方式在短距离内最为有效。

在有些情况下，标记行为可以同时完成两种功能，即驱逐其他雄性个体和吸引同种雌性个体。如很多鸟类在春天占有领域后便频频地鸣叫并持续很长一段时期，直到找到配偶为止，此后它们的叫声便显著减少；一些青蛙和蟾蜍的鸣叫声也具有吸引异性和驱赶其他雄性个体的作用。

有时领域行为与动物的生殖活动无关。例如，迁徙鸟类的越冬领域就与生殖没有直接关系。但是，对于不营迁徙的鸟类来说（如山雀），冬天占有的领域直接关系到下一个生殖季节生殖的成功与否。

动物为占有和保卫领域所付出的代价是巨大的，不仅要花费时间、消耗能量甚至丧失生命（只是发生在第一次占有时）。一般情况下，由于动物对领域内的情况比较熟悉，领域内资源丰富，所以，是动物比较安全的隐蔽所。但有时，占有领域的动物更容易遭到捕食，如雄性的非洲羚羊在建立了生殖领域以后，反而为捕食动物增加了捕食机会。

对各类动物的领域性、领域大小、领域动态、领域行为和领域标记方式，以及领域与环境因素间的关系等方面已有很多研究，文献十分丰富。

如领域面积随领域占有者的体重而扩大。因为领域大小必须以能保证供应足够的食物资源为前提，动物越大，需要资源越多，领域面积也就越大。

领域面积受食物品质的影响。食肉动物的领域面积较同样体重的食草动物大，并且体重越大，这种差别也越大。其原因是食肉动物获取食物更困难，需要消耗更多的能量，包括追击和捕杀。

领域行为和面积往往随生活史、尤其是繁殖节律而变化。例如鸟类一般在营巢期中领域行为表现最强烈，领域面积也最大。

四、领域的类型和大小

动物领域的类型、大小因体重、食物品质及繁殖规律的不同而存在较大的差别。

1. 领域的类型与大小

（1）生殖和取食领域　动物要在领域内求偶、交配、营巢和取食，领域面积大。

（2）生殖领域　动物只在领域内进行生殖活动，而主要取食活动不在领域内，领域面积较大。

（3）群体求偶和交配领域　这种领域只供求偶和交配用，如求偶场，领域面积小。

（4）提供全部所需资源的领域　面积最大。

各种领域类型有时并不能截然分开。如海鸟喜欢群体营巢，取食是在营巢区以外的地方，有时还拥有专门的取食领域。有些鸟类一般只保卫它们的营巢区，如银鸥无论是在生殖季节内还是非生殖季节都表现有保卫营巢区的行为，甚至有时个体之间靠得很近，彼此挤在一起，形成了极为密集的领域群。而在王燕鸥的营巢区，巢和巢紧紧的挤在一起，每个巢都呈六角形，这是一种最经济的排列方式，可使邻居之间的平均距离最大。这是属于面积极小的领域。但是，领域也可以大到几千、几万平方千米，如生活在北美洲西部的一些猛禽。

2. 领域的大小同资源状况有关

食物密度越大，所需领域的面积也就越小。如专吃花蜜的太阳鸟、夏威夷蜜鸟和各种蜂鸟的领域大小与领域内可供采蜜的花朵数目存在着密切的关系；红松鸡领域的大小同它所喜食的食物——嫩绿枝条的密度及石楠营养成分的含量呈反比；在刺蜥属的蜥蜴中，领域大小和食物数量之间也存在着一种相似的反比关系，而且可以通过给食的方法来控制领域的大小；生活在海边盐性草地的一种雀，其领域面积为 8 781m^2±2 435m^2，而生活在非盐性草地的同一种雀，其领域面积只有 1 203m^2±240m^2，两者相差 7 倍多，区别就在于领域所能提供食物量的不同。

3. 领域的大小有时同性别有关

如雄刺蜥所能保卫的领域面积约比同等大小的雌刺蜥大一倍。

4. 领域的大小与个体的大小有关

因为个体大比个体小所需要的资源更多，所以就需要有较大的领域。如食肉动物的领域比同等大小的食草动物的领域更大。

5. 领域的大小与种内和种间竞争有关

如生活在北美洲西北海岸一些小岛上的一种燕雀，其领域大小可以相差 13 倍之多，主要决定于它周围存在的其他小型营巢鸟类的数量即种间压力的大小。生活在缅因海岸附近岛屿上的森莺和黄尾莺等也有类似的现象。

五、生殖领域中雌雄动物的关系

在生殖领域中，雌雄各负其责。一般情况下，雌性动物主要从事生殖活动，而雄性动物则承担着保卫领域的任务。如在狒狒群中，主要是体型较大的雄狒狒来保卫领域。但在很多一雌一雄为配偶的动物中，雌性动物也参加保卫领域的工作，如卡罗来纳鹪鹩和几种莺。因为鸣禽的雌鸟和雄鸟在生态上有明显分化，所以在鸣禽中雌性动物的攻击目标大都只限于其他的雌性动物。在雌雄分开的个体领域中，雌性动物自然要靠自己的力量来保卫领域，如红松鼠。在一雄多雌的动物中，雌性动物承担着保卫领域的主要任务，以防其他雌性动物入侵，如非洲狮和红翅乌鸫。而在群体领域中，所有成员都参加保卫领域的工作，如企鹅等。

六、领域行为的生物学意义

动物的领域行为具有十分重要的生物学意义，具体表现在：

1. 减少个体或群体之间的冲突

即攻击行为的发生。

2. 当资源有限时，能够保证占有者有足够的食物、水源等

动物占领的领域如果太大，当然对其他的竞争者不利，但对领域的占有者则可能更加不利，因为保卫领域所付出的代价会急剧增加。所以，动物所占有和保卫的领域的大小，一般是以能够充分满足它们对各种资源的需要为标准的。但是，领域的占有者并不能精确地知道在它们领域内的资源量究竟有多大，可是它们又必须在生殖季节开始时就占据拥有

足够资源量的领域面积，而这些资源又都是在很久以后的关键时刻才需要利用的。在这种情况下，动物往往是依据历年最坏的年份来决定占有领域的大小，这样，在一般年份就不会发生资源短缺，后代便能顺利成长起来。

3. 在繁殖季节，可以避免其他同种个体的干扰，有利于求偶、交配、育幼等

动物占有领域的最初目的只是为了吸引配偶，所以，领域的大小不一定和食物的数量有明显的关系。事实上，很多鸟类都是在领域以外寻找食物的。如生活在热带稀树草原的一种雄雀占有领域的目的是增加与雌雀交配的机会，和食物完全无关。非社会性昆虫的雄虫也常常利用领域来增加与雌虫接近的机会，例如，一种雄性的蝗虫从它所占据的一个灌木丛中发出鸣叫来吸引异性，但不允许其他雄蝗虫接近这个灌木丛。又如，雄性的泥蜂常常占有并积极地保卫一个最有利的位置，因为其附近就有雌蜂在取食和营巢。

4. 熟悉占有地区，有利于躲避敌害和寻找食物

领域的占有者要比入侵者占有多种竞争优势。因为在领域内，占有者比入侵者更熟悉情况（如知道最好的觅食地和隐蔽场在哪儿），并已经同邻近的生物建立了一种稳定的相互关系。对入侵者来说，它不熟悉入侵领域的情况，也很难精确地了解领域的价值，因此，就缺乏战斗的意志。领域的主人为经营自己的领域已经付出了不少的代价（时间和能量）。如果轻易放弃自己的领域，它就不得不花费同样多的代价去建立另一个领域，因此，它必须坚决捍卫自己的领域。

一般来说，同一物种的个体会利用相同的资源，因此，常用建立领域的方法排斥其他个体对资源的利用。有时不同物种也利用同一资源，这种情况将会导致形成种间领域。

第二节　防御行为

一、防御行为

在自然界中，动物的捕食现象时刻都在发生，因此，动物必须拥有捕食和防御的双重本领。防御行为就是动物保护自己、防御敌害的行为。一切能够减少来自其他动物伤害的行为，都是防御行为。

防御行为的功能是有限的，动物借助于防御行为只能相对降低遭捕食的风险而不能完全避免被捕食。普累克西普斑蝶（又称黑脉金斑蝶）是靠色斑逃避天敌的捕食，其翅上有醒目的橙色、黑色和白色，这种警戒色对捕食者意味着有毒和不可食性。普累克西普斑蝶幼虫以马利筋属植物为食并能把食料植物中的有毒物质强心苷贮存在自己身体的组织内，贮存的这种物质即使是发育到成虫阶段依然可用于防御捕食自己的天敌。它们的天敌（鸟类）吃了这种有毒物质就会剧烈呕吐，以后就再也不会去吃类似形态的蝶了。但并不是所有的马利筋属植物都含有强心苷，用无毒的植物饲养出来的普累克西普斑蝶虽然是无毒的和可食的，但有过中毒经历的鸟儿也不会去吃它们。有趣的是，其他种类的蝴蝶常常会乘机利用普累克西普斑蝶的防御系统，它们靠在形态和色型上模拟后者同样能躲过鸟类的捕食，这种欺骗行为在动物的防御策略中是很常见的，但这种防御策略同时也存在着极大的风险。

动物的防御系统并不是总能起作用的。就普累克西普斑蝶来说，其防御策略的有效性将随捕食者的种类、季节和与捕食者相遇的具体情况而有所不同。每年秋天，这种蝴蝶都要从加拿大和美国西北迁飞到墨西哥中部山区，并以密集群体的形式越冬，个体数量可多达数千万只。据研究有两种鸟即黑枕黄鹂和黑头蜡嘴雀已破解了普累克西普斑蝶的化学防御系统。这两种鸟在某些越冬的蝴蝶群体中大约每天能吃掉 4 550～34 300 只蝴蝶。黄鹂是有选择地取食可食的部位，如胸部肌肉和腹部的内容物，而蜡嘴雀则对蝴蝶体内有毒的强心苷不太敏感。然而，这种高强度的捕食压力，普累克西普斑蝶是能够承受的。面对每年冬季鸟类的大量捕食，它们会集结为大的群体并以此强化它们的防御功能。借助于形成密集的群体降低群体中单一个体遭到捕食的风险。此外，由于群体外围的个体比群体中央的个体更容易遭到捕食，所以，先到达越冬地的蝴蝶总是占有中心位置，后来者则不得不处于群体边缘，处在最易受到捕食的位置。

动物的防御行为主要分为两种类型，即初级防御和次级防御。初级防御和次级防御的概念只适用于种间防御而不适用于种内，同种个体之间的防御与次级防御有很多相似之处。

二、初级防御

初级防御，是指不论捕食动物是否出现均存在的防御方式，它可以减少与捕食者相遇的可能性。初级防御包括穴居、隐蔽、警戒色和拟态四种类型。

1. 穴居或洞居

很多动物在地下营造巢穴，过着穴居或洞居的生活。这种生活（防御）方式使捕食动物很难发现它们，但也给它们带来了觅食和寻找配偶的困难。动物通常用两种办法解决这一难题：第一，终生都生活在地下的动物（如蚯蚓和鼹鼠等）往往具有极特化的习性和食性；第二，选择相对安全的时间到地面生活。如野兔在清晨和夜晚来到地面觅食和寻找配偶，而在易被捕食动物发现的日出时间则隐藏在洞穴中。

2. 隐蔽

隐蔽实质上就是利用外表颜色的变化实现防御。

（1）固定的保护色 很多动物的体色与环境颜色很相似，因此，不易被捕食动物发现，这种体色称为保护色（不过，猛兽也有类似情形，如虎的条纹可与草莽中光线的亮处、暗处的条纹相似，但目的是利于隐蔽捕食）。如草丛中的绿色昆虫，水中的鱼类背深腹浅（从上方和下方看，都不易发现）等。

（2）随着季节和背景的变化而变色 季节性变色最明显的是北极地区的哺乳动物和鸟类，它们每年随季节的变化可变色两次。夏季时银狐、雷鸟和雪兔是褐色的，此时它们在岩石和稀疏的植丛中栖息和觅食，但到冬季时，它们会全身变白，与雪浑为一体，所以，它们在两个季节都能隐蔽自己。有些动物随着（或利用）所处的背景颜色的变化而变色。如很多种类的蛾，白天静伏在与体色相同的树干上一动不动，一到晚上则飞出觅食和进行生殖活动，天亮前再飞到和自己体色相同的地方，把自己重新隐蔽起来。而凤蝶和大菜粉蝶的幼虫，在绿叶丛中化成的蛹呈绿色，而在棕色植叶丛中化成的蛹是棕色。这种变色能力以软体动物，尤其是头足类动物最强、速度最快，包括乌贼、章鱼和鹦鹉螺。它们在极短的时间内，体色和斑纹就可以变得与背景色完全一致，不仅天敌难以看到它们，其猎物也发现不了它们。

实验证明，与背景色一致的鱼类和昆虫遭到捕食的机会更小，与背景色一致再结合静伏不动是极好的防御方式。

Joy Grayson 曾研究过鹰蛾幼虫变色的原因。这种鳞翅目的昆虫共有 4 龄幼虫，其末龄幼虫的体色是黄绿色、暗绿色或白色，其中暗绿色是遗传决定的，而黄绿色和白色则是由环境诱发的多态现象。决定幼虫是白色还是黄绿色的主要原因是幼虫停歇在什么背景上，以及 2 龄或 3 龄幼虫所吃的食物。如果幼虫看到的是白色背景，它会变白，但如果它看到的是绿色、灰色或黑色背景，它就会变为黄绿色。

（3）拥有与背景相似的体色　有些捕食动物是靠猎物的外形轮廓来识别猎物的，因此，有些猎物靠使自身的轮廓变得模糊不清，或让自己的身体与环境背景混为一体，从而躲过捕食动物的注意，这是混淆色防御策略。如将一种热带珊瑚鱼置于白色背景下时它的轮廓非常鲜明醒目，但在它正常栖息的具有复杂色彩的背景中，就很难被发现。另外，有一种树蛙的身体两侧各有一条纵行黑线，处于正常停歇位置和停歇姿态时，能使它与环境背景混为一体，使捕食者难以发现。为了使自己的身体外形和轮廓变得模糊起来，伪装蟹甚至采用口器和螯钳拾取各种植物碎屑碎片、海藻、小木棍、水螅体和多毛类管壁的碎片等，然后把它们附着在身体的各个部位，使它看起来根本就不是一只螃蟹。

（4）增加身体的透明度　在水环境中的某些动物靠增加身体的透明度可以获得隐蔽效果。如水螅、水母、栉水母和分布在开阔大洋中的很多鱼类的幼体，这些动物本身体内的水分含量特别高，再加上身体小、色素少，所以，看起来几乎是完全透明的。水环境中透明的身体是一种重要的防御机制。身体透明的隐蔽方法在水生环境中比在陆地环境中更常见的原因有二：一是水和空气的折射率不同，由于动物体的主要成分是水，所以，当光从水进入水生动物组织时，入射角实际是不变的，而且在没有光散射和吸光物质的情况下，看起来动物就是完全透明的，好像是光从水进入水一样。在陆地则与此相反，在陆地，光必须从空气进入含水量极大的动物组织，因此，空气与动物组织折射率之间的差异就会使动物明显地显现出它身体的外形和轮廓，其透明度也大大下降。二是陆地紫外线辐射对动物的影响，而在水生环境中，大部分紫外线在水面以下几米深处就被过滤掉了，因此，水生动物不易受到紫外线辐射的伤害。而陆地动物极少利用增加透明度的方法进行隐蔽。

（5）模拟周围环境中的物体　动物模拟周围环境中的一些物体所获得的防御效果是可以使捕食动物难以发现自己。如枯叶蝶模拟一片枯叶；竹节虫模拟一个竹枝；尺蛾幼虫模拟一根树棍；柳叶鱼模拟落入水中的一片有中脉的柳树叶等。

虽然动物具有各自的隐蔽方法，但大多数动物都不具备迅速调整身体颜色和色型，达到与其周围环境的背景色一致的能力，因此，这些动物如果停歇在不适当的地方和背景上，它们就会非常醒目地暴露在天敌面前。所以，对动物来说选择正确的停歇地点，以及在适当背景上摆正身体主轴的方向，是获得最佳隐蔽效果的重要前提，这也说明动物的行为与隐蔽有着密切关系。

另外，靠隐蔽进行防御的动物还会遇到其他的问题，如捕食动物常常靠形成"搜寻印象"来提高捕食效率，即捕食动物只要找到了一个猎物（可能出于偶然），就会熟悉这种猎物的栖息地点，从而能够更容易地捕到其他同类的猎物。但是，猎物（防御者）可以通过形成多态的方法对付捕食者的搜寻印象。即同一物种同时拥有几个不同的色型。如果捕食动物对一种色型形成了搜寻印象，能够有效地捕杀这一色型的个体，其他色型的个体便能避免被捕杀。例如：禾古铜弄蝶的幼虫有两种色型，其颜色和行为均有所不同。一种色型是绿色，栖息在甘薯（寄主植物）叶的下表面；另一种色型身体上有黄色和紫色条纹，喜欢栖息在寄生植物的叶柄和基上，基和叶柄呈浅黄绿色并染有紫色，弄蝶的这两种色型因停栖在寄主植物的不同部位而提高了隐蔽效果。

3. 警戒色

指具有警戒作用的体色。多数有毒的或不可食的动物，往往具有极为鲜艳醒目的色彩或花纹，这对捕食动物具有警告信号的作用，使捕食动物避而远之，这种颜色就是警戒色。如舞毒蛾的幼虫，既有艳丽的色彩，又有毒毛。毒毛粘在捕食者的口腔黏膜上，会刺痛难当。喜食毛虫的杜鹃吃过一次，就再也不会去尝试，这时的体色就具有了警戒作用。再如胡蜂和黄蜂，它们的身体有黑黄相间的醒目条纹，其作用不是隐蔽自己而是起警告的作用。因为它具有螫针和毒腺，当它受到攻击时，用毒刺进行反击。在这种防御中，警戒色属于初级防御，而毒刺属于次级防御。当初级防御无效时，动物就会使用次级防御。

（1）条件回避反应　每一个捕食动物在学会回避警戒色以前，至少要捕食一个具有警戒色的猎物，才能学会回避它，这就是条件回避反应。很多脊椎动物都形成了条件回避反应，如鸟类回避具有黑红颜色的瓢虫、具有橘黄色和黑色的斑蝶和黑红颜色的无肺螈；蟾蜍拒食蜜蜂和熊蜂；鱼类拒食毒鳍鳚等。在无脊椎动物中，只有章鱼能够学会不去攻击壳上长有毒海葵的寄居蟹，而仍旧攻击壳上不长毒海葵的寄居蟹。其他无脊椎动物（包括昆虫）目前尚无形成条件回避反应的记载，至少在自然条件下是如此。

（2）具有警戒色的动物，绝大多数运动都很缓慢且过群居的生活　首先，警戒色动物的运动缓慢，是为了有利于捕食动物取样和经常看到它们，从而不断强化所形成的条件回避反应。其次，由于捕食动物在学会回避警戒色以前，必定会先捕食一些猎物，而与受攻击个体生活在一起的其他个体就成了受益者，少数个体受害使大多数个体获得了安全。这有利于整个物种。

下面的实验，充分说明了警戒色在自然界所起的作用和捕食动物的条件回避反应。纯蛱蝶是一种具有警戒色的蝶，前翅黑色并有鲜红色条纹。有人将一些个体前翅上的红色条纹染黑（使整个前翅都呈黑色），再放回自然界，结果发现实验蝶的平均存活天数只有31.7d，而前翅有红色条纹的正常蝶平均可活52.4d。同时，在存活的实验蝶中，翅的损伤率高达42.3%（翅损伤表明曾遭受过鸟类的攻击），而在存活的正常蝶中，翅的损伤率只有14.3%。这证明了鸟类对具有黑红色前翅的纯蛱蝶已形成了条件回避反应，而对于前翅全黑的蝶却没有。因此，后者就受到了更多的攻击，虽然两者都是不可食的。

（3）警戒色都鲜艳醒目　因为鲜艳醒目的颜色更能唤起捕食动物对不可食性的联想，并能强化捕食者对不可食猎物的记忆。警戒色除了把鲜艳色彩与有毒物质相结合外，还可以与声音（如响尾蛇和蜜蜂）、气味（如臭鼬、椿象等）和其他刺激相结合。T. Guilford用试验解答了这个问题。他在试验中让小鸡啄食味道不好的谷粒，开始时对鲜明醒目的谷粒（绿色背景下的蓝色谷粒和蓝色背景下的绿色谷粒）啄食次数较多，但最终啄食次数减少，而对隐蔽的谷粒（蓝色背景下的蓝色谷粒和绿色背景下的绿色谷粒）开始时啄食次数较少，但最终啄食次数增加，由此可见，对于不可食的或味道不好的猎物来说，鲜艳醒目的体色和色型最终有助于减少捕食者的攻击次数。例如，灯蛾对蝙蝠来说是不可食的，它总是发出超声波来回答蝙蝠的声纳，这种超声波对蝙蝠既有警告作用，又有打乱蝙蝠所接受的回波作用。所以，蝙蝠就学会了不去捕食发出特殊声波的灯蛾。

与保护色不同，警戒色的保护作用将随着警戒色信号密度的增强而增强。

4. 拟态

一种动物可从形态、体色甚至到声音去模仿另一种有毒或不可食的动物而获得防御效果，这种防御方式称作拟态。竹节虫似细细的竹节；枯叶蝶竖起双翅，似一片枯叶。拟态依模拟双方的异同分为缪勒拟态和贝次拟态两种。

缪勒拟态，是两个有毒的物种彼此互相模拟。缪勒拟态的双方都能得到好处。因为它们将共同分担捕食动物在学习期间所造成的死亡率，这比每一个物种在不互相模拟时，被捕食动物猎获的数目要减少一倍。

贝次拟态，就是一种无毒的动物模仿一种有毒的动物。这是自然界中最常见的拟态形式。如可食的副王蛱蝶在外貌上模拟不可食的普累克西普斑蝶，这两种蝶在分类上属于两个不同的科。在贝次拟态中，模拟物种可以获得好处，但是，被模拟者却可能遭到损伤，因为如果模拟者的数量很多，甚至超过了被模拟者的数量，那就会使捕食动物发生错觉，以为它是可食的，这样就会大大增加捕食动物对被模拟者捕捉次数，使被模拟者死亡率提高。

拟态可以表现在形态、色型和行为等各个方面。贝次拟态在昆虫和蜘蛛中最为常见。有些蝇不仅在色型上模拟具有黄、黑两色条纹的蜜蜂和黄蜂，而且也能发出蜂类所特有的嗡嗡声。

捕食动物通常不吃生有毒刺的蜜蜂和黄蜂，也不触碰那些模拟蜜蜂和黄蜂的蝇类（如食蚜蝇）。大多数食虫动物是不吃蚂蚁的，因为蚂蚁分泌的蚁酸有很大刺激性，使蚂蚁的味道不好。因此，常常会有一些动物在体色、形态和行为方面模拟蚂蚁。在印度曾发现过几种模拟蚂蚁的蜘蛛。其中一种蜘蛛非常像印度的大黑蚁，它们不仅大小、体形和颜色完全一样，而且都生有细长的足，但蚂蚁的足是3对，而蜘蛛的足是4对，因此，蜘蛛的1对前足用来模拟蚂蚁的触角，其动作方式也和蚂蚁触角保持一致。蜘蛛借助于模拟蚂蚁，既可在天敌面前保护自己，又可在猎物面前隐蔽自己，可见拟态具有防御和捕食的双重功能。

三、次级防御

次级防御，是指动物在捕食者出现之后运用的所有防御方式，它可增加与捕食者遭遇后的逃脱机会。次级防御主要有10种类型，即回缩、逃遁、威吓、假死、转移攻击者的攻击部位、反击、臀斑和尾斑信号、激怒反应、报警信号和迷惑捕食者。

1. 回缩

回缩是洞居或穴居动物最重要的次级防御手段。如野兔一遇到危险时，便迅速逃回洞内；管居沙蚕遇到危险时立即缩回到自己的管内；有壳、有甲的动物遇到危险时把身体缩入壳内（软体动物和龟鳖）；有刺动物遇到危险时滚成球或将刺直立起来保护软体部位等等。而"狡兔三窟"则是回缩（次级防御）中的经典。

因动物回缩时自身暂时也无法取食，更无法知道捕食动物是不是已经走开，所以，对于无关刺激做出回缩反应时，对动物本身往往是不利的。所以，很多动物对各种简单刺激都已经习以为常，不会轻易做出回缩反应。

2. 逃遁

很多动物在捕食者接近时往往采取跑、跳、游泳或飞翔等方式迅速逃离。逃遁路线可以为直线运动，或为不规则运动，有的动物逃跑的同时还运用其他的对敌手段。

动物逃遁的方式会随情况的不同而有所改变。夜蛾和尺蛾往往在蝙蝠发现它们之前就能感受到蝙蝠发出的声纳脉冲。但它们飞得没有蝙蝠快，因此，当发现蝙蝠离它们较近时，它们便采取飘忽不定的不定向飞行（采取直线飞行就很难逃脱掉）使蝙蝠难于得手。但是，如果在远处发现蝙蝠，它们就会采用直线飞行方式，以便尽快飞出蝙蝠的有效搜寻区。

动物逃遁时常与其他防御手段结合。如在乌贼逃跑时释放墨汁，形成烟幕迷惑敌人；黄鼬逃跑时放出臭气，阻挡敌害等等。有时，动物在逃逸时会突然展示出鲜艳的色斑，而在静止时，这些色斑是隐藏着的，这就是所谓的闪耀色。如有一种蛾的后翅有醒目的黄色、红色和蓝色，而前翅则呈树皮色，当它停在树干上时，后翅隐藏在前翅的下面，一旦遇到惊扰，鲜艳夺目的后翅就会突然展现出来，使捕食动物在瞬间受到惊吓，从而争得了逃跑的时间。飞行结束闪耀色也同时消失，动物本身也随之消失。

3. 威吓

来不及逃跑或已被捉住的动物往往采用威吓手段进行防御。威吓行为最常采用的有两种方式。一是膨胀身体，即把身体上的毛或羽毛直立起来（多种禽类）、皮肤褶外展（蜥蜴）、张开鳃盖（鱼）或胀大喉囊（军舰鸟）等。二是展示进攻的武器，尽量把攻击的利器让对方看到，同时伴随着一种意向性的攻击动作（不一定攻击）并配合特定的色型炫耀，如闪亮的色彩和大眼斑等。从动机角度分析，威吓行为是攻击和逃跑（害怕）动机的混合物，是两种动机支配下的折中行为。在动物界威吓行为也很常见。例如：犬在受到攻击无路可逃时会露出牙齿；螃蟹遇到攻击时会高举大螯示威；蟾蜍在受到攻击时，会因肺部充气而使身体膨胀起来，给人一种身体很大的虚假印象；灯蛾会突然展开双翅，将腹部的红色或黄色斑点暴露出来，同时还从胸部排出一种难闻的黄色液体，以此提醒捕食动物，如若攻击猎物，自己也会吃苦头；螳螂遇到危险时，会把头转向捕食动物，翅和前足外展，把翅和前足上的鲜艳色彩暴露出来，同时还靠腹部的摩擦发出像蛇一样的嘶嘶响声，这种威吓行为常常可以把准备捕食的小鸟吓跑。

威吓行为在自然界中从无脊椎动物到脊椎动物的各个类群都能见到。威吓行为在可以达到战斗行为效果的同时，还可以避免双方受伤或死亡。

4. 假死

有些捕食动物只攻击运动中的猎物，所以，很多猎物遭到攻击时，会突然假死以逃避捕食者的攻击。如很多甲虫都有这个本领，蜷缩其足，掉到地上，蜘蛛、负鼠科的哺乳动物等也有假死行为。通常，这些动物只能短时间地保持假死状态，之后便会突然飞走或逃走。动物的假死也是根据环境条件的不同而改变的。如宽吻鳄在陆地有动物接近时，它会发动攻击，但在水中受到触碰时它会保持假死。

5. 转移攻击者的攻击部位

转移攻击的部位，是动物避害的另一种方式。它能诱使捕食动物攻击其身体的非要害部分而逃生。例如：眼蝶的翅上有一个小眼斑，非常明显，以吸引捕食动物的攻击，而使身体的头等要害部分躲开攻击；很多蜥蜴在受到攻击时会主动把尾巴脱掉，断尾还在跳动，引诱捕食者去捕捉，而蜥蜴趁机逃跑，然后再生出一个尾巴；环鸻常常靠分散捕食者注意力的炫耀行为来保卫自己的巢和雏鸟，当捕食者接近鸟巢时，环鸻会装作受伤的样子垂翅奔走，待到把捕食动物吸引到远离鸟巢时便会突然腾空飞走。

有人曾在黄粉甲幼虫的头部或尾部画上眼斑，结果大大增加了黄胸鹀对头和尾端的攻击率（与只涂棕色不画眼斑的对照相比，头端啄食率从61.9%增加到78.4%，尾端啄食率从52.5%增加到65.4%），这一试验证实了小眼斑确实有转移捕食者攻击部位的功能。另外，生有眼斑更能吸引捕食者的注意的同时还可以试探栖息位置的安全性。例如：在眼蝶每一前翅的顶部生有一个眼斑，当眼蝶停下来时，除眼斑外的其他部位都是隐蔽的，眼蝶停下来几秒钟后才把前翅降低，将眼斑置于具有隐蔽色的两后翅之间，以达到完全隐蔽的效果，但此时若有捕食者一直在注意着眼蝶的行动，在眼蝶停下来的瞬间，由于眼斑暴露了位置，捕食者攻击眼蝶，眼蝶就会留下残翅逃脱。如果眼蝶停下来后的几秒钟内未遇到攻击，则说明附近没有捕食者，于是它就会把眼斑藏起来。

很多捕食动物都把攻击目标指向猎物的头部，因此，有些猎物常在离头部最远的身体后端生有一个假头，以便把捕食者的注意力从最敏感的真正头部引开。鳞翅目灰蝶科的灰蝶，其颜色、形态和行为都把捕食者的攻击部位转移到假头处。假头和假触角位于后翅的最后端，灰蝶停歇时的行为表现也增强了假头和假触角的吸引效果。首先，灰蝶在停歇时假触角是上下不断颤动的，而真触角则保持不动；其次，灰蝶在停落下来的瞬间会迅速地转体180°，以便使假头对准原来飞行的方向，这可使捕食者确信它就是真正的头。试验表明，灰蝶的假头标志的确能够误导食虫鸟类的啄击方位，在一旦遭到攻击后能够大大增加逃生的机会。

6. 反击

一个动物在受到捕食者或同种个体攻击时的最后防御方法，就是利用一切可用的武器（牙、角、爪等）进行反击。而且大部分动物在被捕捉后都会进行反击。有些动物的角和棘刺是反击捕食者的主要武器，如三刺鱼的背刺和侧刺在正常情况下是平放的，这样不会妨碍它游泳。但它一被捕食者抓住，刺就会直立起来，扎伤捕食者的口部，迫使捕食者不得不把它放弃。但不是所有的角都是反击用的，如雄鹿的角虽然也可用于反击捕食者，但多数情况下鹿角是用于种内竞争的。动物的反击也不是都能成功，如当一只鼠被一只猫逼得走投无路时，即使反击也很难获得成功。

动物也可以用化学武器进行反击。侧鳃科的软体动物在被捕捉后，常分泌出强刺激物——硫酸；绿蝗则从胸部分泌出难闻的黄色泡沫；蛛形纲（鞭、蝎）的防御腺体开口于腹部，可对准攻击方向喷射分泌物；很多鳞翅目幼虫都生有刺激性的毛，可用于防御蚂蚁的攻击；棕尾毒蛾的幼虫在化蛹时，会把它们身上的毒毛织入茧壁内，雌蛾则把毒毛集中放在茧的一端，成蛾羽化后，用腹部末端重新将这些毒毛收集起来，产卵时把它们盖在卵上，可见，棕尾毒蛾生活史的每一个阶段，都受到了幼虫毒毛的保护。

7. 臀斑和尾斑信号

善于奔跑的群居性哺乳动物常常具有鲜明的白色臀斑或尾斑。这些信号的主要功能是防御，它的主要作用有三种，一是发送给种内同伴的一种报警信号，目的是把捕食者出现的信息告诉其他个体。二是具有增强群体成员凝聚力的效果，有利于种群成员进行集体防御。三是臀斑伴随着一种特定的姿势或动作达到增强信号的效果。例如：瞪羚的腾跃运动，这种腾跃是与闪尾同时发生的，其功能是吸引捕食者的注意。腾跃和闪尾动作实际上是在向捕食者传达这样一个信息，即"我是一个特别健壮的个体，如果你追逐我，我将很容易逃脱"，该信息将会使捕食者去追逐那些没有腾跃或腾跃不高的个体。捕食者要想从这样一个白色臀斑不断闪现和移动的众多群体中捕到一只猎物也是非常困难的。红脚鹬的白色尾斑也有同样的作用。

8. 激怒反应

激怒反应是指捕食动物出现时猎物群体的激动情绪及其所表现出的行为反应。这种反应虽然也可以导致对捕食者发动直接攻击，但在更多情况下是在向附近的同种或不同种的其他个体传递捕食者到来的信息。鸟类常常靠叫声把其他个体的注意力吸引到它处于危险的所在地，并能诱发种内和种间的激怒反应。一个具有激怒反应的动物群体常常能够成功地驱逐和击退捕食者的进攻，从而减少它们自身及其后代所面临的风险。例如灰喜鹊和喜鹊等很多集体营巢的鸟类就是靠激怒反应而获得安全的。也有人认为，成鸟的激怒反应可使幼鸟保持安静和不动，从而减少它们遭到捕食的机会。

E. Curio 曾对斑鸫的防御行为作过深入研究。他认为，具有领域行为的雀形目鸟类其激怒反应具有明显的适应意义。他把猎物对捕食者的反应区分为两类：一类是当卵和幼鸟受到捕食者威胁时，成年鸟会大吵大叫地扑向捕食者并对其进行攻击；另一类是当捕食者非常危险和凶猛时，成年鸟会在远离捕食者的地方长时间地大吵大叫。在整个营巢和育雏期，一对斑鸫成鸟的激怒反应会变得越来越强烈，越来越频繁。在幼鸟出巢后极易遭猛禽捕食期间，双亲的激怒反应会继续保持下去。

9. 报警信号

当捕食者接近一个猎物群体时，群体中的一个或多个个体往往会向其他个体发出报警信号，报警信号可以是视觉信号、听觉信号或化学信号。报警信号既有在面对攻击者时召唤同伴的作用，也有警告同伴躲入安全场所的作用。在有些情况下报警行为对信号发送者及其亲属都有利；在另一些情况下则只对群体中所有的信号接受者有利，使它们能及时避开捕食者的攻击。

有些鱼类对受伤的同种个体释放出的化学物质具有逃避反应，如一种鱼的皮肤破裂后就会从皮肤细胞中释放出一种称为"Schreckstoff"的报警物质。嗅到这种化学物质的同种鱼类就会迅速跑开，然后隐藏起来或减少活动。一度认为化学报警物质是这种鱼所特有的，但后来发现，镖鲈和虾虎鱼等其他鱼类也能释放用于报警的化学物质。在多数情况下，只有结群生活的鱼类才有这种防御方式。

栖息在北美西部池塘和湖泊中的美洲蟾蜍蝌蚪，受伤后也会分泌报警化学物质，这些蝌蚪呈密集的集团分布。1988 年，Diana Hews 在试验中测定了蟾蜍蝌蚪对这种报警物质的反应后发现，在有报警物质作用的情况下，蝌蚪的存活率比没有报警物质存在的情况下高很多。大水蝽和蜻蜓稚虫是蝌蚪的两种天敌，D. Hews 把大水蝽、蝌蚪和蟾蜍蝌蚪一起养在水族箱中，当大水蝽正在吃一只蝌蚪时，同种的其他蝌蚪就会增加活动并躲到水族箱的另一侧去，但当大水蝽吃的是另一种蟾蜍蝌蚪时，它们就没有这种行为反应。此时，受到同种蝌蚪报警物质作用的个体，遭到捕食的可能性会相应减少，使捕食者每次攻击的成功率降低。用蜻蜓稚虫所做的捕食试验结果也是一样。美洲蟾蜍蝌蚪的报警物质除了可向同伴传递危险来临的信息外，还有直接阻吓捕食者的功能。很多种成年蟾蜍及其蝌蚪对捕食者来说都是不好吃的，因为它们的皮肤有毒，而这种毒素也是报警物质的组成成分之一。

10. 迷惑捕食者

当捕食者攻击猎物群体中的一个个体时有可能产生犹豫，或是由于几头猎物同时奔跑而受到迷惑。捕食者的犹豫不定哪怕只是瞬间，对猎物的逃生也十分有利。这种所谓的迷惑效应是 1922 年 R. C. Miller 在研究小鸟群对猛禽捕食时所作出的反应时发现的。当猛禽接近时，鸟群中的个体会在树丛中保持不动并全都发出尖声鸣叫，这种特殊的尖声鸣叫，对捕食的猛禽来说是很难定位的，Miller 认为，它的功能是迷惑或分散猛禽对鸟群中任一特定个体的注意力，使猛禽很难选中一个攻击对象。显然猛禽对这样一个鸟群的攻击成功率要低于对一只独居鸟的攻击成功率。Miller 在描述猛禽面对一个猎物群体时的两难处境时写道："注意力越是分散，捕食失败的可能性也越大。"

迷惑效应也是鱼群经常采取的一种防御策略。S. R. Neill 和 J. M. Cullen 研究了鱼群大小对两种头足类捕食者和两种肉食性鱼类捕食成功率的影响，前两种捕食者是乌贼和枪乌贼，后两种肉食性鱼类是犬鱼和金鲈。前三者（乌贼、枪乌贼和犬鱼）靠伏击猎食，而金鲈靠追逐猎食。在大多数情况下用三种不同大小的猎物群体（分别含有 1，6 和 20 个个体）对这些捕食者进行测试。对上述所有四种捕食者来说，每次与猎物相遇时的攻击成功率都会随着猎物群体数量的增加而下降。对前三种靠伏击猎食的捕食者来说，猎物群体数量的增加会使它们产生犹豫和举棋不定的行为表现。但对金鲈来说，猎物群体数量的增加常会促使它不断的改变追逐对象，而每一次改变都会是狩猎的一次重新起步。在自然条件下，捕食者狩猎的成功往往是靠攻击离群的个体，或者是靠攻击群体中有醒目标志和显著特征的个体。在这两种情况下，捕食者都特别注意猎物群体中那些与众不同的个体。

动物的防御行为有时不止一种，而是多种形式的结合运用。如猪鼻蛇的防御行为就有多种选择。猪鼻蛇栖息于沙地，是一种体型较大的无毒蛇，当最初受到干扰时它会采取威吓姿态，即头部和身体的前 1/3 变扁向两侧扩张，使它看起来很大，接着便蜷曲成夸张的"S"形姿态并发出嘶嘶声响，但当受到进一步刺激时，它便会放弃威吓并开始剧烈地扭动身体和排粪，接着便张着口吐着舌盘曲成一团装死，一旦捕食者对这具"僵尸"失去了兴趣，它便会慢慢恢复原态并逃之夭夭。

第三节　食物行为

食物行为包括一切与获得食物和处理食物有关的活动。目的是满足动物自身或同种个体对食物的需要。动物的食物行为是由一个系列组成的，包括搜寻食物、捕捉食物、对食物的加工处理和吞食等多个阶段。食物行为系列中首先是寻找和发现食物。动物去发现食物的方式多种多样，有的是单纯利用感觉器官，而多数高等动物是走出去寻找；有些动物则采取等待和伏击的方法，如生活于地下洞穴中的蜘蛛，总是静伏在洞底，当有猎物经过洞口时，突然出击抓住猎物；而海底鱼类用发光的触须引诱小鱼，然后突然张开大口吞食。

动物也"以食为天",但在觅食、取食、乞食、贮食、捕食、反捕食的过程中,也时时处处上演着动物界的悲喜剧。如"螳螂捕蝉,黄雀在后",如"狮吃羚羊,鹫待残羹"等。植食性动物常为觅食而丧生于食肉动物口中,而大熊猫采食能量很低的竹叶,每天大约要花 14 小时以上。

一、动物的采食方式

动物的采食方式大体可以分为五类。

1. 过滤采食

指在游泳中通过抽吸和过滤从水中获得食物。此类动物全部是在水中生活。

2. 寄生采食

指将捕食和营巢结合起来的,在寄主体内吃住合一的采食方式。如寄生虫等。

3. 捕猎采食

是哺乳动物中常见的捕食方式,多为肉食动物采用。如猛禽、猛兽等动物依靠利齿锐爪,敏锐的感觉,矫健的体魄或扑杀、或穷追、或相互合作来完成。捕猎行为,近似攻击行为但更为复杂,它包括漫长而复杂的寻找,公开或隐蔽地接近猎物,通过接近、捕杀和进食等许多程序完成。

4. 游牧采食

多是除幼龄动物以外,植食动物采食的方式,需要走出去采集食物。

5. 杂食类

是食谱较广的杂食动物的采食方式,如灵长目、啮齿类、北美棕熊和猪等。

二、动物的食性

动物的食性大体上可以分为三类。

1. 单食性动物

只吃一种食物,如一些寄生虫。

2. 寡食性动物

只吃几种少数食物。如大熊猫、树獭、松鼠、蜜蜂等。

3. 多食性动物

大多数动物都属此类。

食性的不同各有利弊,而且食性在人工驯养的条件下也可以逐渐改变。

三、动物采食行为中的其他现象

1. 乞食行为

主要指幼小动物向双亲要求提供食物的姿态、动作和发声。如雀形小鸟中许多种类,只要感受到巢的震动,就会伸长脖颈张大嘴去乞食。银鸥的雏鸟完全依赖双亲吐出嗉囊中的食物来喂养,它饥饿时,用喙去啄亲鸟喙上的一个红色斑点,这时亲鸟就会吐给它吃,吃饱时乞食行为就随之消失。乞食行为有时也发生在成年的动物中，但多是通过乞食来求偶。

2. 贮食行为

有些动物在食物丰富的时候，把食物贮藏起来，以供短缺时食用。金仓鼠是贮存粮食的能手，冬日找到它在田野里的洞穴，可挖出多达数千克的粮食；在自然条件下，它有强烈的贮食倾向，尽管有时贮存量足够过冬了，但它还无休止地贮存。松鼠在夏日会把鲜蘑菇挂在树枝上晾晒，以备冬日之需。渡鸦在掠食后，常常把瘦肉吃掉，把肥肉贮存起来，因为脂肪含热量多。狮、虎等大型猫科动物甚至也有贮食的习惯。在食物数量随季节变动很大的地区，动物的贮食行为更常见。

第四节　性行为

有性繁殖的动物达到性成熟以后，在繁殖期两性之间会表现出一系列的特殊行为，最终导致精子和卵子的结合，产生新的生命。在此过程中，一系列与繁殖有关的行为统称为动物的性行为（也称为繁殖行为）。性行为主要包括雌雄两性动物的识别、占有繁殖的空间、求偶、交配及保持配偶关系等，动物的性行为的结果是使动物能够产生后代。因此，种类繁多的动物才能世世代代生存至今。在性行为中求偶是前提，交配是焦点，生产是目的。

性行为的目的是生儿育女、繁衍后代，是动物生活中极其重要的行为，与食物行为一样是动物最基本的本能行为。但食物行为以满足个体生存为目的，而性行为则是种族繁衍的需要。

一、求偶

在有性生殖活动中，求偶是很重要的行为。求偶的方式各种各样，有的可以持续几小时，甚至几天。求偶时或作出一些令人注目的奇异动作，或展示鲜艳的色彩，或发出复杂的声音，以吸引未来的配偶。家鸭的雄性个体，追随母鸭后面，有节奏地把头弯向侧后方，喙指着翅膀，以引起母鸭的注意。因为家鸭起源于绿头鸭，绿头鸭的雄性个体头颈有蓝绿色闪光的羽毛，翅膀上也有蓝绿色的羽，这个动作就是从梳理羽毛演变来的，家鸭仍保留这个求偶动作。雄孔雀比雌性的羽色漂亮，尤其是长长的彩色尾羽，于是"孔雀开屏"时把尾羽竖成扇面，向雌性展示。黄鹂的雄性个体只在春末夏初鸣声婉转动听，用以吸引雌性个体，过了这个时期，鸣声会变得直而粗哑不再动听。高等动物多数为雄求雌，但昆虫等一些低等动物，如蛾类的雌性在繁殖时通过放出外源性性激素吸引雄性。

求偶行为的生物学作用在于：①吸引同种的异性并排斥同性的异类；②确认对方的性动机状态和能力；③抑制对方的攻击或逃避冲动；④促进对方的性行为动机。

高等动物的求偶多是雄性为主导，雌性处于被求的对象。

求偶的表现形式也多种多样。除了鸣唱、舞蹈、炫耀，还有贡献食物、筑巢材料（多数的鸟类），有追逐、威吓、捕咬（鸽子用追逐威吓、犬用捕咬）的，还有雌雄双方在交配前接吻等众多方式。目的是达到交配成功，繁衍后代。

二、交配

由于动物的进化程度及种类的不同，交配形式也多种多样。

哺乳动物和鸟类属体内受精，两性结合必须有身体和性器官的接触，所以，也称为"交尾"。低等动物的交配多是体外受精（多数的鱼类），或使用贮精囊（蜜蜂），所以，无须异性个体身体接触。

动物完成交配行为必须满足三个要件。

1. 性对象必须能相互准确识别

性行为信号是相互识别的最重要手段。因为不同物种间的杂交个体不能再产生后代，即使是近缘杂交产生的后代也不能继续繁殖（如骡子）。性对象通过性行为信号相互识别，最重要的意义是可以节约遗传资源。

2. 必须消除种内争斗趋势

不是终生配偶的动物，不同个体相互靠近时会增加攻击的倾向，异性间也不例外。而求偶过程中包括视觉（颜色、光、姿态和动作等）、嗅觉（气味）和听觉（鸣声）等一系列性行为，这些行为有助于消除攻击的倾向。

3. 同步完成性器官的结合

交配同步实质包括动物体内性状态和性器官结合同步两个方面。动物体内性状态的同步多是决定于日照的变化；而性器官的同步是在体内性状态同步的基础上靠交配前的一系列性行为来完成。

交配的目的是完成精子与卵子的结合，产生新的后代。

第五节　亲代抚育行为

亲代抚育行为（也称母性行为）是指亲代个体对后代的一系列护理行为。主要包括供给食物、御寒、清理脏物以及防御敌害等。鸟类的孵化和哺乳类的哺乳等都属于亲代抚育行为。

动物一旦产卵或产仔，就会面临亲代抚育的问题。在动物界，亲代抚育并不是一个普遍存在的现象，因为亲代抚育所付出的代价往往会超过从中所获得的好处。亲代抚育的主要好处是可提高后代的存活机会；但代价却是要消耗资源，在保卫后代时还会增加自身遭到捕食的风险，但亲代抚育对物种的生存和延续是非常重要的。

一、亲代抚育的提供

纵观整个动物界，如果亲代抚育只由双亲中的一方完成的话，那么，提供亲代抚育的往往是雌性而不是雄性。关于这一现象，目前存在三种假说。

1. 父亲身份难认定假说

如果一个雌性动物产下了一个受精卵或是生下了一只幼崽，那亲子之间肯定是母子或母女关系，子女体内肯定有50%的基因是来自母亲，但父亲却难以确定。特别是在体内受精的情况下，父子关系的认定就更困难一些，因为往往雌性动物的交配对象不止一个。因此雄性个体亲代实施抚育的投资风险比较大，这就导致了父爱的进化弱于母爱的进化。

2. 配子释放顺序假说

双亲中，谁提供亲代抚育是由卵子和精子的释放顺序决定的。在很多动物中，两性交配之后常有一性离去，留下另一性照料后代。在体内受精的情况下，雌雄交配后是雌性将受精卵留在子宫内，生产后（雄性已离开）只能由雌性照料后代，因此，提供亲代抚育就只能是雌性个体。这是多数哺乳动物的亲代抚育方式。再如，在体外受精的情况下，雌性个体通常是在雄性个体排精之前先排卵，并在排卵之后离去，把护卵的任务留给雄性个体去完成。但是，配子释放顺序假说对于很多具有亲代抚育行为的鱼类是难以解释的，因为雄鱼的排精和雌鱼的排卵几乎是同时进行的，在这种情况下，雌雄双方承担亲代抚育的概率应该是相等的，但在所研究的46种鱼类中，由雄鱼承担亲代抚育的占36种，明显超过了理论预测的23种。此外，有很多种类的蛙也是如此，雄蛙在雌蛙产卵之前先在雌蛙巢中排精，可抚育也是由雄性来完成。

3. 幼体关联假说

这一假说的要点是，由于雌性个体是携卵者，因此，当后代出世后它便处于最有利于为后代提供帮助的位置。父亲不可能直接控制后代的出生，当后代出生时，它甚至还不知去向。即使它能够提供帮助，而且也能从这种帮助中得到遗传上的好处，但由于它不在后代身边，亲代抚育行为也就无从谈起。

从总体上看，哺乳动物中由雌性完成亲代抚育的更多，鱼类和两栖类动物中雄性占绝大多数，而鸟类中二者比例相差不大（也有双方合作的）。

二、亲子识别

亲子识别的主要功能是为了防止把亲代抚育错投给非亲幼体。

1. 营群居生活的物种比独居物种亲子识别能力更强

营群居生活的物种中，亲代抚育错投的风险更大，因此，这些物种的亲子识别功能特别发达；而独居物种的双亲除了自己的子女之外是很难再遇到其他非亲幼体，因此，亲代抚育错投的可能性很小。

通过对一个群居物种（岸燕）和一个独居物种（毛燕）的比较研究发现，一种是群居的岸燕，一种是独居毛燕，两种燕子虽不属于同一个属但却属于同一个科，但是，两种燕子的亲子识别有着明显差异。岸燕的幼燕发出的叫声各有其特点，而毛燕的幼燕发出的叫声区别不明显。因为群居岸燕的洞口十分密集，幼燕是很容易飞错洞口的。当岸燕的幼燕出巢时，双亲仅凭幼燕叫声就能识别自己的后代，并能毫无错误地把食物喂给它们，对于落在其洞口附近的陌生幼燕则加以驱逐。毛燕在整个进化过程中都是独居的，它们把食物错喂给其他非亲幼燕的机会几乎没有，因此，它们对亲生子代的识别能力不强。如把两窝毛燕中的幼燕互相调换了位置，结果两对双亲很容易就接受了外来的幼燕，甚至它们也能很容易成为幼燕的养父母。

2. 地面营巢比在悬崖峭壁上营巢的动物的亲子识别能力更强

原因在于二者把亲代抚育错投给其他非亲幼体的风险不同。有人对两种有密切亲缘关系而且都是群居的银鸥和三趾鸥进行了研究。银鸥是在地面营巢的，它们的幼鸥出壳几天后就能跑动，因此，成年鸥很容易遇到和接触不是自己子女的幼鸥。试验中把两窝出壳4d或5d以后的幼鸥互换了位置，结果两窝幼鸥的双亲都不接受外来的幼鸥并对它们进行攻击。与此相反的是，三趾鸥把巢营造在悬崖陡壁边缘上，巢中的幼鸥稍有不慎就落到海水中，所以，它们的本能行为就是呆在原地不动，一直蹲伏在巢中。把它们两个巢中的幼鸥互换后，成年鸥对陌生的外来幼鸥都予以接受，哪怕外来幼鸥的年龄比自己的子女大得多或小得多也不在意，甚至把鸬鹚的幼鸟放到它的巢中，它们也能接受。

三、不同动物的亲代抚育行为

纵观整个动物界，亲代抚育工作通常是两性都参加的，但雌性承担的工作比雄性更多，有时甚至完全由雌性承担。只有极个别的物种完全由雄性来承担。

1. 无脊椎动物的亲代抚育行为

在无脊椎动物中，原始的亲代抚育形式只是把卵产在安全隐蔽的地点，更进步的一种形式是除了把卵安置在安全地点外，还要为新孵出的幼虫贮备必要的食物，以便幼虫一孵化出来就有食物。昆虫的亲代抚育行为多是处在这样的进化阶段，如独居的沙蜂，雌沙蜂先猎取一只昆虫将其麻醉后带回事先已挖好的洞穴中，然后在猎物（多为鳞翅目幼虫）体内产一粒卵，最后用小石子把洞口封堵。但当幼虫孵出之后，只有极个别雌性个体能在一段时间内为幼虫喂食。

而进化到蚂蚁、胡蜂和蜜蜂这些比较高等的社会性昆虫时代，其亲代抚育行为超越了沙蜂。它们不仅直接喂养幼虫，而且能够抑制第一批幼虫的性发育，以便使它们能够帮助自己的母亲喂养第二批幼虫，这就使昆虫社会中出现了永久性的非生育等级（即工蚁和工蜂等职虫）并导致了昆虫社会的进一步演化。

2. 鱼类的亲代抚育行为

鱼的亲代抚育主要表现在对受精卵的照料和供养上。在鱼类中可以看到亲代抚育行为近于完整的演化序列，从没有亲代抚育到高级复杂的亲代抚育的各种形式，但行为的复杂程度往往取决于鱼类的生殖模式。

鳕鱼常由雄鱼和雌鱼组成混合的生殖群，它们同时向开阔水域排卵和排精，卵和幼鱼得不到任何亲代抚育。而稍复杂一点的鳟鱼和鲑鱼，雄鱼和雌鱼在产卵和受精之前先配对，然后由雌鱼在溪底挖一个含有沙砾的产卵穴，雌雄鱼都在其中产卵和排精。

有些鱼是体内受精的，排出的是受精卵，这比体外受精排出未受精卵的鱼类要进步一些，如鲤形目中的很多种类就是这样，相应的进化结果就是产卵量较少。但是，伴随着产卵量或产仔量的减少，鱼的生殖风险会进一步加重，而亲代抚育行为也会得到加强。很多硬骨鱼和草鱼是胎生的；鳘鱼的胚胎是借助于各种不同的机制获得营养的，即可以贮存在卵自身的卵泡中，也可由雌鱼的子宫提供（如角鲨），这些鱼类的亲代抚育行为都非常完善。

鱼类亲代抚育行为的进化趋势从一个分类群内可以看的更加清晰。通过对镖鲈属中14种鱼进行的研究表明，产卵量与亲代抚育行为的发达程度呈反相关关系，即亲代抚育行为越发达产卵量就越少，而发达的亲代抚育行为几乎完全是由雄鱼承担。

3. 两栖动物的亲代抚育行为

两栖动物的亲代抚育行为也是多种多样。由于两栖动物的卵没有坚硬的保护性外壳，所以，必须经常保持湿润，它们亲子抚育的主要任务就是防止卵脱水干燥，也就是要有永久性的水源。

两栖动物的亲代抚育行为大体可分为两种。

一种是在卵发育的早期雄蟾对卵进行守卫。如产婆蟾把卵产在陆地上，然后把卵挤压在自己用后足形成的三角形空间内，雄蟾使卵受精后便用后腿插入卵团将卵取过来，置于自己腰部周围携带，在卵发育期间，雄蟾将会选择最好的温度和湿度条件以确保卵团不干燥。卵孵化之前，雄蟾会返回池塘将后足浸入水中直至孵出蝌蚪。负子蟾的雄蟾则是把卵推入雌蟾背部的组织内，卵一直在皮肤袋内发育。尖吻蟾也把卵产在陆地上，并由雄蟾守护一定时间，孵化前雄蟾将每一粒卵都吞入口中，并靠适当的运动把卵送入声囊，直到孵化。

南非泳蟾属是真正的胎生两栖类，幼体完全在雌蟾生殖道内发育。在蝌蚪阶段，尾部的血管可使母体输卵管血循环与蝌蚪血循环之间进行营养传递，这种结构很像是哺乳动物的胎盘。有些蝾螈也是胎生的，但对母子循环系统之间的气体交换没有如此完美的适应。这些时候的亲代抚育行为则完全由雌蟾来完成。

4. 爬行动物的亲代抚育行为

爬行动物的雌雄个体之间很少成对生活在一起，领域行为不发达（蜥蜴科、鳄科除外）。爬行类动物通常是体内受精，但受精卵滞留在雌性生殖道内的时间有长有短。大多数爬行动物是卵生的，但也有少数卵胎生的种类。爬行动物的亲代抚育行为差别很大，鳄鱼比较发达，而龟鳖目亲代抚育行为不发达。

鳄鱼的亲代抚育行为发达。主要表现在它不但能建很复杂的巢，而且巢的类型也因地点的不同而有所不同。密河鳄的雌鳄用腐烂的植物筑巢，巢可把一窝卵抬升到水面以上，为卵提供了温暖湿润的环境，雌鳄守护在巢周围，当幼鳄发出唧唧叫声时，雌鳄会帮助打开蛋壳。尼罗鳄的亲代抚育行为更为复杂，卵产在沙岸上雌鳄挖的洞穴中，产卵后雌鳄一直守在巢的附近，直到蛋壳出现裂缝和小洞为止，此时小鳄用叫声把雌鳄吸引过来帮助打开巢洞，雌鳄用嘴咬住小鳄，把它们一个个带到水边，并在小鳄长达几周的早期发育期间守在它们附近。

龟鳖目的亲代抚育行为不发达。只是选择巢位、挖掘巢洞和把已产下的卵覆盖起来。

蛇类的亲代抚育行为有两种主要的方式。①卵在母蛇体内孵化，然后把小蛇产出，出生后的小蛇很少受到照料；②产大量的卵，除了选择巢位和覆盖卵之外，几乎不再有任何亲代抚育。但雌蟒蛇和眼睛蛇例外，它们常蜷卧在卵上为卵孵化加温并守护卵。

蜥蜴中的蛇蜥和石龙子有守护卵的行为，雌性石龙子还常常把分散的卵收集起来，使它们重新合为一窝。沙漠黄蜥的卵是在雌蜥体内发育的，而且在卵膜和输卵管壁之间所建立的联系，很像是一个原始形式的胎盘。这是爬行动物胎生的一个特例。

5. 哺乳动物的亲代抚育行为

哺乳动物中雄兽与雌兽一对一地组成单配制家庭的种类很少，只占整个哺乳动物的4%左右。由于雌性个体有专门为胎儿发育提供场所和营养的子宫、为幼崽发育提供营养的乳腺，因此，先天决定着雌性将会更多地参与亲代抚育工作。所以，多数哺乳动物幼崽的发育和生存完全靠母亲维持，只是在某些类群中，雄性和其他家庭成员参与不同程度的亲代抚育工作。

哺乳动物的亲子抚育行为可以细分为三种类型。

第一种是鸭嘴兽和针鼹等卵生的动物。针鼹把卵产在一个袋内，小针鼹长到一定大小后便被独自留在巢中，雌鼹则定期回来喂奶；鸭嘴兽在巢中产卵，幼崽孵出后雌性用乳汁喂养，全部亲代抚育工作都是由雌性承担。

第二种是大袋鼠科中的袋鼠。袋鼠产出的幼兽发育程度极差，它从尿生殖窦中爬出后便进入乳头区，遇到一个乳头后便开始一个长长的乳头附着期。全部有袋类动物都是由雌性承担亲代抚育工作。

第三种是真兽亚纲。真兽亚纲产出的幼崽，其发育程度要比有袋类好得多。它们没有乳头附着期，只是断断续续地吸奶，直到断奶为止。幼崽早期的营养完全靠母亲供应，但雄性和其他家庭成员也参与一定的抚育工作。

第六节 欲求行为和完成行为

动物的行为或简单或复杂，但复杂行为通常可以明显地分为两个阶段，即欲求行为阶段和完成行为阶段。在欲求行为阶段，动物表现为积极地寻找和探索目标，一旦找到目标，欲求行为结束并开始完成行为，最终完成该行为的生物学目的。如一只家鼠在饥饿时会变得非常活跃，到处寻找食物，这就是欲求行为期；一旦找到了食物便立刻采食，采食本身是完成行为。如果食物充足使它吃饱，欲求行为就不再发生，直到下一次饥饿出现。否则，欲求行为将重新开始。

一、欲求行为

欲求行为也称为寻找行为，是动物对内部刺激的反应，是完成行为目的的前导部分。欲求行为能够导致完成行为的产生，有利于满足机体的需要，但欲求行为本身并不能减少动物的欲望。因此，欲求行为不存在特定反应疲劳，它可以被重复释放。

欲求行为的复杂程度差别很大。有时欲求行为仅仅是一种简单的定向活动（如趋性），但多数情况下，欲求行为是由一系列复杂的行为序列所组成，而且持续时间较长。如鸟类的迁飞和鱼类的洄游，其行为过程极其复杂，持续时间有时可长达几个月。动物的这种迁移行为也是一种欲求行为，而到达繁殖地或产卵地进行繁殖或产卵才是目的（完成行为）。

欲求行为的程序有较大的灵活性，而且能表现出学习能力。例如，家鼠能够记住通向食物的路线，并在下一次觅食时重走。在实验室里，人们可以教会家鼠在迷宫中认路或者踏杆取食，这种学习行为也是欲求行为的一种形式，并在一定程度上丰富了欲求行为。

二、完成行为

完成行为是完成某一行为目的终止阶段的行为活动。完成行为是相对比较简单又非常定型的行为序列。完成行为历时较短，往往是老一套的行为模式。完成行为会使该行为系统的生物学目的得以实现，如解除饥饿和完成受精等。完成行为会导致动物的欲望下降，使该行为系统在此后的一段时间内不再发生（下一次什么时候需要将随种类的不同、行为的目的不同而不同）。也就是说，完成行为的结束会使诱发欲求行为和完成行为的刺激阈值大大增加，甚至使两种行为的刺激暂时消失。

三、欲求行为与完成行为的关系

1. 欲求行为是完成行为的前提，完成行为是欲求行为的最终目的

如采食，首先是动物饥饿，先由机体内部的生理条件发生变化产生内部刺激，再由内部刺激再引发动物产生觅食行为（欲求行为），欲求行为就是去寻找食物或捕获动物的过程，找到食物后（欲求行为完成），就会导致完成行为的产生，即进食。当动物吃饱后，机体的需要得到满足，觅食的目的完成，整个行为结束。整个行为过程包括觅食与进食。即采食行为 = 觅食行为（欲求行为）+ 进食行为（完成行为）。

2. 一次欲求行为不一定会导致完成行为的出现，但最终会（除极特殊情况外）出现完成行为

因为欲求行为同该行为系统的生物学目的没有直接关系，而完成行为刚好相反。因此，欲求行为的方式和次数是随具体情况而变化的，例如，饥饿的动物一次捕猎（欲求行为）失败后必须再次进行捕猎，直至捕获猎物饱腹（完成行为）为止。

3. 欲求行为和完成行为有时没有明确的界限

如乌鸫的筑巢行为。筑巢从寻找大树枝构筑巢基开始，接着是收集小树枝构筑巢壁并涂上软泥，最后是在巢里铺上细草和毛羽。若把整个巢的建成看做是筑巢行为的最终目的，那么我们很难明确区别这一过程中哪些是欲求行为，哪些是完成行为。可以把寻找每一个树枝看成是欲求行为，而在巢内安放树枝看成是完成行为；或者把找到一个适用的树枝看做是完成行为，因为找到树枝后就会暂时停止寻找。但是，把树枝衔回巢的行为就无法纳入其中。

第七节　本能行为和学习行为

在一般情况下，较高等的动物（这里指在进化中处于环节动物以上的动物）适应环境主要有两种方法。

首先是靠神经系统先天的正确反应，这种反应是动物通过遗传获得的部分。如蜜蜂生来就有飞向花朵和寻找花蜜的行为趋向。通常人们就把这种先天反应称为本能。达尔文是第一个科学地给本能行为下定义的人，他把本能看成是可遗传的复杂反射，这种反射是同动物的其他特征一起通过自然选择进化而来的。如蜘蛛结网、蜜蜂造巢、鸟类营巢孵卵、哺乳类幼仔的吮吸乳汁等都是遗传的，是生来就会不需要后天学习的行为，而且这种本能在个体之间没有差异。

其次是靠后天的学习。学习是动物在成长过程中借助于经验的积累而改进自身行为的努力。动物在实践中可以判断什么样的反应对自己最为有利，并能据此改变自己的行为。

本能和学习都能使动物的行为适应环境。前者是在物种进化过程中形成的，而后者是在个体发育过程中获得的。事实上，较高等的动物除具有自己的本能行为以外都具有一定的学习能力。例如：雄鸟婉转的歌声一方面以先天的本能为基础，一方面也需要听其他雄鸟歌唱和自己不断地练习学唱。但是，所有鸟类（已研究过的）的报警鸣叫以及对报警鸣叫所做出的反应都是先天的，都是本能，而种内个体间不同的鸣叫声都是后天学习得来的。自然选择有利于这种先天反应的保存。如果这种本能反应也必须通过学习而获得，那么，动物很可能就会在学习过程中丧命。

一、本能行为

本能对于那些寿命短和缺乏亲代抚育的动物更重要、更具有明显的适应意义。例如大马哈鱼，每年从鄂霍次克海游到我国东北的黑龙江和松花江产卵。雌鱼在江底靠鳍鼓动扒出一个窝坑，然后产卵，雄鱼向卵上排出精液受精后用沙土覆盖。完成这一系列行为之后，精疲力竭的亲鱼随波逐流而下，相继死亡。当受精卵孵化出仔鱼时，仔鱼将无法见到它们的双亲。仔鱼在河水中过冬，春天到来时游回大海，在海中长成，然后又会沿着双亲产卵的路线，溯流而上回到江中，在双亲生产的地点"生儿育女"。

鸟类的孵卵也是如此。母鸡产蛋之后，就会也现"抱窝"（孵蛋）的本能，表现为体温升高、不爱进食、趴在窝里不肯出来，即使身下没有蛋也照孵不误。尤其是动物园中的候鸟，虽已无法迁徙，但到了迁徙季节，仍会在笼中躁动不安。这些都是动物的本能行为。

但是，面对纷繁复杂不断变化的环境，动物单靠本能来生活不可能完全适应，因此，必须在本能的基础上学会学习。

二、学习行为

学习行为是动物借助于个体生活经历和经验，使自身的行为发生适应性变化的过程，是高等动物生存中最重要的行为之一。学习可以使动物对环境条件的改变作出有利于生存的反应。学习行为是后天的行为，因此个体之间差异较大。

1. 学习行为的特点

①学习前、后，对相同刺激会产生不同的行为反应；②学习后的行为可以是部分改变（重新建立起刺激——反应联系），也可以是完全改变（原来对某一刺激有反应，学习后不再表现出反应）。

2. 学习最敏感期，通常是发生在动物发育的早期

因为动物幼年时期是与双亲和家庭其他成员生活在一起的时期，更容易从它们那儿学

到本领和经验。如海雀的雏鸟在卵壳内时，就能与亲鸟互通信息，成鸟对来自卵内雏鸟的叫声也能作出应答，所以，雏鸟在出壳前就能识别双亲的叫声，并能把这种叫声与相邻其他鸟的叫声区分开来。这样，小海雀一出壳就与自己的双亲建立了紧密的联系，就会更有利于在集群中生活。

3. 学习行为对于长寿物种更重要

学习的好处是使动物对环境的变化有较大的应变能力，因为长寿物种学习后应用的时间更长，所以，更为重要。

4. 动物的学习能力各有不同

首先，身体大小与学习能力有关系，因为高度发达的学习能力需要有相应的脑量作基础，而小动物的脑量不可能很大。另一方面，自然选择能使同等大小的动物具有不同的学习能力，以适应它们各自不同的生活方式。例如，膜翅目昆虫和双翅目昆虫的大小和寿命都差不多，但膜翅目昆虫除了具有很丰富的本能行为外，还具有极强的学习能力（尽管是属于简单的类型）。蜜蜂在短短三周的采食期就能学会辨认巢箱的方位，熟悉各种蜜源植物的空间配置，它们在一天中经常变换采食地点，好像它们知道每一种花在一天的什么时刻产蜜量最大。双翅目昆虫则完全不同，尽管有很多人曾试图通过试验证实它们有学习能力，但从未获得过令人满意的结果，虽然双翅目昆虫也能表现出某种类型的驯化，但驯化的成功主要是依靠对食物、隐蔽场所和异性的遗传反应。

三、动物的学习类型

动物学习的类型可以划分为很多种，但在动物行为学中常用的主要有以下几种类型。

1. 印记

印记是指幼小动物能记住亲体的形态、气味、声音或出生和活动地区的行为现象。印记是早成性动物发育早期的一种学习类型（如孵出就能随亲鸟行动的鸟，生下就能随母兽行动的兽类），它只发生在动物早期生活的一个短暂的时期内。幼龄动物出生后，通常首先看到自己的母亲，并在以后相当长的一个时期中紧紧跟随母亲行动。在绿头鸭的实验中，孵出的小鸭子，在出壳后的 $10 \sim 15h$ 内不让其看到双亲，它会追随第一个看到的移动物体移动。以后两个月内都会把这个移动的物体当作亲鸟一样依附和跟随。许多鸟和哺乳动物的幼龄动物都是靠印记行为与双亲生活的。

2. 模仿

通过观察和仿效其他个体的行为，而改进自身技能和学会新技能的一种学习类型。很多鸟类都能通过模仿得以学会其他鸟类的鸣声、其他动物的叫声、甚至能学会人的语言，如鹦鹉、八哥、乌鸦、梓鸟、园丁鸟和琴鸟等。有人分析琴鸟的鸣声中有多达80%是模仿来的，包括多种动物的叫声、乐器声和噪声等。不同地域的同种鸟群之间，甚至还有自己种群的方言、土语，这些也是通过互相学习而来的。再如把幼犬和成年猫养在一起，犬也会像猫那样用爪子洗脸，也能学会捉老鼠，让犬和人生活在一起，犬也能学会人的一些举动，至于猩猩、猕猴等高级灵长类动物更是模仿的专家。

3. 玩耍

动物的玩耍也是一种学习行为。玩耍还有助于发展群体的凝聚力和确立个体在群体中的地位，很多肉食动物的优势等级就是在幼兽的玩耍时确立的。之所以称为玩耍，是因为这种活动没有明显的生物学功能。玩耍是在既没有障碍需要克服，又没有天敌需要躲避，也没有猎物需要猎取的情况下，跑跳撒欢、友好打斗，而且多是对成年动物行为的模仿，但自由度更大、更夸张、次序更随意。玩耍在哺乳动物的幼崽中特别明显，猫犬狮虎、牛马羊鹿、猴猿狒狒莫不如此。

4. 习惯化

习惯化是指当刺激连续发生或重复发生时，反应所发生的频率和持久性会渐次衰退。动物在习惯的同时也能学会技能，习惯化是一种简单的学习类型。如偷食田中谷物的雀类，起初会被安放在田间的稻草人吓跑，但久而久之，它就习惯了，不再害怕了，甚至会在饱餐之后歇在稻草人的身上梳理羽毛。更进一步甚至跳跳蹦蹦，唱起歌来，引别的鸟来一起饱餐。习惯化的适应意义是显而易见的，如果动物对无害的刺激总是重复地作出反应，那么，就会浪费许多时间和能量。动物总是习惯于与自己无害的生物和环境相处，而不会习惯与对自己有害的凶猛动物相处，因为，动物对有害的刺激不会产生习惯化。

5. 条件反射

条件反射是高级神经活动的基本方式，是脑的高级机能之一，它是在非条件反射的基础上建立起来。建立条件反射的过程就是学习的过程。

条件反射与获取食物和防御敌害等紧密相联。例如取食，引起有关取食的反射不仅是食物的味道，而且与之相联系的食物的颜色、形态、存放地的场景等都可成为食物的信号，引起动物与取食有关的反射。同样，当天敌伤害动物本身或其同伴时，敌害的形态、气味、叫声、步行声、折断树枝声等也会成为敌害伤害性刺激的信号，这些信号都能引起动物避敌或准备战斗的反射，使御敌的本领大大提高。动物通过条件反射可以学会很多本领。

最复杂的条件反射是操作式条件反射。如将鸟放在实验箱内，当它偶然地用喙啄到预先设置好的杠杆上时，就喂它食物，以强化（鼓励）这一动作，如此重复多次，鸟就会自动啄杠杆而取得食物。条件反射还可以再复杂化，如亮灯后鸟啄杠杆则喂食，不亮灯时啄杠杆则不喂食，最终会形成亮灯—啄杠杆—吃食的条件反射。由于这种条件反射要操作才能学会，故称操作性条件反射。马戏团里许多动物的表演训练就是如此。

操作性条件反射形成的过程说明，动物对工具的使用也是在先天本能（非条件反射）的基础上经过学习而获得的。如秃鹫能用石块把厚壳的鸵鸟蛋砸碎而取食；加拉帕戈斯群岛的啄木地雀，能使用仙人掌的刺或小棍把藏在树皮下或树洞里的昆虫取出来食用；缝叶莺会用植物纤维缝叶为巢；射水鱼可以吞水后瞄准水面植物上的昆虫，喷射强劲的水流击落昆虫而吞食；海獭可以仰卧水中以石块砸碎软体动物的贝壳而食其肉；黑猩猩能用木棍挖食植物可食的根，或捅白蚁窝吃白蚁，拿棍棒去钩取食物，甚至把箱子摞起来爬上去摘取天花板上挂着的食物。

第八节 睡眠行为

睡眠是指动物长时间处于不动状态，对外界刺激反应迟钝或完全没有反应的现象，是广泛存在于动物界的一种行为。行为学家曾研究过很多脊椎动物在自然状态下的睡眠习性，其中包括睡眠状态本身和每一种动物特有的睡眠活动，生理学家则着重研究睡眠的控制机理。

一、动物睡眠行为的特点

1. 不离开睡眠地点

有些动物的睡眠时间很短，但大多数动物的睡眠都要持续几小时以上，在此期间动物保持不活动状态。动物在睡眠中一般要进行多次姿势调整（特别是恒温动物），幼小动物可在睡眠中吸吮乳汁，反刍动物可在睡眠中进行反刍，甚至各种无意识的修饰活动也可在睡眠期间发生，但是，所有的动物在睡眠过程中不会离开它们的睡眠地点。

2. 反应阈值增加

反应阈值增加表现为深度睡眠中的动物对外界刺激或是没有反应或是反应迟缓。但是，睡眠中的动物仍然保留着对环境刺激的辨别能力，而且对刺激的反应比苏醒时有更大的选择性。如一条正在睡觉的鱼，有时可以把它拿在手里，甚至把它拿出水面后它才开始挣脱。最胆小的动物往往也最难把它们从睡眠中惊醒，因为它们平时最易受到攻击，所以，它们必须选择最安全的睡眠地点，才会保证在睡眠时免受攻击。但并不是所有的动物睡眠都很深，很多食草哺乳动物（如大象、野牛和野兔等）的睡眠很浅，它们对哪怕是很小的危险都很警觉，并能做出迅速而强烈的反应。对大象的观察表明，它们在睡眠中对来自同伴的较大扰动毫无反应，但对它们所不熟悉的轻微声响却极为敏感。

3. 睡眠的可逆性

睡眠同昏迷、麻醉和药物所引起的沉睡状态不同，它很容易被强烈的刺激惊醒，并恢复到清醒状态。一般认为，入睡和苏醒都有特定的神经控制机理在起作用，这些机理对体内的生理条件和外界刺激都能做出反应。变温动物从睡眠中醒过来的速度比恒温动物要慢得多，因为它们的体温在睡眠时可以大大低于最适体温。

4. 睡眠姿势

各种动物的睡眠姿势是很不相同的，但是，同一种动物的睡眠姿势通常是不变的。如在室外的犬，蜷曲着身体睡觉，在室内往往伸展着身体睡觉。这说明睡觉姿势常常与环境温度有关。每一种动物的睡眠姿势同它们的解剖学和生理学特点以及所处的环境特点最相适应。

5. 睡眠的节律

有些动物晚上睡觉，有些动物白天睡觉，还有一些动物白天晚上都睡觉，只是在黎明和黄昏时活动。大多数动物都在一天的某一特定时刻睡眠。一般说来，动物的睡眠时间总是选择在环境最不利和食物最短缺的时候。如大多数鸟类在黑暗中是看不见东西的，不能进行正常活动；很多爬行动物在夜晚时体温下降，也不能有效地进行活动，它们此间只能选择睡眠。对陆生动物来说，昼夜交替是影响动物睡眠节律的主要因素，但是，在海洋里（特别是沿岸带），影响动物睡眠节律的最重要因素很可能是潮汐现象。

二、动物睡眠的持续时间

各种哺乳动物在人工饲养条件下平均每天的睡眠时间（0～20h）差异很大。这种巨大差异是很难用这些动物之间的生理差异来解释的。这种差异主要取决于各种动物不同的生活方式。

1. 食性和进食量不同，睡眠时间不同

食草动物食物中养分浓度低，进食间隔较短，每天必须花费大量时间进食，睡眠时间必然减少；而肉食动物食物的营养浓度高，每天只需花很少的时间取食就能满足能量需要，所以用于睡眠时间就长。如负鼠以营养丰富的腐肉、昆虫、果实和谷物为食，每天只用很少的时间取食，同时，它们选择的睡眠地点又十分安全，因此，一天可以睡19h。

2. 动物随生活环境的改变，睡眠时间也有所不同

很多动物的活动都受环境条件的限制，使它们每天有很多时间不能从事任何活动。如许多鸟类的夜视力不好，夜晚无法飞行，只好睡觉，所以夜长则睡眠时间也长。温度的变化也能对动物的活动起限制作用，特别是对一些小型陆生爬行动物，因为它们的体温是随着环境温度的变化而变化的。如生活在高海拔地区的滑喉蜥，白天太阳晒得很热，夜晚却非常寒冷并有冰冻，因此，滑喉蜥夜晚必须躲到地下深洞里去，白天从洞里出来靠太阳把身体晒暖后才能进行各种活动。

三、睡眠的进化

在本质上，人和哺乳动物的睡眠现象与其他脊椎动物及某些无脊椎动物（如软体动物和昆虫）的睡眠现象非常相似，这表明在动物的进化史上，睡眠现象的发生可以追溯到很远。

哺乳动物和鸟类在睡眠时都有特定的脑电活动形式，而爬行动物却与正常活动（非睡眠状态）没有明显的不同。这主要是由于爬行动物的脑与哺乳动物、鸟类的脑在形态学上有着明显差异。因此，在它们之间很难找到一个统一的睡眠标志。事实上，爬行动物睡眠时和活动时的脑活动是相似的，而且在很多方面是与哺乳动物非睡眠时的脑活动相似。因此，要想知道爬行动物是不是在睡眠，主要应当采用行为学的标准。如避役每天在太阳落山时都回到一个树枝上，整个夜晚都显示出一种特定的姿态，眼球回收，这是睡眠的一个明显行为标志。其他无脊椎动物也有类似现象，特别是软体动物（如头足类）表现非常明显，这说明睡眠已经历了很长的进化过程。

（孙凡花）

【复习思考题】
1. 按动物与动物间行使的功能，可以将行为划分为哪几种行为类型？
2. 动物的领域标记有几种方法？领域行为有什么生物学意义？
3. 哺乳动物的亲代抚育行为和学习行为各有几种类型？
4. 简述欲求行为与完成行为、本能行为与学习行为的关系？
5. 动物完成交配的三个条件是什么？

第三章 动物行为的生理基础

多数情况下，动物的行为同时受到外部环境因素和内部生理因素的双重调控。如饱食者即使见到最喜爱的食物也不会去吃；非交配季节中的动物，对异性伴侣没有兴趣。但是，动物常常会在完全没有外来刺激的影响时出现某些行为。如苍蝇翅翼上沾了尘屑，它会通过刷翼的动作进行清除（有外部因素），这是正常的行为；而没有翅翼的苍蝇，也会经常作出刷翼的行为（无外部刺激）。所以，除外部刺激外，动物的内部生理因素与行为及其进化也有着密切的关系。调控行为的生理因素包括神经系统和内分泌系统两个方面，而在神经系统中，大脑对行为调控及进化更有意义。

第一节 动物行为的神经生理

每一个动物都会不断接受来自环境的各种刺激。为了生存的需要，动物除了具有接受各种信息的感受器以外，还必须通过中枢神经系统、效应器以及内分泌系统对外界刺激做出适当的反应。

动物神经系统的结构和特性在进化过程中经历了很大的变化，伴随着这种变化，动物的行为也经历了巨大和复杂的变化。因此，研究动物的行为就必须了解动物神经系统。也正是由于进化程度的不同，各种动物的神经系统的结构和功能也不尽相同。

一、动物神经系统的进化

神经系统是动物在进化过程中，为了接受外来信息、在体内传送和整合信息而发展的专门组织和结构，它使动物的感应有了特定通路。神经系统的变化只对多细胞动物的进化和动物行为的复杂化和多样化有意义。

按着生理学的分类，动物的神经系统由高到低可以分为简单的神经系统、辐射对称的神经系统、两侧对称的神经系统和脊椎动物（高级）的神经系统四种类型。

1. 简单（网状）的神经系统

简单的神经系统仅存在于多细胞和腔肠动物。单细胞动物不具有神经系统的有形结构，但它们具有大多数细胞都具有的感应性，表现为刺激从细胞的一点到另一点的波状传递。

神经网是最早出现的神经组织，它的功能是在细胞之间传递信息。它是腔肠动物特有的神经组织。但很多高等动物的局部仍保留着某种形式的神经网，如脊椎动物肠壁中的蠕动收缩就是通过神经网实现的一种扩散传导。神经网看上去就是神经纤维的一种随机排列，网内的神经元之间通过突触连接。但是，腔肠动物神经网中的突触与其他动物神经系统的突触不同，它是非极化的，冲动的传导是全方位的，即从某一点开始的冲动可传至神经网中的大多数神经元。腔肠动物的神经网只能调控比较简单的行为，如姿势的改变、采食反应等。但这种神经网对于局部化反应的调控是最方便、最快捷的选择，因为感应器和效应器之间的距离很近，反应无需中枢神经系统作为中介。比如在海星的背部生有很多小螯肢，它能阻止很多小生物在其背部定居，而这些小螯肢的活动就是由局部的神经网调控的。当然，这种神经系统对环境的适应能力，在所有的神经系统中是最差的。

2. 辐射对称的神经系统

辐射对称的神经系统与网状神经系统相比较有两种进化成果：一是神经元在功能上有了分工，各自执行不同的功能；二是神经元的排列更加有序，形成了神经束和整合中心。辐射对称的神经系统是海星和海胆所特有的。在海星的中央部位有中央神经环并有神经束通向每一个腕内，在每一个腕内都有由感觉神经元和运动神经元组成的网络（叫神经丛）。辐射对称神经系统与网状神经系统相比，动物的行为变得更复杂和具有更多的可变性。

海星只有外周感觉和运动神经元的反应是反射式的；其他反应都是在辐射对称神经系统控制下，有中央神经环介入而产生的整合行为。海星通过感觉神经元—中间神经元—运动神经元的传导通路实现了腕之间的协调运动，完成这种协调运动必须要有中间神经元和中央神经环的参与。可见在辐射对称的神经系统中，增加了感受器和肌肉效应器之间的距离，兴奋和抑制的交替促使了腕的伸缩从而导致了运动，行为进一步复杂化。比如把它背朝下放，它自己会翻转过来，如果在它下面放一只蛤，它会打开贝壳获取其中的食物。

具有辐射对称神经系统的动物还进化出了一些较特化的感受器，可接受触觉、味觉和各种化学刺激。虽然海星及其亲族的行为反应比以前的动物具有了更大的多样性和更强的可塑性，但这种神经系统对环境的总体适应能力仍然处于较低的水平。

3. 两侧对称的神经系统

环节动物、软体动物、节肢动物和脊椎动物都具有两侧对称的神经系统。具有两侧对称神经系统的动物通常有头尾（前后）之分，而且身体分节。这种神经系统的进化发展大体经历了以下阶段。

首先，是感觉器官和神经系统的复杂化和多样化。感受器对某些昆虫的空间分布和寻找配偶起着非常重要的作用。如雄蟋蟀利用摩擦发声建立自己的领域和吸引异性，雌蟋蟀头部则具有专门收听这种声音的感受器。大多数昆虫都具备了结构极为复杂的视觉感受器（这种感受器称复眼，复眼没有晶状体，只是由很多独立的光感受器——单眼的简单复合，每个单眼都只感受所视物体的一个点，而总体图像是由很多点镶嵌而成的）。头足类软体动物则进化出了与脊椎动物眼睛十分相似的视觉器官。

其次，是形成了有关节的骨骼系统。无脊椎动物是外骨骼，而脊椎动物是内骨骼，而在骨骼系统进化的同时是效应器（肌肉）系统的变化、肌肉的神经支配和控制方式的进化。进化的结果使动物身体各部分的运动更加协调，使动物对外界刺激的反应更迅速、更精确。

第三，两侧对称的神经系统使动物的神经过程及行为的控制进一步中枢化，两个彼此独立但又相关的变化都与中枢化进程有关。在蚯蚓体内，各神经束联合成了一条腹神经索，每个体节内来自感受器的感觉神经元进入了神经索，而从神经索发出的效应器神经元则进入了肌肉系统，虽然该系统仍保留着局部调控机制，但已增强了身体中各体节之间的协调活动。

很多无脊椎动物的神经组织是集中在前一体节的神经节中，由于具有头尾的动物通常是向前方移动的，所以，大量的信息是来自前方，因此，神经中枢往身体前部（头区）集中便成了进化的必然趋势。要想成功地监视外部环境就需要有更多种类和更多数量的感受器，而对这些外来信息的整合则需要有更大更复杂的神经节，其结果是神经组织越来越集中于身体前部的体节，并在此基础上形成了神经中枢。

4. 脊椎动物的神经系统

脊椎动物神经系统的进化特征主要表现在以下几个方面。①中枢神经系统进一步集中和增大；②神经元之间建立了多方面的相互关系；③脑形成，包括神经系统前区体积和结构的变化，这种变化最终导致了大脑的进化。

脊椎动物所特有的很多行为都与神经系统的这些变化有关。首先，脊椎动物行为型的复杂程度和行为反应的可塑性都超过了其他动物类群；其次，由于神经系统结构和神经元本身形态的改变，使脊椎动物的反应速度要比无脊椎动物更快，虽然有些无脊椎动物的个别反应并不比脊椎动物慢（如蟑螂的逃避反应等）；第三，大脑的形成和脑量的增加使信息贮存量大大增加，处理过程更加复杂，反应也更加准确。

脊椎动物神经系统的这些特征对于动物的行为产生了很大影响。比如，存贮过去的经验肯定会对未来的行为有影响；而脑形成以后更是能使动物把过去、现在和未来可能发生的事件联系起来。

脊椎动物神经系统另一个重要特征是边缘系统的进化。边缘系统是由隔片、扣带回、下丘脑、杏仁核、海马和穹窿等组成。因为该系统的很多功能都和嗅觉有关，所以，边缘系统又被称为嗅脑。边缘系统通常与那些需要获得满足的行为有关，如性行为、取食行为和情感活动等。

二、神经系统的基本结构单位及其功能

1. 神经元是神经系统的基本结构单位

神经元的主要功能是在生物体内的神经系统中传送信息。神经元虽然有很多不同的形态，但基本结构相似。典型的神经元是由带核的胞体、轴突和树突组成，轴突末端有线状的突触突起，而树突则由胞体发出。胞体的位置、树突的种类和数量依神经细胞的类型不同有很大变化。

2. 电脉冲是神经系统传递的基本手段

神经系统内的通信，靠的是电脉冲的传送。传送大体有两个阶段：①电脉冲在神经元内的移动；②电脉冲从一个神经元传送到另一个神经元。

3. 神经系统中的信息传递

在神经元内部，电脉冲从树突传送到轴突末梢是依靠离子穿透细胞膜的移动。当刺激到达神经元一端的树突时会产生电脉冲，电脉冲会导致钠、钾和氯离子膜透性的改变，离子浓度的变化就会改变神经元细胞膜内外的电势，膜离子平衡的变化也会引起相邻区域的

类似改变，这样，电脉冲就会沿着神经元传播（在不应期内带电离子的正常静态平衡又得到恢复，另一个刺激在短暂的不应期内不会引发电脉冲）。电脉冲可从一个细胞的轴突末梢传到另一个细胞的树突，而导致突触神经递质被释放到突触间隙，这些神经递质会影响树突膜的穿透性，从而引发一个上面所描述过的电脉冲。电脉冲就是以这种方式从一个神经元传递到另一个神经元。神经递质是神经元释放的一种化学物质，它在突触处发挥作用，可促进或抑制电脉冲的传导。

4. 电脉冲的定向传递特性

神经元的活动是很独特的，首先，每个神经元不是处于兴奋状态就是处于非兴奋状态，电脉冲的发生是一种全或无现象。神经电脉冲的强度是没有梯度变化的，它的传递过程对所有神经元都是一样的。在绝大多数生物的神经系统中，电脉冲沿神经元的传递是定向的，即脉冲只能在一个方向上通过突触接点。神经元的这些特性可减少传递中的模糊性。

5. 刺激性质和刺激强度的表达

在神经传递的过程中，之所以能够表达刺激的性质，主要是因为不同类型的环境信息只能被不同的感受器所感受的结果，而且会沿着各自分离的神经通路，到达中枢神经系统不同的部位进行解码和解读。由于不同类型的信息有不同的通路和整合系统，这样就避免了听觉刺激、视觉刺激和触觉刺激等刺激之间的混淆。刺激强度的表达有两种方法：①同一个神经元靠短暂的不应期可以不断重复兴奋状态；②携带同一信息的几个神经元可以同时处于兴奋状态。因此，同一个信息可以被一个神经元的兴奋解读，也可以同时被几个神经元的兴奋解读。

（高金英）

第二节　动物的感觉和知觉

一、动物的感觉及感受器

1. 动物的感觉

感觉是动物把环境刺激或能量（如声、光、热和机械力等）转变为电脉冲的过程。对外部刺激的感觉通常是发生在身体表面，为了能接受环境信息并对其做出反应，动物已进化出了许多具有特异性的感觉器官，其中，动物身体内部的感觉器官称为内感受器，而外部的感觉器官称为外感受器。

动物的内感受器存在于肌肉内，这类感受器和器官可提供肌肉张力、身体位置和外部条件的信息。

动物的外感受器也有很多种。如某些鱼类的发电器官和感觉系统，蝙蝠飞行和觅食时使用的回声定位系统（它可以发射高频脉冲并用特化的耳接受回波），以及鸽子定向时用来感受地磁力的特殊系统等。

2. 感受器对动物的行为及生存有着非常重要的意义

例如，电鱼栖息在热带非洲一些多泥沙的混浊河流里，在那里靠视觉导航非常困难，因此，在鱼体后部的特殊器官能不断发出很弱的电脉冲流，电脉冲流返回后，在头部的感受器就可以感受到身体周围电场的微弱变化。电鱼靠电场受到干扰和对称性受到破坏而觉察电场中移动的和不动的物体，因此，电鱼能在混浊的水体中自由活动。

在生物的感觉和传递刺激的每一个通路内，都能把刺激的各个方面译为神经电码。如视觉刺激包括颜色、偏振化、外形图像和移动等；机械感受包括对体表压力的感受、对空气及水中振动和震颤的感受（如蝙蝠的超声波和海洋哺乳动物的声纳）、对重力和身体位置平衡的感觉等，鱼类的侧线监测水的流动也是如此。

高等动物可以对水中化学物质产生味觉，对空气中化学物质产生嗅觉。另外，有些高等动物还有电感受器（电鱼、鲨鱼和鳐）和化学感受器。

3. 动物的感觉系统及其感觉能力因动物种类的不同而有很大差异

要了解动物如何从环境中接受和处理信息，不但要了解动物的感觉系统是如何工作的，也要了解进化对感觉系统形成的影响以及这些感觉系统的特点。

二、动物的各种感觉机能

1. 听觉

所有脊椎动物的听觉都依赖于内耳的瓶状囊，其发展的最高形式是耳蜗，它是来自与平衡有关的系统，包括传递振动的液体和毛细胞，毛细胞不但可以感觉到液体的流动，而且可以把能量转化为神经脉冲。哺乳动物内耳中的感受器对于平衡和听力都很重要，功能与鱼类的侧线系统相似。

鱼类的毛细胞群位于管内或皮肤下陷的通道内，这些毛细胞可以感受鱼体周围水的流动和低频振动。在最原始的鱼类中，毛细胞分布在整个鱼体表面而不是集中于侧线处。

蝙蝠不是唯一能听到高频超声波的动物。除了蝙蝠至少还有23种动物能够听到超过人的听力上限大约20kHz的声音。包括黑猩猩在内的几种动物能听到30kHz上下的声音，有很多小哺乳动物的听力范围可高达90～120kHz。海豚和海豹可以发出和听到水下高达180kHz上下的声音，虽然海豹水外听力的上限只有22kHz左右。但是，由于声音在水中的传播速度是空气中的5倍，同时还由于其他一些因素，使哺乳动物在水中和空气中的听觉是不同的，但是在这两种介质中的高频限难以进行比较。

无脊椎动物只有节肢动物才有听觉，特别是昆虫。昆虫有多种不同的感觉机制，如感受压力的腔与感受振动的毛、触角和其他的身体外延器官等。有几种甲壳动物和蜘蛛也有听觉，其中有些种类还可以发声用于通讯。

从发展的角度看，脊椎动物和无脊椎动物专门的听觉器官和对振动的感受器官，是起源于对接触和振动的一般感受。感受器通常是身体的机械感受器，但也包括肢体上各种毛、触角和触须上的专门检测器。很多动物（包括较低等的无脊椎动物）都对地面或水内的低频振动具有感受能力。生存介质的这种振动常被多种动物所利用，包括多种蜘蛛、腔肠动物、软体动物、大多数生活在地下的动物（如蚯蚓、蜗牛）和哺乳动物等。

2. 视觉

视觉也依赖于振动能，但振动的波长要短得多，而且传递过程也不相同。视觉的基础光仅为电磁谱上的一个狭带。光是从外层空间达到地球表面仅有的两种类型电磁能之一

（另一种是雷达波），其他波长都被地球大气层过滤掉了，因此生物在进化过程中将自己的视觉调谐到光波并不是一种巧合。

光的波长极短，还不足 1/1 000mm，因此，光与物质的相互作用是在分子水平上，而生物的光感器必须含有能感光和吸收光的色素或光化学物质。不同生物对光的感受性和它们感光器官的类型有很大不同，但大多数动物对光都很敏感。原生动物具有光化学物质或感光的细胞器，并具有分散的光感觉。眼虫（一种鞭毛虫纲原生动物）在鞭毛附近的眼点内有 40～50 个橙红色的颗粒体，遇光后它会膨胀并影响鞭毛打动的方向。腔肠动物、环节动物和其他无脊椎动物也都有位于体内外各处的感光细胞。软体动物、节肢动物和脊椎动物则具有各种各样的眼结构，有些眼甚至是具有聚集成像的透镜。不同结构的眼所看到的东西可能很不相同，但是，动物接受的光感是怎样在体内加工的目前尚不清楚。

3. 嗅觉与味觉

嗅觉和味觉这两种化学感觉是动物界中普遍存在的。对很多动物来说，各种化学物质对其生活极为重要，化学感觉几乎是它们认识整个外部世界的唯一来源。每一个动物个体至少都有一定的化学感觉，即使是最简单的单细胞动物也必须有选择地摄入分子食物，并在化学环境中选择适合于它们生存的环境。动物利用对各种分子的感觉可以发现和找到食物，同时也有利于避开不利环境和有毒物质。各种化学物质还常常用于通讯，如性吸引、领域标记、报警或趋避等。但是，很多动物的感觉与人的感觉有很大不同，这不仅表现在对各种化学物质的敏感性上，而且也表现在感官的特化、感受器位置的变化和感受特定化合物的特异性上。如很多水生生物和一些节肢动物的感受器分布在全身表面或足上、触角上及远离口和"鼻"的其他结构上。

味觉和嗅觉的传导机制与其他感觉不同，它取决于物质分子的构型和特性。由于这两种感觉的对象是化学性质，所以，感觉器官表面必须是湿润的且具有溶解性，而且化学感觉还涉及分子的运动、特定感觉细胞与具有适当刺激特征分子相遇的概率。在进化过程中感受器与其所接受的物质分子之间匹配越好、感受面积或感受器的数量越多，这样物质分子被感受到或被检验出的几率也就越大，当然，这种几率也会随着被感受物质分子浓度的增加而增加。

三、动物的知觉

信息一旦编码为电脉冲，它便能在动物整个神经系统进行传递。知觉是动物对感觉信息分析和解读的结果。最简单的神经系统中几乎没有解码发生；在无脊椎动物中，这一解码过程是神经节和神经束的功能；而在脊椎动物中则是中枢神经系统的功能。动物对特定刺激产生知觉的方式与它所接受的感觉信息的类型、自身神经系统的结构和永恒编码在其神经系统中的过去经历有关。

在研究不同类群动物感觉和知觉世界的时候，既需要做生理测定，也需要做行为测定。当我们把电极置入神经束时，就可以记录到当提供刺激时是不是引发了神经脉冲。如把电极置入龟的耳蜗并在龟耳附近播放声音时，就能获得一个听觉阈值的结果，即龟对于空气传送的每秒 200～400Hz 的声音最为敏感。

每一种动物都是靠自身特有的感觉系统接受来自环境的信息输入，同时还要靠神经系统对感觉系统所接受的信息进行分析和解读。其实，所谓动物的客观世界或环境在很大程度上是由动物的感觉和知觉决定的。

我们探讨各种动物的感觉和知觉能力，必须考虑到动物的反应能力和行为型，而研究任何一种动物的行为都必须深入了解动物的感觉系统及其知觉世界。

四、感觉与行为

人们通常认为动物有五种感觉能力，即听觉、视觉、嗅觉、味觉和触觉，但实际上动物的感觉能力不仅限于此，而且就任何一种特定的感觉能力来说，在不同的动物中也有很多变化。

1. 感觉与行为进化

动物对不同环境条件的感觉，使之产生不同的行为，从而形成不同的生活方式。自然选择使动物的行为和感觉会随着环境条件的变化而发生变异并不断进化。由于环境条件的变化，使感觉和行为一方发生变化的同时也会引起另一方的变化，或者双方同时发生变化。嗅觉敏锐而视力很弱的动物，在夜晚活动可能比白天活动具有更强的存活力和生殖力。在夜行性动物中，自然选择可能有利于它们发展极好的嗅觉能力，而在日行性动物中则更有利于发展各种类型的视觉器官。一种环境条件，在利于某些感觉能力进化的同时就一定会抑制或不利于另外一些感觉能力的进化。例如，在无光或几乎无光的地方（如洞穴、泥水或深水中），视觉的发展会受到抑制；在良导体的水生环境中有利于电感觉器官的发展，而在陆生环境中则相反。这些原则适合于动物所有的感觉或任何感觉的某一特定方面。

2. 感觉自身可以发射出能量

很多动物感觉系统所利用的能量往往是由动物本身发出的。有时动物自身发出能量，然后再靠这些能量去感知环境或环境中的某一种成分。例如蝙蝠常发出叫声，然后再收听其回声；电鱼制造电场，然后再检测电场内其他物体的变化。

声音在水下传送时，只有遇到密度与原来介质不同的介质时才会反射回来。大部分生物组织是由水组成的，因此，它们主要是传导而不是反射水下的声音，这种组织对声纳来说是"看不见"的。很多鱼类声纳的回声反射，是来自它们体内的气泡和骨骼而不是它们的身体表面，这些利用声纳的动物（如海豚）有类似"X射线视觉"。它们甚至能够"看到"它们幼仔消化道内的气泡，而实际是听到了由气泡反射回来的回声。

有些水生昆虫还可以利用水面的波浪。鼓甲能快速在水面旋转并能检测出子波返回的变化，鼓甲的感觉细胞位于触角基部第二节的细毛上，它能觉察到小至 4×10^{-7} mm 的波纹。当这些特殊的感觉毛被剪除时，就难以确认周围障碍物的方位，也就难以回避这些障碍物了。鼓甲的旋转是间歇性的，在两次旋转之间就是在等待旋转波遇到障碍物之后返回的子波。

有很多生物能够发光，但只有少数深海鱼类和其他一些海洋生物能用自身发出的光为自身的活动照明。萤火虫和有些深海动物的发光是为了达到通讯的目的，另有一些生物发光的功能目前还不十分清楚。但是这些可以发光动物的眼睛极为特化，对光线也极为敏感。

3. 动物的感觉可以利用多个感觉通道输入信息

对于任何一个特定的行为或感觉功能来说，只有很少的动物是依赖于一种单一的感觉方式，即使是像身体定向这种简单的情况（即感知身体哪端向上或向下）通常都会利用多个感觉源的输入。大多数脊椎动物的定向是利用平衡器官、半规管及相关结构、身体各部重量的感受输入、各种肌肉的伸张以及视觉等综合作用的结果。对鱼来说"上"通常是它们环境中最明亮的地方，因为日光是从水体表面射入水中的；而如果室内的水族箱光线是从侧面射入的，那么，鱼体背面就会朝着最强的光照面倾斜，但这种倾斜很难做到完全彻底，而只是倾斜一定的角度，或是对来自视觉和来自半规管的感觉输入加以折中。人体定向部分决定于人的水平觉，如果水平面发生了难以觉察的缓慢的变化，那我们的定向感觉就会发生变化。

4. 感觉输入往往会有一定的冗余

动物的感觉输入信息多数被浪费，只有极少数能被利用。偶尔的某些输入被排除，并不会对动物的行为和生存造成影响，但如果所有的输入都被排除或某个重要感觉被排除，那就会给动物带来严重的问题。如平衡紊乱或头晕目眩等，甚至在极端情况下定向觉全部丧失等。如在飞行中，当云层、雨雪或类似障碍物遮蔽了地平线或旋转运动打乱了惯性觉的时候就会发生这种情况，当内耳受损或发生疾病时也会产生眩晕。

五、神经系统发育与行为的变化

动物的行为会随神经系统的发育而变化。对一个正在发育的动物来说，行为与神经系统状况之间的相关性在胚胎发育期间表现得最明显。

1. 神经系统的变化是构成新行为的基础

以鲑鱼胚胎发育期间的神经和行为发育为例，鲑鱼胚胎的第一次运动是心脏的微弱颤动，紧接着就是背部肌肉系统的活动，可是，心脏最初的抽动和背部肌肉活动都发生在神经系统形成之前，因此，这些活动都是肌源性的，搏动是始于肌肉自身。直到胚胎发育的中期，主要的运动神经系统才出现在脊髓中，然后运动神经元与前部肌肉相连接，使胚胎具有了弯曲的能力。随着身体两侧和不同地点神经联系的发展，胚胎首次表现出了类似游泳的波状运动。随后，躯体的感觉系统开始发育并与皮肤相连接，胚胎就能对接触刺激做出运动反应了。最终，形成支撑两侧鳍和腭运动的神经回路，这些形态结构开始进行独立和协调的运动，使神经与行为继续进行发育（事实上此时的幼鲑尚未完成孵化）。

2. 动物发育期间行为消失时神经回路不一定消失

虽然有些过时行为一旦消失，神经回路也随之消失或发生永久性改变，但与小鸡孵化相关的各种行为消失后却没有发生神经回路消失的现象。在正常情况下，孵化行为在小鸡的生命中只出现一次，通常是在孵化末期的45～90min内。孵化时小鸡靠一系列固有的本能动作从蛋壳中挣脱出来，这些动作包括上体旋转和头与足的冲击。但是，把已出壳多达61d或更多天的小鸡重新放回到一个人造的玻璃蛋壳内并记录它们的行为和肌肉运动时发现，被放入玻璃蛋中的2min内，所有年龄的小鸡所表现出的行为，在数量和质量上都很像是孵化行为。这表明这些行为在孵化以后并未消失或发生永久性改变，显然，孵化行为的神经回路即使在孵出若干天后的小鸡中仍然保留着它的功能。

第三节　动物行为的内分泌基础

内分泌系统和神经系统都属于反馈系统，它们都是动物与环境相互作用机能的关键组成部分，而且对动物的适应也极为重要。一般说来，神经系统对于动物体的内外事件可以做出更快速和更专一化的反应，而内分泌系统的反应则较慢且较为泛化。特别是脊椎动物，在行为的进化过程中很多变化都是源于内分泌系统，而分泌系统调节动物行为的唯一途径就是激素。

一、激素

激素是由身体各处特化的无管腺体或神经系统内的神经分泌细胞的神经元所分泌的化学物质，后者又称神经分泌物。前一类激素完全靠循环系统传送，而神经分泌物或沿着神经轴突或在血液中传送。两者都是输送到各种靶标器官的信息物质，都对生物的生长、代谢、水分平衡和生殖等各种生理过程产生影响。

二、内分泌系统的组成及分泌的激素

1. 脑下垂体

位于脑腹面的下丘脑附近并与几个中枢神经系统的结构密切相连。脑下垂体和下丘脑紧密相连，共同形成了神经和内分泌系统之间的重要桥梁。这个桥梁对于这两个控制系统之间的整合是极为重要的。脑下垂体中，垂体后叶主要是由来自下丘脑的神经元组成，而垂体前叶则靠下丘脑－垂体门静脉系统与下丘脑相连。脑下垂体产生的促激素影响着其他内分泌腺，同时也产生直接起作用的激素。由垂体各个部位所释放的促激素都是肽类，肽是由氨基酸链组成的。

2. 其他内分泌器官

其他内分泌器官主要包括甲状腺、松果体、肾上腺、胰腺和生殖腺等，它们位于身体的不同部位。来自肾上腺、精巢、卵巢和胎盘的激素属于类固醇激素，这类激素都有碳环结构并生有附加的侧链。

三、内分泌物对动物行为的影响原理

1. 脑下垂体分泌物对脊椎动物的行为和生理机制起调控作用

催产素和升压素是下丘脑神经元生产的并贮存在垂体后叶神经终端的两种激素，它们作为神经分泌物被释放到血液中。催产素的作用是刺激子宫收缩，有助于交配后精子在雌性生殖道内的移动，而且也有助于分娩期间驱动胎儿；催产素也能刺激乳汁从乳腺中泌出。升压素则影响着肾脏的生理功能并可改变尿液浓度，从而有助于调节水分平衡。例如，高浓度尿液的排泄和身体水分的贮存是很多沙漠哺乳动物的生理和行为对环境高度适

应的重要手段，如骆驼和沙鼠等。

2. 垂体中叶分泌促黑激素

促黑激素可以影响很多脊椎动物的行为，特别是对鱼类、两栖类和爬行类动物的染色体或色素细胞中色素颗粒的浓度和分布的影响极其明显。如果没有促黑激素，色素颗粒就会呈集团分布，促黑激素的刺激会导致颗粒的分散和颜色改变。如成年雄三刺鱼正常情况下体侧呈灰白色，但当两条雄鱼在领域边界进行炫耀的时候，促黑激素的释放会引发色素颗粒的散布，鱼体两侧就会呈现亮蓝色。脊椎动物的颜色变化可以作为通讯信号或者在特定的背景下使动物达到隐蔽的效果。

3. 垂体前叶分泌的四种激素也可间接影响动物的行为

其中，促卵泡激素、促黄体素和促肾上腺皮质激素是可以影响其他内分腺的促激素。在雌性动物中，促卵泡激素和促黄体素可影响卵巢中卵的成熟周期、性接受力和妊娠。在雄性动物中，促卵泡激素和促黄体素可控制精子的生成和雄性激素的分泌。而促肾上腺皮质激素可以影响肾上腺皮质类固醇激素的生产和分泌。第四种是多存在于鸟类和哺乳动物脑垂体前叶的促乳素。促乳素对亲子抚育行为非常重要，它可以影响哺乳动物乳汁的生产和鸟类嗉囊乳的累积；在某些两栖动物中也曾发现过促乳素，它的功能可能是促使其迁往有水的地方进行生殖。

4. 脑内的松果体可分泌多种激素

包括褪黑激素、吲哚胺、蛋白质和多肽。对动物行为研究来说，最重要的是褪黑激素，它可以调节哺乳动物的生殖及年内生殖活动的格局。

5. 生殖腺分泌雄激素、雌激素和孕激素

由垂体分泌物激活后，生殖腺中的精巢可以分泌雄激素，卵巢可以分泌雌激素，胎盘可以分泌孕激素。如在妊娠期间胎盘所分泌的孕激素对维持妊娠起着关键作用。这些激素不仅影响着动物的生殖、亲子抚育和群聚行为，而且也决定着动物某些起到通讯信号作用的第二性征的发育。

另外，来自肾上腺的肾上腺素和去甲肾上腺素在突发的压力反应中起着重要的调解作用。而肾上腺激素还与保持水分平衡、维持新陈代谢和电解质平衡有着密切关系。

所有激素作用的专一性都取决于靶标组织中感受器位置的专一性，对于肽和类固醇激素来说也是这样，不管靶标组织属于其他内分泌腺还是不属于内分泌组织。在任一特定时刻，血流中的各种激素都可能传送很多信息。但对生理和行为有影响的激素只有当它与相应的感受器位置相接触的时候才能发挥作用，因此，精巢分泌的雄性激素必须借助于血流传送到身体各处，雄性激素才能通过脑中的靶标组织而影响精囊的生长、精子的发生、第二性征的变化和动物行为。

四、内分泌腺及神经内分泌物间的反馈与互作

1. 内分泌腺之间以及它们与靶标组织之间的反馈与互作

很多内分泌腺的分泌活动都具有反馈性质，即具有反馈循环。脑垂体分泌的促卵泡激素、促黄体素是受释放因子调控的，后者来自于下丘脑并流经下丘脑垂体门静脉系统，此后促卵泡激素（FSH）和促黄体素（LH）被送入血液输送到精巢，并在那里激活生精小

管的精子发生过程，使间质细胞产生和释放睾酮。反过来睾酮又会进入血液传送到副性腺和下丘脑，特化的下丘脑感觉细胞是构成身体内稳定机制的一部分，而且不断地监测着血液中各种化学物质的浓度，其中包括睾酮及其代谢产物。当一个动物受到阉割时，它的睾酮含量就会下降，但同时促卵泡激素的浓度会增加。在这种情况下如果动物的行为发生了变化，这种变化应归于睾酮浓度的下降还是促卵泡激素浓度的增加或其他原因，这是关于激素影响行为研究的难点之一。

2. 循环状态的睾酮浓度影响着下丘脑向脑垂体分泌释放因子的量

循环状态的睾酮浓度与下丘脑向脑垂体分泌释放因子的量之间也是一种反馈关系。当血液中睾酮浓度增加时，下丘脑释放因子的分泌就会减少。相反，当血液中睾酮浓度下降时，经由下丘脑－垂体门静脉系统分泌到垂体前叶的释放因子就会增加，同时也可以引起促卵泡激素和促黄体素输出的增加。

3. 促卵泡激素、促黄体素和雌性生殖激素、雌激素和孕激素之间也存在着反馈关系

这种反馈可用雌性哺乳动物的发情周期加以说明。在发情周期开始时，下丘脑刺激脑垂体释放促卵泡激素和促黄体素，此时促卵泡激素浓度最大。促卵泡激素和促黄体素再刺激卵巢中卵泡的生长并由卵泡产生雌激素，当血液中的雌激素含量达到高峰时（标志着卵泡的成熟），雌激素就会对脑垂体发生负反馈效应并减少促卵泡激素的释放。但雌激素对促黄体素却会产生正反馈效应，随着雌激素浓度的增加，脑垂体会释放更多的促黄体素，从而使促黄体素成为脑垂体分泌最多的激素。在自发排卵的哺乳动物中，卵泡成熟后，卵大约是在促黄体素浓度达到高峰时被释放。孕酮与促黄体素之间是负反馈的关系，因为成熟的卵泡在促黄体素和促乳素的持续影响下，分泌雌激素和孕酮，但孕酮在血液中浓度的增加会对脑垂体产生负反馈效应，而后者则会导致促黄体素释放逐渐减少。

肾上腺皮质激素和肾上腺素也存在类似的反馈循环。

4. 反馈原理对于了解激素的相互作用及其对行为的影响十分重要

多种动物在其生殖生理和内分泌方面是有所不同的，但对哺乳动物来说，雌性个体通常是在发情周期时才接受雄性个体的求偶和交配，这一过程主要是受两种卵巢类固醇激素的影响。动物复杂的生理和行为变化是几种内分泌通道中的激素交互作用的产物，这些行为与生理的变化均与反馈系统有关。

反馈循环也受环境中各种因素（如日照长度）的影响，因为环境因素往往可以改变或决定激素的含量。对于激素或内分泌物的相互作用来说，增效作用和颉颃作用是非常重要的两个概念。如雌激素和孕激素都影响脊椎动物的性行为，但是，它们共同存在时这种作用会比二者单独存在的总和更强，这种效应称为增效作用，雌鼠的性接受能力常常取决于这两种激素的增效作用。与此相反的是，有些激素当它们一起在血液中进行循环时起着颉颃作用，即一种激素所起的作用刚好与另一种激素相反。

五、激素的激活效应

激素是行为的表达和表现的触发器，具有启动作用。激素的激活效应按反应速度可分为直接激活效应和间接激活效应。当激素的分泌能引起一个快速反应时就是一种直接的激活效应，而间接的激活效应则需要更复杂的刺激与激素的分泌程序。激素激活组织并使组

织发生反应多发生在生物发育期间，如动物的性分化和身体组织的生长格局都受着激素的调控。

1. 激素与动物体色的变化

促黑激素可影响动物体色的变化。例如当两条鱼在其领域边界相遇并发生竞争时，它们身体的颜色就可能加深。而处在春季和秋季换毛期间的短尾鼬，它的被毛在激素的作用下要经历季节性的颜色变化。春季来临时，随着促黑激素的分泌量会增加，新生的棕色毛会取代冬季的白色毛；秋季即将结束时，促黑激素的释放将受到松果体分泌的褪黑激素的抑制，此时正在发育的体毛是没有颜色的，于是短尾鼬的毛又重新恢复到冬季的白色。短尾鼬毛颜色的季节变化与环境的背景色配合得十分巧妙，所以，它不但具有行为上的意义，同时也具有功能上的意义，既不易被自己的猎物察觉也不易被自己的天敌发现。促黑激素对两栖类和爬行类身体颜色的改变也起着重要作用，促黑激素影响两栖类和爬行类体色变化的一个重要特征就是变化的速度极快，常常是在几秒钟之内完成。

2. 激素与昆虫羽化

羽化是指昆虫变态过程中从蛹演变为成虫的过程，这是激素调控的另一种激活效应。很多蛾类都是在一天的特定时间羽化。羽化激素是由脑中的神经分泌细胞生产的，对羽化过程起着关键作用。如果在变态即将结束时把羽化激素注入蛹内，羽化行为就可能在一天的任一时刻发生。但从很多被切除了脑的蛾也能成功地完成羽化的现象可见，羽化激素虽然对于完成羽化来说并不是绝对需要的，但若没有羽化激素的参与，羽化过程就不能协调进行，羽化过程中的某些活动（如特有的腹部动作和成虫出现后的展翅）就不会发生。

3. 激素与动物的第二性征

激素除了对行为有直接的激活效应外，还可以影响动物的第二性征。阉割后公鸡的鸡冠（第二性征）会明显减小。雄猫射尿通常是一种领地的标记行为，一旦精巢被摘除，射尿行为也就随之终止。在这两个实例中，第二性征（公鸡的鸡冠）和与性别相关的行为（射尿）所发生的变化都与激素的变化有关。改变后动物的通讯行为将大受影响。

4. 激素与动物的攻击行为和性行为

当环鸽受到阉割时，它的攻击行为、求偶行为和交配行为就会大大减弱。如果往阉割后的环鸽下丘脑特定部位置入晶态睾酮丙酸盐，上述行为就会恢复正常水平。这些实验证实了睾酮对性行为和攻击行为的激活效应；同时也说明，特定的脑区可以被影响性行为的睾酮所激活。

六、激素的组织效应

激素的组织效应是在生物发育期间表现出来的，如动物的性分化和身体组织的生长格局等都会受激素的调控。对斑马雀、荷兰猪、鼠和琳猴及其他动物所进行的研究清楚地表明，某些激素对动物早期发育时的性别分化有着重要影响。对哺乳动物的研究主要集中在生殖激素的组织效应，因为这些激素影响着以后成年个体的性行为和攻击行为；对一些鸟类的研究则主要涉及生殖激素对以后性行为的组织效应。在自然界中，激素表现在动物行为上的组织效应实例很多。

1. 激素对性行为和攻击行为的影响

如果雄鼠在出生后的4～5d内被阉割，那么在它发育到成年期时就不再有正常的性行为。如果当这只被阉割的雄鼠发育到成年时再向其体内注入雌激素和孕激素，那么，它的行为表现就和雌鼠无异。例如它会做出脊柱前凸的动作，这是雌鼠接受雄鼠爬跨时的动作。如果雄鼠发育成熟后再阉割，那么，注入雌激素和孕激素就不能引发它表现出雌鼠的性行为。

关于激素对雌性个体行为组织效应的影响还曾用豚鼠和赫猴做过研究。在妊娠期间用雄激素处理过的雌性个体，其雌性后代具有雄性化的外生殖器（阴道口较小，阴蒂肥大等），其性行为也类似雄性个体。

2. 甲状腺和肾上腺激素的影响

甲状腺和肾上腺激素对动物的行为同样具有组织效应。去除了甲状腺的大鼠常表现为呆小病，即生长缓慢、性成熟推迟和神经系统发育减缓。此外，还表现为活动变慢和学习能力减弱。去除了甲状腺的大鼠即使在婴儿期每天用这些激素处理几分钟，长大后的成年鼠对一些刺激反应也依然比较迟钝。

3. 激素对无脊椎动物行为的影响

无脊椎动物的很多生命过程都与激素对行为的组织效应有关。例如当昆虫的蛹羽化为成虫时或昆虫进行周期性蜕皮时，就涉及某些特定激素对行为的组织效应。昆虫变态的最后一个阶段称为羽化，而旧皮换新皮的过程称为蜕皮。在蜕皮程序中有三种与蜕皮有关的行为，即寻找适于进行蜕皮的栖点、有利于脱掉旧皮的特定动作和新表皮伸展紧贴全身。这一程序的各个阶段都受昆虫体内羽化激素浓度的影响，激素效价的改变以及这些改变的时间性是影响动物行为程序的激活效应。

4. 蜕皮激素和保幼激素对动物行为的组织效应

蜕皮激素和保幼激素是无脊椎动物的常见激素，它们相互作用控制着昆虫的生长和变态。当血中保幼激素浓度很高而且有蜕皮激素存在时，昆虫就会继续生长和分化，但不会蜕皮发育到成虫期。如果只有蜕皮激素单独起作用，就会诱导昆虫进行蜕皮、发生变态并发育到成虫阶段。对一些昆虫的研究还表明，昆虫的发育分化和性器官的成熟与生殖激素也有着密切的关系。

七、激素与神经系统的关系

内分泌产生的激素与中枢神经系统及动物的行为之间是相互影响的。作用的途径主要有三个方面。一是激素作用于感觉系统，改变输入的感觉信息；二是激素作用于神经中枢；三是激素作用于效应器。但是，激素对三方面的作用各有侧重。如甲状旁腺、胰腺、肾上腺、脑垂体及生殖腺分泌的激素，主要是作用于效应器，直接促进或抑制组织的新陈代谢和行为活动。脑垂体所分泌的促性腺素和促乳激素及其他激素，对动物的生殖行为、性行为、母性行为、择食行为及其反应强度和形式等都有重大的影响，同时也与动物的正常生长发育、两性行为差别等有直接关系。

内分泌活动对动物的生存至关重要，但内分泌系统的活动，只有同中枢神经系统的活动相互联系，并在中枢神经系统的主导和调节下，才能使动物达到适应生存条件的目的。

　　从进化过程看，内分泌系统与神经系统也是相互关联进化起来的，而且体液因素的存在比中枢神经系统还早。在高等动物身上，内分泌腺的结构和机能的进化是很有限的，而中枢神经系统，特别是高级部位却有了高度的发展。其中有些神经细胞或神经元，已改变成为产生一定化学物质的神经分泌细胞，它们丛生成腺体，既与神经相接，又与血管相连。例如，脑下垂体就是由神经组织与上皮组织融合而成的，并与丘脑相连接。它所分泌的激素，对全身的腺体起着原发性的调节与控制作用。

（冯永谦）

【复习思考题】

1. 动物有哪四种神经类型？脊椎动物神经系统有哪些特点？
2. 简述激素与神经系统的关系。
3. 动物常见的感觉机能有哪几种？简述嗅觉与视觉的功能。
4. 什么是激素？简述垂体分泌的四种激素的主要功能。
5. 举例说明激素的组织效应和激活效应。

第四章 犬的行为与习性

第一节 养犬的益处

家犬大约在一万多年前由古狼演化而来，此后一直同人类一起生活工作。因地域及人们使用目的（狩猎、放牧、警卫、战争、伴侣、导盲和观赏等）的不同，在进化或选育中形成了不同的品种或品系。随着人类都市化的加快，大量的犬作为宠物进入了千家万户。

一、犬在人类生活中的作用

人类养犬、驯犬、用犬，已有近万年的历史。从原始社会帮助人类狩猎开始，到近代帮助人们完成许多复杂艰险的任务，犬对人类社会的贡献非常巨大。

犬聪明灵俐，行动敏捷，嗅觉听觉灵敏，记忆力强，服从指挥、能征善战，对敌人凶猛、对主人忠诚，这些先天遗传的优秀品性，经过人们科学的训练，得到了充分的发挥。

1. 军犬

军犬可以在枪林弹雨中浴血奋战。根据主人的指挥，或把伤员拖出战场，或携带炸药炸毁敌人的坦克、战车、碉堡，更能帮助战士完成许多难以想象的艰险工作，在战争中发挥了十分重要的作用。所以，第一次世界大战，德军动用了 3 万多条训练有素的军犬参战；第二次世界大战，德军投入了更多的军犬，而苏军参战的军犬也有 6 万多条。第二次世界大战结束以后，世界各国都很重视军犬在战争中的作用，纷纷投入巨资和人力从事军犬的研究、培育和训练。在现代战争条件下，人们教会了军犬更多的本领，培育了像"中国昆明犬"一样很多优秀的军犬新品种，所以军犬在现代战争中的地位仍然十分重要。

2. 警犬

在和平年代的今天，人们利用犬异常灵敏的嗅觉和服从主人指挥的本性，选择其中特别优秀的个体进行严格的科学训练，教会它们专业警务本领。如在海关缉毒查私中，训练有素的警犬发挥它们异常发达的嗅觉侦察作用，把包装严密、异常隐蔽的海洛因、可卡因、大麻、鸦片等毒品搜查出来。美国佛罗里达州一只 1969 年出生的缉毒犬，能用异常灵敏的嗅觉同时区分出 16 种不同毒品的气味；一只叫"将军"的"德国黑背"缉毒犬，从 1974 年到 1976 年参与缉毒 220 次，协助警方捕获贩毒分子 220 人；洛杉矶警察局的一只"德国黑背"缉毒犬，1986 年协助警方捕获毒贩子 253 名；美国得克萨斯州警察局的两只警犬协同作战，一年中破获贩毒案件 700 余起，缴获毒品价值 2 亿多美元。中国海关的缉毒工作近年来日益繁重，经过专门训练的犬，在缉毒活动中也发挥着越来越重要的作用。

经过严格科学训练的专门从事刑侦执勤的警犬，能准确地嗅出汽油、柴油、橡胶、木板、钢铁、各种香料和各种毒品的气味，把它们准确地找到或区分，用以刑侦和搜救。根据主人的命令进行现场嗅侦作业的警犬，用犯罪现场作案人遗留在凶器等物品的气味或留在地面踪迹上的细微气味作"嗅源"，可以跟踪或追捕逃犯。警犬还可以利用它的异常灵敏的嗅觉功能进行气味鉴别，在众多供鉴别的人群中把真正的罪犯找出来。在此次四川省汶川大地震遇险群众的搜寻过程中也发挥了重要作用。所以说，警犬已成为公安人员侦破疑难案件的得力助手和可靠的工具。

3. 猎犬

经过专门训练用于狩猎活动的犬叫猎犬。猎犬利用异常灵敏的嗅觉器官不仅可以嗅出野猪、狼、野兔、野鸡等各种野生动物的不同气味，还可以根据它们在地面活动留下的气味踪迹把猎物找到。由于猎犬有灵敏的嗅觉和发达的听觉、视觉，在山林、荒野、河谷等草枯木落的狩猎现场，经常能比猎人能先发现猎物。猎犬的搜索驱赶，可以把隐藏的野兽赶到旷野处，给猎人创造更多的射击条件和猎捕机会，狩猎效果更好；在寒冷的季节，猎犬能找到击落水中的水禽，也能找出被打伤躲藏起来的鸟兽。另外，当猎人遭遇到豹子和野猪等大型的凶猛动物时，如有猎犬伴随，猎犬的灵敏嗅觉，能从空气中嗅到野兽的气味，可以提前发现并用吠声向主人报警；关键时刻还会舍身与野兽拼搏，给主人创造射击或自救的机会。

4. 宠物犬和伴侣犬

宠物犬和伴侣犬是令人喜爱的动物。宠物犬体形娇小、体态可爱、灵敏聪明、善解人意。如北京宫廷犬、法国贵妇犬、西施犬、腊肠犬等，它们会看主人的脸色行事，能做出作揖、打滚、握手、衔拾等动作，逗人开心，解人寂寞，对饲养者尤其是老人和儿童的身心健康十分有益。

而那些非常忠于主人并在事业上卓有贡献的"黑背"、"狼青"、"中国昆明犬"及导盲犬、牧羊犬、救生犬、看家犬等在人类的生活中也都扮演着非常重要的角色。

综上所述，虽然犬的品种、用途各有不同，但犬对人类社会的贡献是多向的、持久的、巨大的。

二、养宠物犬的益处

地球上我们人类与很多物种共存，但人与其所饲养的宠物犬之间的关系比与其他动物的关系更为密切。其主要原因是人把宠物犬视为伴侣，所获得的回报主要是这种关系本身，而很少涉及经济利益。

人们饲养宠物犬的益处很多，如身心健康、生活环境与生活品质的改善等。归纳起来主要体现在以下几个方面。

1. 回归自然

生活在现代都市中的人们，饲养宠物犬实质上是将犬当做人和自然之间的媒介，相互沟通，从而产生一种回归自然的感觉。

2. 寄托情感

现代人过分注重物质利益，人际关系日益淡漠，饲养宠物犬可以作为一种精神寄托。

众所周知，许多美国人爱犬成痴，他们与犬同吃同睡，亲密程度超过一般的家庭成员。据美国动物医院协会的调查发现：有近一半的妇女将感情寄托于宠物而非丈夫；8%的人自认为是犬的爸爸或犬的妈妈；1/3的人在电话里与犬讲话，几乎所有的人都与犬讲过话；2/3的人带犬看医生的次数多于自己就医。

3. 玩赏

随着现代社会工作效率的提高、生活节奏的加快，人与人的关系逐渐疏远，人们转而向动物寻求安慰，使得人与犬的关系比过去更加亲密。养宠物犬最初是从欣赏开始的。很多人喜欢犬乖巧玲珑的性格、俊朗美丽或个性十足的外表，陶醉于为其清洁和梳理时的母性回归的温馨感受，甚至于为它购置精致的衣裤、可爱的铃铛、布置温暖的小窝等，使人们充分享受饲养宠物犬的乐趣。

4. 交流

养宠物犬，是一种交流。当你用"宝宝"或"贝贝"这样的称谓呼唤着你的爱犬时，它就会用温顺的目光静静地注视着你；当你劳累了一天拖着疲惫的身体打开屋门的一瞬间，你的爱犬会欢快地跑来迎接你。在你快乐的时候它欢畅，在你郁闷的时候它沉默，这些来自于心底里的交流，可以弥补人与人之间沟通的不足。

5. 伴侣

拥有宠物的老人生活更愉快、寿命更长。一方面饲养宠物犬为老年人的日常生活平添了生活的乐趣，可以减轻他们的孤独感。一方面，对于平时活动很少的老人的身体健康也很有利。另一方面，抚摸家养宠物（犬占大多数）可以降低血压；拥有家养宠物的老人在心脏病发作时幸存的可能性会有所增加；去医院看病的次数则明显减少。在经历过一些不幸事件的老人中，这一点尤其明显。宠物犬的饲养还有助于患有慢性疾病的人和残疾人的康复。饲养宠物犬对于儿童（尤其是独生子女）的健康成长也十分有益，因为儿童天生就喜欢小动物，与小动物玩耍游戏可以成为他们生活内容的一部分。当儿童在抚摸和拥抱小动物的嬉戏中，会有一种被接受、被陪伴的感觉，这样就会使儿童获得心灵慰藉，缓解紧张的心理。当他们给宠物犬喂食、梳毛、洗澡、遛犬及打扫犬房时，则会培养他们的爱心、体验到一种责任感，同时也从宠物的"回报"中获得了一种被爱和被尊重的感受。这样不仅培养了儿童的自信、耐心及自制力，更促进了他们自我意识的发展。另一方面，现代许多单身族将犬视为爱侣的现象也比较普遍。

6. 服务

犬与人为伴，建立了感情，犬对自己的主人有强烈的保护心。对残疾人来说，犬是非常得力的"护理员"。许多医学院发现，残疾人跟犬相处，不但能保持健康的精神状态甚至可能恢复功能。对眼障的人来说，犬是"眼睛"；对耳障的人来说，犬是"耳朵"；对行动障碍的人，无论是在室内，还是在街道上，经过专门训练的犬，能带着主人像正常人一样活动。在郊区和农庄，犬是保卫安全和生产的助手（如放牧）；经过训练的犬，也是城市和农村家庭里帮助看护小孩和老年人的助手。例如在家里没有人，老人若突然摔倒昏迷时，犬就能打电话拨叫急救中心援助；犬还可以从水中、地震的废墟中、失火的房子或车子下救人；而在公安、海关等部门犬帮助追捕罪犯、检查毒品或走私物品的例子更是不胜枚举。

第二节　犬的一般生理特性

犬在进化中形成了许多独有的生理特性，主要有以下几个方面。

一、耐寒怕热

犬科动物只有爪垫上有少量的汗腺，散热能力差，因此，对炎热十分敏感；而绝大多数犬全身都长着又长又密的毛，所以，不怕寒冷。犬散发体热的方式只能张口伸舌，依靠唾液水分的蒸发。所以，夏季须把犬养在阴凉通风的地方，训练和工作尽量选在清凉的早晨或太阳落山后的傍晚。防暑降温是夏季养犬的大事，长毛犬更要预防中暑。

二、消化特性

在动物分类学上犬属于食肉目。犬的祖先以捕食小动物为生，偶尔也用块茎类植物充饥。犬被人类驯养后，食性也逐渐发生了变化，变成以肉食为主的杂食动物，但全素食也可以维持生命。即使如此，它们仍保持着以肉食为主的消化特性，这一点从犬牙齿及胃肠等部位的解剖结构就可以证明。犬上下颌各有一对尖锐的犬齿，体现了肉食动物善于撕咬猎物的特点，犬的臼齿也比较尖锐、强健，能切断食物。啃咬骨头时，上下齿之间的压力可达165kg。但犬不善咀嚼，因此，犬吃东西时"狼吞虎咽"，很少咀嚼。

因为犬的食管壁上有丰富的横纹肌，呕吐中枢发达，所以，当吃进毒物后能引起强烈的呕吐反射，把吞入胃内的毒物排出，这是犬的一种比较独特的防御本领。犬的唾液腺发达，能分泌大量唾液，湿润口腔食道及食物，便于咀嚼和吞咽，唾液中还含有溶菌酶，具有杀菌作用。在炎热的季节，依靠唾液中大量水分的蒸发帮助散热，借以调节体温。

犬胃形似梨形，胃液中盐酸的含量为0.4%～0.6%，在家养动物中居首位；盐酸能使蛋白质膨胀变性，便于分解消化，因此，犬对蛋白质的消化能力很强，这是犬肉食习性的基础。

犬的肠管较短，一般只有体长的3～4倍，而同样是单胃的马和兔的肠管为体长的12倍，所以，犬在食后5～7h就可将胃中的食物全部排空，比草食或其他杂食动物都快的多。犬的肠壁厚，吸收能力强，这些也是典型的肉食特征。

犬的肝脏比较大，相当于体重的3%左右，分泌的胆汁有利于脂肪的吸收。

但犬的排粪中枢不发达，不能像其他家畜那样在行进状态下可以排粪。

以上特点决定了犬可以很好地消化吸收蛋白质和脂肪，但因咀嚼不充分和肠管短，不具发酵能力，所以，对粗纤维的消化能力差。因此，给犬喂蔬菜时应切碎、煮熟，不宜喂整块、整棵的高纤维食物。

三、犬的感觉机能

1. 嗅觉极其灵敏

犬的嗅觉灵敏度位居各种家养动物之首，对酸性物质的嗅觉灵敏度要高出人类几万倍。

（1）犬的嗅觉感受器官是嗅黏膜内的嗅细胞　嗅黏膜位于鼻腔上部，表面有许多皱褶，其面积约为人类的4倍。嗅黏膜内大约有2亿多个嗅细胞，为人类的40倍，嗅细胞表面有许多粗而密的绒毛，这些绒毛扩大了细胞与气味物质的接触面积。气味物质随吸入的空气到达嗅黏膜，使嗅细胞产生兴奋，沿密布在黏膜内的嗅神经传到嗅觉神经中枢，从而产生嗅觉。犬灵敏的嗅觉主要表现在两个方面：一是对气味的敏感程度，二是辨别气味的能力。犬对气味的感知能力可达分子水平。如当$1cm^3$含有9 000个丁酸分子时，犬就能嗅到，而在一般情况下$1cm^3$的空气中约有268万亿个丁酸分子。因此，犬感受丁酸的浓度极限为8.86×10^{-6}。有人将硫酸稀释到1×10^{-7}时，犬仍能嗅出。犬辨别气味的能力也相当强，它可以在诸多的气味当中嗅出特定的味道。经过专门训练识别戊酸气味的犬，可以在十分相近的丙酸、醋酸、羊脂酮酸等混合气味中分辨出有戊酸的存在，优秀的警犬能辨别10万种以上的不同气味。

（2）犬的嗅觉在其生活中占有十分重要的地位　犬识别主人，鉴定同类的性别，发情状态，母仔识别，辨别路途、方位、寻找猎物与食物等都是通过嗅觉来完成。犬在认识和辨别事物时，首先表现为嗅的行为。如我们扔给犬某种食物时，犬总是要反复地嗅几遍之后才决定是否吃掉。遇到陌生人，犬总要围着陌生人嗅其气味，有时未免使人感到毛骨悚然。犬根据留在街角的味道信息就可以知道曾经出现过哪些人和物。有人说犬的生活完全依赖鼻子，虽然有些绝对化，但以此来强调嗅觉对犬的重要性也不为过。

（3）犬敏锐的嗅觉被人类利用到众多领域　如警犬能够根据犯罪分子在现场遗留的物品、血迹、足迹等进行鉴别和追踪。即使这些气味在现场已经停留了一昼夜，如果犯罪现场保护完好，警犬也能鉴别出来。再如人穿过的雨靴，虽经3个月之久，警犬也能嗅出穿靴的人。缉毒犬能够从众多的邮包、行李中嗅出藏有大麻、可卡因等毒品的包裹。搜爆犬能够准确地搜出藏在建筑物、车船、飞机等处的爆炸物。救援犬能够帮助人们寻找深埋于雪地、沙漠及倒塌建筑物等处的遇难者。

2. 听觉灵敏

犬可以分辨极低分贝和高频率的声音，而且对声源的判别能力也很强。据测试，它的听觉是人的16倍。它可以区别出节拍器每分钟振动数为96次与100次、133次与144次的区别，人类根本不具备这样的分辨能力。晚上，犬即使睡觉时也保持着高度的警觉性，依靠灵敏的听觉对半径2km以内的各种声音都能分辨清楚。立耳犬的听觉要比垂耳更为灵敏。犬听到声音时，由于耳与眼的交感作用，有注视音源的习性。这一特征，使猎犬、警犬都能够准确地将接听到的声音用注视行为为主人指明目标，以追踪和围攻猎物。犬对于人的口令或简单的语言，可以根据音调和音节的变化建立条件反射，完成主人交给的任务。犬完全可以听到很轻的口令声音。过高的音响或音频对犬是一种逆境刺激，使犬有痛苦、惊恐的感觉，以致产生躲避甚至逆反行为。只有为了禁止或纠正犬发生的错误行为时才可以用较严厉的口令。

3. 视觉较差

犬眼的调节能力只及人的 1/5～1/3。犬对物体的感知能力主要取决于该物体所处的状态。犬只能看清 50m 之内的固定目标，但对运动的目标，则可感觉到 825m 远的距离。犬的视野非常开阔，单眼的左右视野为 100°～125°，上方视野为 50°～70°下方视野为 30°～60°。它对前方的物体看得最清楚，但由于犬的头部转动非常灵活，所以，基本上可以做到"眼观六路，耳听八方"。

犬是色盲。在犬的眼里，世界就如同黑白电视里的画面一样，只有黑白亮度的不同，而无法分辨色彩的变化。导盲犬之所以能区别红绿信号灯，是依靠两种颜色灯的光亮度不同加以区别的。犬对灰色浓淡的辨别力很细微，依靠这种能力，能分辨出物体明暗的变化，产生出立体的视觉映像。犬视觉的另一个特征是暗视力比较灵敏，在微弱的光线下也能看清物体，这说明犬仍然保持着夜行性动物的特点。

4. 味觉迟钝

犬位于舌上的味觉器官是味蕾，但因味蕾数量很少，所以味觉迟钝。吃食物时，很少咀嚼，几乎是在吞食。因此，犬并不能通过细嚼慢咽来品尝食物的味道，而主要是靠嗅觉来感知食物的气味，味觉只是起辅助作用。因此，养犬的食物要特别注意气味的调理。

四、犬的睡眠

犬没有固定的睡眠时间，一天 24h 都可以睡，有机会就睡。但比较集中的睡眠时间是在中午 11～13 时和凌晨 2～3 时。犬每天的睡眠时间长短不一。犬睡觉总是喜欢把嘴藏在两个前肢的下面，这是对鼻子加以保护，同时也能保证鼻子时刻警惕四周的情况，以便随时作出反应。从年龄上讲，年老和年幼的犬睡眠时间较长，中青年犬的睡眠较少。犬一般处于浅睡状态，浅睡时呈伏卧的姿势，头俯于两个前爪之间，经常有一只耳朵贴近地面，稍有动静即可惊醒；犬沉睡时的姿态为侧卧，全身展开来，样子显的十分酣畅，进入沉睡状态的犬不易被惊醒。犬睡眠时不易被熟人和主人惊醒，但对陌生的声音却很敏感。犬睡觉被惊醒后，常显得心情很坏，对惊醒它的人非常不满，刚被惊醒的犬有时甚至连主人也认不出来。所以，它的不满有时也会对主人发泄，如向主人吠叫等。犬得不到充足的睡眠，工作能力会明显地下降，失误也会增多。睡眠不足的犬，常常表现为一有机会就卧地，不愿起立，常打哈欠，两眼无神，精力分散的状态。

五、犬的行为基准

1. 犬用视觉及距离判断安危

犬能够判断出自己所处环境的安全状态，而眼睛便是它们衡量安全系数的尺度。一般来说，犬对陌生人都持有不同程度的戒心，而判定陌生人的威胁程度，主要是比较与自己视线的高低及与自己距离的远近。对方越高大，距离越接近，犬的戒备程度便越高；如果对方是小孩，或是蹲下来的成年人，那么，犬的戒备程度便会大大降低，这是犬天生的行为本能。当陌生人一靠近，自上而下的压迫感会使犬不安，若采用低姿势，它便会接受你，如果同时将眼睛的高度放的更低些，犬就会更安心。

2. 犬的弱点在右边和下腹部

犬会保护右侧，当被逼的走投无路时，会让自己的右侧靠墙，而将左侧面对敌人，这种习性是犬与生俱来的本能。犬让人看或摸它的下腹部时是向对方示好、顺从或投降。犬的群体中也有一定规则，它们决不攻击倒下露出下腹部的对手。犬朝天躺着睡觉时，表示它对周围的环境、动物等都很放心和信任。

3. 犬喜欢人甚于喜欢同类

这不仅是由于人能照顾它，给它吃住，更主要的原因是犬与人为伴的过程中，建立了感情。犬对自己的主人有强烈的保护意识，很多事例都能说明犬的这一品性。

4. 犬喜欢追捕，有时甚至杀死小动物

如犬喜欢追逐兔、猫、羊等，甚至追咬人类。但人利用犬的这种特性，让它承担驱赶羊群、牛群和保护人类自己等工作，变害为利。

5. 犬生病时会本能地避开人类或者其他同类

犬生病时常常躲在阴暗处去康复或死亡，这是一种"返祖现象"。犬的祖先都是群居生活，犬群中若有生病或受伤的个体，别的犬会杀死它，以免犬群受到连累。犬主人或饲养员要时刻留意，发现有犬生病应及时请兽医诊治。

6. 犬不喜欢酒精

在兽医院给犬打针时，在擦酒精前，犬会很安静、听话，但是在擦酒精后，犬嗅到了酒精的味道，马上会毛发直立咆哮不安。

第三节　犬的一般心理特点

经过长期进化，犬在生理上形成了许多固有的特性，但在长期的家养条件下也发生了一定的变化。作为高等哺乳动物，犬在心理上也有许多特点，同样在家养条件下也会发生一些变化。所以我们不但要掌握犬的生理特性，同时也必须掌握犬的心理特点及其变化，并以此为基础，通过严格的管理和科学的训练才能使犬更好地为人类服务。

一、犬的行为和心理特点

（一）忠诚、怀旧与依恋意识

1. 忠诚意识

犬是人类最忠诚的朋友，但犬在一定时期内往往只忠诚一个主人。主要表现在犬对自己生活的环境从不挑剔，无论富贵贫穷，都忠诚于主人。当给犬更换主人时，犬会非常伤感，常常表现为眼球湿润、情绪低落，甚至几日不食，这是犬对原主人的感情难以割舍的表现，也是犬对主人忠诚的体现。因为只忠诚一个主人，所以，很长时间以后，再看到原来的主人时，仍表现为异常的兴奋；因为只忠诚一个主人，所以，犬可以不远万里（在灵敏的嗅觉及视觉帮助下）回到原主人的家。因此，在购入新的宠物犬后，主人要用心观察犬，给犬以更多的关爱，从关心犬的生活环境及合理地调整食物开始，与犬慢慢建立感情，使犬逐步忘掉过去，慢慢地接受新主人，从而安心地在新环境里生活。

2. 怀旧与依恋意识

当人类远离故土，来到一个陌生的环境时，总有回忆过去、思念亲人的意念，这种留恋故土的心理状态，在心理学上称为怀旧依恋心理或回归心理。犬也具有这种心理，而且回归欲望比人更为强烈。犬极强的归家能力，就是犬怀旧依恋心理的最好体现。犬之所以要回家，实质是要回到主人身边，犬是希望回到在主人爱抚照料下的单纯环境。如在1927年夏，波士顿郊外的希奇先生，带着四岁的德国牧羊犬"哈佛特"来到洛杉矶，由于种种原因在途中"哈佛特"走失了。6个月后，"哈佛特"却回到了波士顿。据推测，"哈佛特"绕行了大约8 000km，横跨了整个美国大陆才艰难地回到家中。犬回归欲望的强弱与其对主人的感情依恋程度有很大的关系。一般感情越深，依恋心理越强，回归的欲望也就越强。我们在引进成犬时，应考虑到犬的依恋心理，应详细向原犬主问明犬的生活规律；引进后，更要努力与犬建立感情，转移其怀旧的注意力。

犬对主人的依恋心理，也是忠诚于主人的心理基础。

（二）群体意识

群体是一个社会，是多个个体的集合，形成群体的重要条件就是成员的群体意识。群体意识不仅体现在每个成员受集体的保护，同时也表现为每个成员对集体的忠诚。当个别成员受到威胁时，它会受到集体中其他成员的一致保护；同样，当群体遭遇危险的关头，个体成员也会毫不犹豫地挺身而出。集体是靠全体成员的彼此维护而存在的。

许多动物都具备这种群体意识，而犬遗传的群体意识尤其强烈。当它们与人类结成伙伴关系时，这种与生俱来的群体意识，便体现为保护主人及家族不受侵害的本能，并常常以意想不到的方式表现出来。

犬有可能偷吃邻居家的鸡，但绝不欺负同它养在一起的鸡。因为对犬而言，邻居家的鸡是美食，而自家的鸡却是伙伴。欺负自家（群体内）的伙伴，会引起众怒，会为群体中的其他成员所不容，尤其会得罪群体中的头号人物——自己的主人，犬对这点非常清楚，这就是犬群体意识的具体体现。

（三）争宠邀功与自我表现意识

两头猎犬在一起追捕猎物时，往往你争我夺，互不相让，有时甚至暂时放下猎物进行内战，以决高低。两头猎犬都想为主人获取猎物，这是犬争宠邀功心理的外在行为表现，目的是为了邀功以获得奖赏。警犬追逐罪犯，猎犬跑遍山野寻回猎物，参展的宠物犬使出全部看家本事，犬的这些表现，并不是因为犬有为主人尽心竭力工作的思维，仅仅是出于本能的表现，目的是借此在同类中炫耀自己、满足它自我表现意识。犬的这种心理活动提示我们，要经常使用表扬鼓励、奖励美食等手段，促使犬更好的完成训练和工作任务。相反，在同时饲养多条犬时，不要明显地关心一条犬，必须平等对待，否则，犬之间就可能发生争斗，不便管理。

（四）顺位与篡位意识

犬有群体意识，属于群体动物。但在群体中犬本身处于什么地位，犬的答案非常明确。在一个家庭中，它们通常认为自己的顺位就排在男主人后面，同男主人生活在一起的其他人（小孩、妇女）都排在自己的后面，因为犬只服从自己尊敬的强者，而男主人在生理和心理上的特点，都有利于他们扮演这种角色。至于女主人或者主人雇来的饲养员等人，尽管给它喂食喂水，清理梳毛，却往往缺少统治者的威严。当然，女主人及其他家庭成员如果了解犬的习性和心理，在犬犯了错误或不服管教的时候，不让步不恐惧，那么，她（他）们的威信便自然而然会建立起来，甚至顺位可以排在男主人之前。同时，犬对主人的服从也不是绝对和始终如一的，有时它们甚至会露出想当老大的意识，即犬的篡位意识。所以，如果主人对犯有过错的犬采取迁就或纵容的态度，它们就会认为人比自己软弱而失去服从性，进而想去支配对方。

（五）悔过意识

做错了事的犬，在主人的严厉面孔和训斥语调面前，往往会表现出低头垂耳，目光虔诚，一副可怜后悔的样子。有的犬还会躲到隐蔽处，企图逃避主人的惩罚。这种表现就是犬的悔过意识，悔过意识也是犬的本能。

（六）占有心理与领地保护意识

犬有很强的占有心理。在占有心理的支配下，常表现出领地行为即自我保护领地的特性。特别是产仔后，母犬的领地意识更加强烈。正因为如此，犬才具有保护公寓、家园、财产及主人的行为。犬表示据为己有最常用的方法是排尿作气味标记。在关养多头犬的犬舍内，犬会依其顺位各占据一定的空间，即使犬舍只是一块十分狭小的场地，也一定有其各自固定的睡觉场所。犬的占有心理，有时还表现在人类看来并无用处的东西，犬也会加以收集并据为己有。如犬常将木棒、石头、树枝等衔入自己的领地啃咬、玩耍等。

犬十分重视对自己领域的保护。对自己领域内的各种物品，包括犬主人、主人家园及犬自己使用的东西均有很强的占有欲。正因为如此，养犬看家护院才非常有效。配种期间的公犬，不让其他动物接近它与母犬的居住地，说明公犬对母犬也存在占有心理。

犬的领地意识一般只限于主人家庭周围的地区。当它走出自己守卫的范围以外时，领地意识就会弱化甚至消失。如果搬到一个新地方，犬需要经过 10 天左右才能建立起新的领地范围。但是，在犬建立新的领地势力范围期间，必须严加管制，以免追逐人或咬人。因为有些犬在此期间，会因恐惧而咬人。

犬的占有心理常导致犬与犬之间的领域争斗。犬对主人的占有心理，使护卫犬面对敌人能英勇搏斗，保护主人。

（七）好奇心理

在犬的生活中，对人、物和外界环境等都有强烈的好奇心。犬的好奇心是本能的探求反射活动。犬在好奇心的驱动下，会利用其敏锐的嗅觉、听觉、视觉、触觉等感觉去认识世界，获得经验。每当犬发现一个新的人或物体时，总是用好奇的眼神注视，表现出明显的视觉好奇性，然后用鼻子嗅闻，舔舐，甚至用前肢翻动，进行认真的研究。犬每到一个新的环境，也必须探究一番。好奇心促使犬乐于奔跑、游玩，增强了体质；好奇心使犬了解了更多的事物，有助于犬智力的增长；在好奇心的驱动下，犬还可以表现出模仿行为和求知的欲望。这种心理为专业科目的训练提供了极大的帮助。犬在好奇心的驱动下进行的模仿学习是一种很重要的训练手段，其训练基础便是充分利用幼犬的好奇心理。幼犬通过模仿，能从父母那里很快学会牧羊、狩猎等许多本领。再如没有交配经验的年轻公犬，通过模仿可以很快掌握交配要领。

（八）嫉妒心理

犬顺从于主人，忠诚于主人，但犬对主人也有一个特别的要求，即希望主人只关心它自己。而当主人在感情的分配上厚此薄彼时，往往会引起犬对受宠者的嫉恨，甚至因此而发生争斗，这是犬嫉妒心理最明显的表现。这种嫉妒心理同时会有两种外在行为表现，一是对主人冷淡，二是对受宠者施行攻击。

在犬的家族中，因争斗而形成的等级顺位维持着犬的社会秩序。主人宠爱其中某一头犬，这是主人的自由。但是，对犬群来说，则有其固定的程序，即只能是地位高的犬被主人宠爱。若地位低的犬被主人宠爱，则其他的犬、特别是地位比它高的犬，将会作出反应，有时会群起而攻之。这也是犬嫉妒心理的行为表现。因为在犬的意识中，每头犬都希望能得到主人的关爱，并且总想独占。有些动物心理学家也认为，这是犬将主人作为领域一部分的行为表现。但无论如何，犬在自己的主人关心其他犬时，总是表现出不愉快，这种现象在主人购进新犬时表现得更为明显。如在新的仔犬购进后，原来的犬总有较长的一段时间不高兴，甚至威吓或扑咬新来的犬。

由于犬存在嫉妒心理，所以，在自己的犬面前切勿轻易对其他犬及动物表现出明显的关切，以免引发不必要的矛盾甚至意外。但是，利用犬的嫉妒心理训练雪撬犬等集体项目时效果很好。

（九）复仇心理

犬具有复仇心理。犬是依据嗅觉、视觉、听觉等感觉，将曾经恶意对待自己或主人的对象牢记在大脑中，在适当的时机实施复仇。复仇时的犬近乎疯狂，而且复仇在犬与人之间和犬与犬之间的表现是一致的。犬会选择对方生病、身体虚弱等易于复仇时进行复仇，有时在对方死亡之后还要实施。如中国台湾安先生所养两条母犬"塔奴"与"迪娜"，曾因顺位之争而结目成仇，后来安先生只好将两条犬分开。三年后，"塔奴"因病死亡，安先生带着"迪娜"去看时，迪娜一路上警觉四周的变化，在接近"塔奴"住所时，突然冲进去，嗅嗅躺倒的"塔奴"，随后猛地咬住喉管。这大概是对三年前遭受严重攻击的复仇。另外，某些凶猛强悍的狼犬，甚至会对为它治过病的兽医怀恨在心，伺机报仇。但是，犬的这种心态对扑咬科目的训练是有帮助的，由于助训员首先成了犬的敌人和复仇的对象，这样可以提高训练效果。复仇心理对那些凶残地对待犬的人也是一种威胁。

（十）恐惧心理

心理学家与行为学家通过观察发现，犬对火、光、死亡及某些声音都有恐惧心理。比如，未经训练的犬对雷鸣及烟火等自然现象有明显的恐惧感；在听到剧烈的声响时，犬首先表现出惊愕，接着便逃到它认为安全的地方（如屋檐下或房间里）或钻到狭小的地方伏地贴耳，表现出胆颤心惊的模样，直至声音消失后才能平静下来。怕光的犬也很多，这是犬将自然现象中的雷声及闪电两者联系起来的结果。大多数犬都讨厌火，但对火并没有达到恐惧的程度，如德国一头 4 岁的母犬会用脚踩灭有火的烟蒂。犬最强烈的恐惧是死亡。如犬对地震及其他自然灾害的恐惧感及日常生活中对移动的大型机械的恐惧等。恐惧是犬野生状态下残留的心理状态，是犬先天的本能，但这种心理可以通过训练得到一定程度的转变。

要克服犬的恐惧心理，必须从幼犬时就开始适应音响、光、火等各种刺激的训练，因为幼犬阶段的环境锻炼对克服犬的恐惧心理是至关重要的。对幼犬进行环境锻炼在一定程度上会减少、甚至消除犬的恐惧心理。

对主人的恐惧有时会导致犬撒谎，有时撒谎的手法还很高明。如一头有寻找垃圾堆物品习性的犬，受到主人的惩罚后，如果突然听到主人呼叫它时，而此时正在垃圾堆处的它不会直接走到主人身边，而是先往相反的方向跑，然后才回到主人身边。这是在隐瞒自己错误的行为，是表示它不在垃圾堆处，而是在相反方向的某地。这个事例说明犬因为害怕主人的惩罚而逃跑，但强烈的服从心理又迫使犬回到了主人身边。

犬对孤独也有天生的恐惧感。当犬失去了主人的爱抚，或长时间见不到主人，或进入了一个陌生的没有任何玩伴的环境，往往会因孤独而产生恐惧，表现为意志消沉，烦躁不安。如在运犬时，将犬关在一个四周闭合的木箱中，犬会大闹不已，因为犬感到了和外界的隔绝，由孤独而产生恐惧。犬孤独抑郁的心理状态有时会引起犬的神经质、自残及多种异常行为的发生。所以，在对犬的饲养管理和训练使用的过程中，应保证有足够的时间与犬共处，以避免犬因孤独产生恐惧心理。

（十一）卫生意识

犬是讲究卫生的动物，有定时、定位大小便的习性。犬多选择在每天起床后、吃食前后或傍晚时排便。在室内养犬可以训练它们在上述时间，到庭院固定的地点排便或到住室厕所排便；也可以每天定时牵犬到野地散游时排便；还可以利用犬的这种习性训练定位排便。训练时可使用定位排便诱导剂，使犬固定排便地点。犬的卫生意识还表现在冬天喜欢晒太阳，夏天喜爱洗澡。但家养宠物犬洗澡的次数太多会导致患皮肤病和增加犬的体力消耗，从而影响犬的健康。

极少数的幼犬有"尿失禁"现象，这是应激引起的条件反射，并不意味着犬没有卫生意识。尿失禁一般可分为两种情况：一是惊吓性撒尿。幼犬惊吓性（顺从屈服）撒尿是指每次一接近幼犬，幼犬即蹲踞下来并撒尿。此行为源自动物无安全感或受到威胁与惊吓，它采取了顺从臣服的姿势蹲踞下来，但同时因惊吓而撒尿，并形成了反射性反应。对犬惊吓性撒尿，如果采取惩罚措施，它将更加恶化，所以，必须采取安抚的办法改正。二是兴奋性撒尿，有些幼犬一兴奋就无法控制而排尿，惩罚会使幼犬转成惊吓性撒尿，使问题更为恶化。最好的处置办法就是置之不理，犬长大后，问题会自然解决。另外，安排幼犬在可以排尿的地方游戏，也是一种很好的的解决办法。

二、犬的心理障碍

犬的训练是对犬的神经反应过程施加影响，使其形成特定能力（条件反射）的过程。

在训练过程中，由于受各种刺激的作用，犬可能形成我们期望的能力，但也可能出现一些不符合我们要求甚至与我们期望相反的行为习惯。在这些不良的行为习惯中，有些有相当大的顽固性，这种现象就是犬在训练中出现心理障碍的结果，简称犬的心理障碍。犬在训练中产生心理障碍，主要是训练人的操作不当造成的。如果能够在训练前预见可能造成犬出现问题的各种可能，在训练中加以注意，就可以防止犬心理障碍的产生。

（一）犬的心理障碍的分类

1. 恐惧

皮肤感受阈值低的，即对刺激耐受力较低的犬，如果主人施加刺激过度，犬易产生恐惧心态。犬恐惧心态表现为：两耳横分，逐渐往后贴，甚至把尾夹于两后腿之间。犬的恐惧心理短期表现是对某种有特殊意义的信号（刺激）表现敏感；长期表现是对刺激的施加者有恐惧心理。

2. 戒备

是犬在较长期的恐惧心态条件下形成的条件反射。这种条件反射是逐渐形成，戒备的主要对象是某种特定的环境、科目或某一训练参与者。表现为对特定刺激的担心，在执行某一口令时总是提心吊胆。犬的戒备心态对正常训练有很严重的负面影响。但训犬人可以通过观察，结合犬以往的训练找到并消除刺激来源。

3. 厌倦

是指犬对于环境中单调而频繁的一系列刺激（并不一定是机械刺激）或对其身心有疲劳作用的刺激产生的一种情绪。犬表现为消极地应付、被动地逃避或无意识地打哈欠。如当命令犬衔取时，犬可能看着物品而不衔，听到口令后反而注视主人等。

4. 矛盾

指犬对命令反应不果断，表现为迟疑或犹豫。从犬的表现来讲，犬的厌倦心态更多强调犬的厌烦状态，而犬的矛盾心态则表现为无所事从的状态。如在训练犬的"前来"科目时，犬听到口令后，意欲前来，却不是表现非常果断。此时助训员采用假打和真刺激相结合的办法效果会很好，同时也会提高犬对主人的依恋性。

5. 依赖

犬的依赖心态是经过较长时间的训练才会出现的，并且往往是在犬的矛盾心态下进一步发展起来的。如在工作犬训练中，有的犬在进行"鉴别"时会观察主人的表情与反应，这是犬依赖心理最为明显的表现。

犬在训练中出现心理障碍，可能是典型的某一种心态体现，也可能是几种心态的综合表现，而且在训练中还可能不断地变化，所以，我们必须在训练前预见犬可能出现的问题，防止犬心理障碍的产生。

（二）防止和消除犬的心理障碍的方法

防止和消除犬的心理障碍的方法主要有主动参与法、对比消除法、替代刺激法、正强化法和转换注意法5种方法。

1. 主动参与法

主动参与法可以防止犬产生各类心理障碍。如在培养犬的衔取欲和占有欲时，如果助训员参与到同犬"抢夺"衔取物品的过程，就会使犬的兴趣被调动起来，改变单调活动，消除犬的厌倦心态。主动参与法在其他科目的训练中也可以广泛应用。

2. 对比消除法

在复杂环境中训练，犬会有很大的外抑制过程。因为一个定量的机械刺激，在动物机体中所产生的抑制或消极作用要用几个定量的正强化缓解后才能相抵消。对比消除法就是减少犬对环境的敏感性，直到恢复到正常的水平。对比消除法也可以看作是减敏反应。

3. 替代刺激法

替代刺激法就是在犬对主人产生恐惧心理的一段时间内，不能再给犬刺激或者减小对犬刺激的方法。对感受阈值低的犬，即使必须使用机械刺激，也最好由助训员协助施加。由助训员配合主人对犬施加机械刺激，使犬对助训员产生恐惧而导致靠近主人，从而增强对主人的依恋。

4. 正强化法

助训员不仅可以对犬施加刺激，也可以对犬进行正强化。在训练"扑咬"科目中，为消除犬的恐惧心态，特别是对初训犬，助训员的试探性进攻和仓惶逃窜对犬形成了极大的强化，助训员逃跑的背影对树立犬的扑咬信心有极大的作用；助训员甚至可以在犬咬住护袖时拍摸犬的头部以示表扬。对于犬的正强化，还可以创造性地使用许多方法。如训犬员训练犬随行时，以人口中含食物，诱使犬抬头再吐给它的办法，使犬注视人的面部等等。

5. 转换注意法

有时为了完成特定的训练任务或进一步提高犬的作业能力，需要加强训练的强度和时间。此时既要延长犬的作业强度、时间，又要使犬保持良好的状态，就需要采用转换注意法对训练的安排进行调整。比如在传统的训练犬搜毒时，犬经过十几分钟的搜索会有疲劳表现，这时不妨让助训员用其他物品吸引犬，使犬从繁重的嗅觉分析过程中暂时解脱出来。对助训员的物品注意，甚至产生攻击行为，会加快呼吸和血液循环，这样，犬的兴奋性就会重新提高起来，从而继续保持作业效果，避免了犬厌倦心态的产生。

训练中训练人主动预防犬出现心理障碍是最有效的方法，只有犬出现心理障碍后才需要利用助训员弥补。

第四节　犬的情感表达

犬虽然不能像人一样说话，但是，犬可以通过吠叫、动作、姿态等许多体语来表现感情和意愿，同时，犬也是通过这些方式实现与同类的交流。这些方式中，最主要的表达方式就是吠叫。

一、犬的吠叫

吠叫是犬的的本能。犬的吠叫类型通常与其所属的种类相一致，但同一品种中的每只犬的吠叫也有一定的区别。优秀训练员不仅能分辨出灰猎犬和比格犬的声音的不同，也能分辨出其所饲养的每一条犬的声音。实质上，只要在注意倾听犬所发出的声音（吠叫声）

的基础上，再仔细观察犬的表情与动作，人就可以大致猜测出犬所要表达的情感。

1. 犬通常只在其势力范围内吠叫

比如，陌生人进门或要靠近犬舍时，犬就会奋力地发出吠叫声；而两只犬在路上碰面时，一般都不吠叫。

2. 小型犬和大型犬的吠叫有所不同

一般小型犬的吠声高而尖锐，而且喜欢乱叫；大型犬的吠声粗而低沉，而且性情较沉着，通常不会乱叫。犬的吠叫与警戒心是一条看门犬所必须具备的条件。犬会看家，它看见陌生的人立刻吠叫不停，这是犬的语言，叫声是报警，它要唤醒同伴注意，同时告诉主人要提高警惕；叫声还是一种示威，带有助威和恐吓的作用。同类之间相距很远的时候，也用叫声互通信息。

3. 犬显示强者时会咆哮或低吟

犬对于弱者表示权威时会咆哮，如猎犬追捕猎物时，最容易发出这种声音，表示权威和发出恐吓。而犬在相互攻击或表示愤恨的时候，会发出呻吟声，这也是一种表示厌恶或愤怒的声音。

4. 犬在示弱时会哀叫、哼哼或发出鼻音

当犬被欺凌时会发出"噢呜……噢呜"的哀叫声；当幼犬离开母犬、感到寒冷或生病时，会发出一种"哼哼"的高调声音；当犬悲伤的时候，会发出鼻音，表示"悲哀"或"难过"。

二、犬的身体语言

犬在表达情感时，除了吠叫之外，眼、耳、口、尾巴的动作以及全身的姿态动作，都代表不同的感情和意义。

1. 犬的眼睛能体现其心情的变化

生气时瞳孔张开，眼睛上吊，变成可怕的眼神；悲伤和寂寞时，眼睛湿润；高兴的时候，目光晶亮；充满自信或希望得到信任时，目光坚定且不会将目光移开；受压于人或者犯错误时，会轻移视线；不自信时，目光闪烁不定。

2. 犬的耳朵、尾巴也能表现情感

当耳朵有力地向后贴时，表示它想攻击对方；而当耳朵向后轻摆时，表示高兴或是在撒娇。

3. 犬的尾巴也能正确表达感情

尾巴摇动，表示喜悦；尾巴垂下，意味危险；尾巴不动，显示不安；尾巴夹起，说明害怕。

4. 犬的全身动作与情感表达

犬表示自己的愤怒时，目射凶光、龇牙咧嘴、发出喉音、毛发竖立，尾巴直伸，与它愤怒的对象保持着一定距离。如果它前身下伏，后身隆起，做俑匐状，就是要发起进攻了。犬用沉默来表示自己的哀伤，哀伤时低垂脑袋，无精打采，或可怜巴巴地望着主人，或躲到角落静卧。犬用跳跃来表达它的喜悦。犬会"笑"，犬笑时嘴巴微张，露出牙齿，鼻上蹙起皱纹，眼光柔和，耳朵耷拉，嘴里发出哼哼的叫声，身体优美地扭动着，并摇尾巴。犬用身体的颤栗表示恐惧。犬在恐惧时，全身毛发直立，浑身颤栗，同时尾巴下垂，或者夹在两腿之间。

犬不懂得人类的语言，我们看到的犬能听懂人类的口令是学习的结果。在驯犬的过程中，我们应该了解犬的语言，以便在驯犬的过程中与犬良性互动，收到事半功倍的效果。

三、犬的气味表达

犬的嗅觉是了解世界、完成各种任务最重要的功能。从一生下来幼犬就知道如何使用嗅觉找到母犬的乳头，不用过多久就可以区别母犬和其他犬的不同体味。

犬通过特殊的气味进行交流。这些气味信息除了代表着性方面的详细信息（性别、是否处于发情期）外，还包括是否怀孕、是否临产等信息。犬在生气、恐惧或非常自信等不同状态下会释放不同的激素，犬龄的大小也可以从散发的气味信息中得以区别。

犬喜欢嗅闻东西，包括嗅闻领地记号、新的犬、食物、异物、粪便、尿液等。犬在外出漫游时，几乎是依靠"嗅迹标志"行走，不仅用尿，而且还会用粪便来为自己的领地或其他重要地方做标记。

犬的领地习性，就是利用肛门腺分泌物使粪便具有特殊气味，用趾间汗腺分泌的汗液和用后肢在地上抓划，作为领地记号。犬会经常在人身上蹭，在人身上留下自己的气味，从而确认这个人是属于其集体中的一员。

四、犬的情感表达

犬的情感世界非常丰富，它与人一样也有喜悦、愤怒、警觉、恐惧、悲伤、寂寞等。我们只有了解并读懂犬的情感，才能科学、合理地饲养管理好自己的爱犬。

1. 喜悦

犬表示喜悦的声音和姿态多种多样。

（1）不停地摇尾跳动，身体弯曲扭动，用前腿踏地或者尾巴使劲地左右摇摆，或在主人四周跳跃，耳朵向后方扭摆，眼睛炯炯有神，发出甜美的鼻音。

（2）有的犬在喜悦的时候发出的吠声是一种明快的"汪汪"声，吠叫声短促、快速，声调高而尖，像在愉快地哼唱歌曲，大型犬还可能把前腿抬起，或去舔主人的脸。

（3）过分喜悦时有的犬可能会尿失禁，这种情况多发生于幼年犬，随着年龄的增长会逐渐消失。

（4）有时候犬会先用脚推挤脸部以摩擦鼻子，用胸部摩擦地面，或者用前脚揉搓脸部从眼睛到耳朵的部分，然后背部朝下，这也是一种表示内心满足和喜悦及放松的方式。

（5）犬有时还会发出一种细小的呜咽声，同时垂着舌头"哈哈"地喘着气，慢慢地摇尾巴，喉咙中发出轻微的"呜呜"声或发出轻快的"汪汪"声，有时甚至不停地舔主人的手和脸，以表示其愉快、兴奋，对人表示好感。

（6）有时候犬趴下来，把头枕在前脚上，眼睛半张半闭发出叹气的声音，尾巴放得比水平线还低，但是离腿部仍远，这也表示犬的心情愉悦。

（7）犬的嘴部放松微笑，舌头隐约可见，或者舌头略盖过下排牙齿，这也是表示心情愉快高兴。

（8）犬会因喜悦而撒娇。犬在撒娇的时候，最典型的姿势是前腿向前伸展，臀部抬起，把脚搭在主人的膝上或在主人面前挥舞脚掌，头部靠近地面或钻进主人的手中，同时会用鼻子发出"呵呵"的声音。在请主人宽恕而撒娇时，则会把尾巴垂下来。而在它想得到什么，或者要催促主人和它一起玩而撒娇时，会轻轻地摇动尾巴，不再垂下去。而既自信又要对主人撒娇的犬会将尾巴举起，微微朝背部弯曲。

（9）犬在向人或者其他动物示好时，表现为嘴微笑着向后咧，同时配合着安详的眼神、向后倾的耳朵以及翻卷的舌头。也可能会转过身将屁股靠在主人身上，头与人之间保持一定的距离，这种姿势正好能使主人轻抚它的背。

2. 愤怒

犬在愤怒时，全身僵直变硬，四肢伸开直踩地面，背毛直立、倒竖散开，身体放低，尾巴也会轻微地摇动，同时嘴唇翻卷，露出牙齿，两耳竖立朝向对方，发出威胁性的"呜呜"声。

3. 悲伤

犬在悲伤的时候，吠声就会不稳定，由鼻部发出"咕咕"的叫声，同时低垂尾巴，前脚猛抓地面，以求救的姿势摩擦主人的身体，呈现一副倾诉的姿态，希望得到主人的接近，以"诉说"自己的哀伤、痛苦和不幸。如果后腿仍然直立，而尾巴微微前后摆动，意味着"不是很舒服"或"有点悲伤"。

4. 警觉

犬在警觉的时候，头部高扬，尾部摇晃，耳朵会竖立起来，嘴里会发出"汪汪"的吠声。在外敌接近的时候，会发出连续的"汪—汪—汪"的吠声，吠叫声变得低而短，两次吠叫的间隔时间变长，而且发出连串的吠声（每次3～4声），中间有稍微停顿，音量较低，这是一种表示不确定的报警信号。此时只是出于兴趣，尚无敌意。当叫声急速，音量稍高时，才是最基本的吠叫警告。若是有两只互不相识的犬靠近，它们多会避免目光接触，不直接走向对方，而是绕到侧面再接近，这样可以避免直接刺激或激怒对方，引发打斗。人站立时由上往下看犬、摸犬，也会让犬感到威胁。所以在与陌生犬接触时，最好先放低身子，让它消除警戒。如果此时犬声音的频率提高了，发出的汪汪声短促而强烈时，说明犬比较激动，是在表示戒意和警告，则不能靠近。当犬闭嘴发出压抑的鼻息，同时头部指向声源，则表示有陌生人或动物走近或什么地方有可疑的声音。

5. 遇到威胁

当犬遇到威胁时，犬会轻柔、低音调的吠叫。如果同时皱着鼻子，龇牙咧嘴，毛发耸立，这是警告对方使之走开，但仍留了一点余地（退路）给对方。如果唇部卷起，露出部分牙齿，但嘴巴仍然闭着，同时从喉、齿间发出低声怒吠，这是对威胁一方发出进一步升级的讯号。另外，当犬坐着，一只脚微微举起，也是代表威胁和压力的信号，但是，此时多伴随着犬自身的不安全感。当威胁者进一步接近时，吠叫声变得更快，音调稍高且尖细，上下颌猛咬。如果威胁者到身边时，则犬的吠叫声更加厉害。当犬的吠声从较大声变低沉、同时牙齿外露，即代表咬斗开始。也有些犬当肩部的毛竖起时，就开始咬斗。也有些犬先吠叫，唇部向上卷，露出门牙，鼻子上方皱起，嘴巴张开一部分，然后龇牙咧嘴，毛竖起后开始咬斗。但犬攻击前最危险的表情是唇部上卷，不仅露出所有的牙齿，还包括上排牙龈，鼻子上方出现皱纹，这是犬准备发动暴力攻击的主要信号。如果遇到这种情况时，千万不能转身就跑，因为转身就跑可能会引发犬追逐攻击的反应，此时应该将目光微微朝下，稍微张开嘴巴，然后慢慢退后。

6. 恐怖

犬在恐怖的时候，因程度不同会表现不同程度地垂尾。犬在恐怖的时候常把尾巴夹在两腿中间，身体缩成一团，躲在屋角或主人身后，以减少被伤害的面积。若耳朵同时也扭向后方呈睡眠状，则表现出极端地恐怖。另外，犬的尖叫声也是恐怖（害怕或者伤痛）的表现。

7. 寂寞

犬在寂寞的时候，全身松弛而瘫软，像打哈欠一样发出"啊啊"的冗长且不间断的吠叫。吠叫间隔较长，表示孤单、需要伙伴。因为犬有强烈的群居欲望，当单独留在家里时，往往会因寂寞而害怕。表现为吠叫、嚎叫、惊慌失措甚至随地大小便。有些单独留在家的犬感到寂寞时，会把主人摸过或用过的东西搜罗到一起，将主人的气味环绕起来形成一座屏障，若东西太少不足以形成一个保护圈时，犬就会把它们撕咬成碎片铺开。

8. 犬不舒服（受伤或生病）时，会发出轻柔的低吠

这种声音经常可在兽医院里听到，这种吠声通常是表示犬觉得疼痛。一只屈服的犬，置身于具有威胁的陌生环境中或幼犬在寒冷、饥饿或沮丧时，也会发出这种吠叫。另外犬低低的、拖长的呻吟哀叫声，也表示不舒服、不满意、不耐烦，但同时有恳求同情与关照之意。

（王殿奎）

【复习思考题】

1. 犬如何表达喜悦？犬如何通过吠叫表达情感？
2. 犬有哪些主要的行为心理特点？
3. 犬的嗅觉有哪些突出特点？试述犬嗅觉在人及其自身生活中的作用。
4. 什么是犬的心理障碍？如何防止和消除犬的心理障碍？
5. 养犬对人类有哪些益处？

第五章　驯犬基础

随着社会进步，各种场所都能见到带宠物犬的人。但是"养犬不用训"的观念影响了犬的素质，因此，出现有些犬不听指挥甚至发生犬伤人的事件。其实，训练犬和教育儿童的道理一样，玉不琢不成器。但训练犬与教育儿童的不同点是，我们无法和犬交谈，告诉它们什么样的行为正确，不正当的行为将会造成什么样的后果等。唯一有效的办法就是通过训练让犬学会理解人的意愿，并根据人的意愿作出正确的反应。

优秀品种的犬，自幼开始经过科学的训练后，先天遗传的优良素质会被充分地开发出来，同时，学会更多的技能或本领，从而成为一只优秀的犬。它们不但可以帮助人去工作，同时也会给人们带来更多的乐趣。即使遗传不很优秀的犬种，经科学的训练以后，也会成为一条比较好的犬。

但是，驯好一条犬，不仅需要了解犬的生理、行为方面的诸多特点，还必须坚持正确的训练原则、遵循一定的训练程序、使用行之有效的训练方法、利用专业的训练工具，这样才能最终达到预期的训练目的。

第一节　驯犬的生理基础

一、犬的感觉

犬训练的目的是形成良好条件反射，而形成良好条件反射主要依赖感觉器官对刺激的反应，所以，在犬的训练过程中涉及最多的是犬的感觉。犬的生理感觉器官非常发达，这是长期进化的结果。在犬的感觉中痛觉与生存关系最密切，而视觉在信息获得方面最重要。

（一）动物感觉的分类

1. 一般分类法

动物的感觉可以分特殊感觉（视觉、听觉、味觉、嗅觉和前庭感觉等）、表面或皮肤感觉（触压觉、温觉、冷觉、痛觉）、深部感觉（肌梭、肌腱及关节感受器所传入肢体的位置感觉、肌肉负荷感觉）、深部压觉和内脏感觉（内脏痛觉、饥饿、恶心等感觉）。表面感觉及深部感觉也合称为躯体感觉。

2. 感受器分类法

根据刺激来源及感受器的解剖学位置将感受器分为外感受器、距离感受器、本体感受器和内感受器。

（1）外感受器　接近皮肤并作用于体表的环境变化信息的感受器。

（2）距离感受器　如眼、耳、嗅觉等感受较远的环境变化信息的感受器。

（3）本体感受器　位于肌肉、肌腱、关节的感受器以及前庭感受器（亦可将前庭感受器除外），感受身体在空间运动和位置的变更，向中枢提供信息。

（4）内感受器　包括各种内脏感受器，如分布在血管系统内的压力感受器、化学感受器、分布在胃肠壁内感受张力和收缩的机械感受器等。

（二）犬感受器的生理特征

1. 感受器的适宜刺激

感受器是进化过程中的产物，是高度特化了的器官或组织。大多数感受器对特定形式能量变化的敏感度特别高。例如皮肤温觉感受器对辐射热很敏感，听觉感受器对声音非常敏感。但辐射热不能引起听觉感受器的活动，声音亦不能引起温觉感受器的兴奋。

2. 感受器的阈值

要使感受器兴奋，刺激必须具有一定强度，包括刺激强度、刺激时间和刺激面积等。引起感受器兴奋的最小刺激量称为阈值或阈强度。除具有一定强度外，刺激还必需持续一定时间，引起感受器兴奋所要求的刺激作用最短时间称为时间阈值。而对于皮肤触觉感受器来说，机械刺激必需有一定作用面积才能引发触觉，这可以称为面积阈值。在研究感受器对于2个不同强度刺激的辨别能力时，还有辨别阈。研究感受器的不同阈值，对于了解感受器的特性和感觉过程的机制具有很重要的意义。由于各种感受器的适宜刺激性质不同，因而阈值也不相同。

3. 感受器的换能作用

感受器在刺激作用下发生兴奋，将刺激的能量转化为神经冲动或其他活动的过程称为感受器的换能作用。换能作用有以下6个特点。一是电位只在刺激作用于感受膜区域时才发生；二是不传播，只对邻近部分发生电紧张效应；三是在一定限度内随刺激强度的增减而升降电位幅度，即转为沿着轴突传播的神经冲动，并表现出一种梯度性；四是在刺激延续地作用下，电位往往逐渐减小，即发生适应；五是无潜伏期；六是不易受局部麻醉药物的影响。

4. 感受器的适应

具有一定强度的短暂刺激，很容易引起动物的感觉。相反，长时间的延续刺激会使感觉减弱、消失，出现抑制过程。抑制过程产生的原因是刺激作用于感受器一段时间之后，感觉纤维冲动发放的频率逐渐下降的结果，这一现象称为感受器的适应。

如当使用压觉及痛觉刺激训练犬时，犬会因为作用次数的增多而产生适应或耐受力增强的现象，这就要求在训练中不断调校刺激的强度，才能取得较好的训练效果。

5. 感受器的反馈调节和信息的相互作用

感受器接受适宜刺激产生神经冲动，沿着神经通路向中枢传递信息。但是从信息产生的起点到中枢神经系统执行感觉分析机能的高级部位，一般更换3～4次神经元，信息在传递的过程中不是经历一条笔直的道路，而是经常受到来自大脑高位的影响和调制。有实验证明，听觉和味觉等系统的感觉冲动甚至在感受器部分就受到中枢神经系统不同部位的反馈调节。躯体感觉信息在脊髓背角、延脑脊柱神经核、丘脑都能受到其他中枢部位活动的影响。听觉信息在到达丘脑内侧膝状体时，明显地受到听区皮层下行影响的抑制。感觉信息在中枢传递过程中可能受到来自同类或不同类的信息的影响，这是信息之间的一种相互作用。这种相互作用的结果，往往导致一种抑制现象的发生。

（三）感觉的传入途径

1. 外周感觉神经感受器兴奋后产生的冲动通过感觉纤维传至中枢

除了头部，全身起源于皮肤、肌肉、关节和内脏的感觉纤维集聚之后都进入脊髓。如果一处的皮神经被切断，则其所支配的相应皮肤区域在不同程度上丧失了感觉。但是，失去感觉区域的界线并不十分明显，因为相邻近的皮神经和被切断的神经所支配的范围有某种程度上的重叠。

2. 脊髓的感觉传入通路

脊髓是躯干、四肢和一些内脏器官发出的感觉纤维经过或终结的部位。这些传入的感觉纤维又可称为初级传入纤维，它们的细胞体都位于背根的脊神经节内。初级传入纤维由背根（后根）进入脊髓后，可与同节段的神经元发生突触联系，构成脊髓反射弧，产生相应的反射活动。但是其中大量的纤维发出侧支进入脊髓的背柱上行，或终结在脊髓背角，更换神经元交叉至脊髓对侧，组成不同的传导束上行。当然，来自皮肤的感觉纤维也能直接终止在前角运动神经元，而来自内脏的感觉纤维能够直接终止在灰质侧角的节前交感神经元上，分别形成脊髓反射弧和交感反射弧，行使初级反射活动的功能。

3. 脊髓每一节段的背角神经元数量众多

这里的每个神经元都可能与来自多方面的向中纤维形成突触，同时也能发出许多轴突分支和其他神经元发生联系。这样，外周感觉信息即可以在这个神经元上聚合，又可经过这个神经元辐散。当然，终结在背角神经元上的即有兴奋性突触，也有抑制性突触，两种突触在这里调解各种向中的感觉信息。

4. 躯体感觉冲动在脊髓内主要经由两条位于白质内的传导束上传，即背柱和前外侧索

脊髓的脊柱含有背根粗髓鞘纤维（Ⅰ、Ⅱ类）的直接分支。这些纤维都由躯干、四肢的皮肤、肌肉、关节和内脏处的低阈值机械感受器发出。除了从肌肉发出的纤维，所有上升纤维到达延髓处，都终结在背柱核（薄束核和楔束核）内更换神经元，然后形成传导束，交叉到延髓对侧并继续上行到丘脑终结。内侧丘系是躯体感觉系统的主要传导束。由于这个传导束中来自深部感受器的纤维分支占多数，主要传导深部感觉，所以，又称深部感觉传导束。

组成前外侧索的轴突主要来自一对背地里角神经元，这一束的上行终结点是脑干的网状结构和丘脑。如果背柱传导的信息是以来自深部的低阈值的机械感受器为主，那么，前外侧索传导的信息是来自身体浅部的机械感受器（包括压力和触觉感受器）上的温度感受器和一部分深部本体感受器，所以又称浅部感觉传导束。

5. 头面部感觉的传导途径具有特殊性

头面部以及部分内脏感觉主要由脑神经传入脑干及间脑（但嗅觉信息进入前脑）。在十二对脑神经中，一类只是由感觉纤维组成，传导特殊感觉器官或感受器的向中冲动；另

一类是由支配头面部肌肉的运动纤维组成，控制相应肌肉的运动；第三类是既有感觉纤维，又有运动纤维组成的混合神经，执行两种性质不同的功能。犬的头面部感觉较身体的其他部位有更高的敏感性。因此，犬在训练中，不宜在头面部给予过多的刺激，防止产生被动行为。

（四）躯体感觉和内脏感觉

躯体感觉最重要的是皮肤感觉。犬皮肤内主要以机械感受器为主，感受器的向中纤维一般都具有髓鞘，直径为 $5\sim12\mu m$，传导速度为 $30\sim70m/s$，属于 II 类纤维。所以当刺激作用在感受器后的几毫秒时间内，兴奋的信息即可进入中枢，转入分析和反应过程。犬皮肤感受器适应的速度与感受器的敏感程度有关，越是敏感的感受器适应得越快。但犬并不能对与生命攸关的刺激产生适应，如痛觉。

1. 压觉感受

压觉刺激的是慢适应感受器，压力持续多久放电就延续多久，而且放电的频率与压力的强度有关。因刺激作用的时间不同、刺激的强度不同，放电的频率也会发生相应的变化。

2. 触觉

对有毛皮肤，毛囊内的感受器不是感应毛的位移程度多少，而是对毛的运动，或者是对毛运动的速度起反应。用细棒轻轻拨动手背的几根毛，使其向一面倾斜而不触及皮肤，此时就会发现只有当毛发生运动的时候才会引起触觉，如果停止拨动而仅仅使毛保持弯曲，触觉就会很快消失。

对无毛皮肤，感受器输入的信息与下压皮肤的速度有关。如以小棒压凹皮肤，当下压的速度不同时，放电的频率随下压的速度增大而增加，如果停止小棒下压运动，即使小棒仍压在皮肤上，这类感受器也没有放电反应。

3. 振动觉

感知振动是一类快适应感受器，它们能对皮肤振动的位移起反应。这类感受器的特点是，对于每一次刺激只产生一次放电，而与刺激强度的大小和刺激时间的长短无关。

4. 温度感觉

皮肤具有两种温度感觉，即温觉和冷觉。皮肤有特殊的感受冷和热的"冷点"和"温点"，这些点上只是对冷、热产生感觉。根据测定主观反射时的结果可以知道，冷觉比温觉传导快。利用选择性阻断神经纤维传导的方法可以证明，冷觉和温觉是分别独立存在的不同感觉。冷觉与温觉有以下几个特点。

（1）分布在全身，但各处密度不同，冷点比温点多。如前肢每平方厘米分布有冷点 $13\sim15$ 个，而温点只有 $1\sim2$ 个；前额每平方厘米皮肤分布有 $5\sim8$ 个冷点，而缺少温点，故对冷敏感而对热敏感很差。

（2）温度感受器感觉纤维传导速度低于 $20m/s$，有些纤维的传导速度低至 $0.4m/s$。

（3）在 $20\sim40℃$ 范围内，经过一定时间即产生适应。即温度高于 $40℃$ 或低于 $20℃$ 时才会产生恒定的热感觉或冷感觉。

（4）在恒定皮肤温度下，维持放电。其放电频率的高低与皮肤温度有关，当皮肤温度变化，放电的频率也随之变化。

（5）对于非温度刺激不敏感。每单根感觉纤维只与一个或少数温点或冷点相连。温度刺激所产生的感觉强度取决于接受刺激部位的面积，温度作用于躯体的面积愈大，被兴奋的感觉点愈多，产生的感觉也愈强，即温度感觉具有空间综合的特性。

5. 痛觉

痛觉分为躯体痛及内脏痛。躯体痛在犬类常表现为明显的外在行为，如吠叫、躯体和四肢移动等。但犬内脏产生痛觉时，由于没有适当的表达方式，人不容易及时了解。但犬在内脏疼痛时也有一定的行为表现，如行为迟缓、反应迟钝、食欲不振等。

（五）中枢的作用

犬的感受器所接受到刺激的本质是多种多样的，有化学的、辐射的和机械的等。而所有的刺激（内外界信息）由感受器传到中枢神经系统后，大脑皮层对进入的刺激进行高度分析和综合。这样就能保持犬机体与生存的环境之间的统一，并能协调有机体本身各部活动的统一。而皮层下部脑的各级中枢的主要机能，只是保持犬机体本身各部活动的统一，即主导着先天性的本能活动。而皮层下部各中枢是在不同等级上协调犬的身体和内脏的活动，其中较高级的部分也具有协助大脑皮层，保持有机体与外界环境统一的联系机能，其活动是低级神经活动。犬的神经系统结构及其机能的复杂化，决定了犬能以较为完善的方式适应面临的非常多样而又经常变化的生存环境，这就使工作犬训练成为可能。

二、犬的神经系统活动过程

1. 兴奋和抑制的活动特征

兴奋和抑制是一切神经活动的两种基本过程。反射活动的实现，也是中枢神经系统内兴奋过程与抑制过程相互作用的结果，表现为某些反射的出现和另一些反射的抑制。所以，反射活动的特征，是由中枢神经系统内部的兴奋过程与抑制过程的矛盾特殊性所决定的。

（1）中枢兴奋过程的特征　在每一个反射活动中，中枢神经系统内的兴奋过程都必须以神经冲动的形式从一个神经元通过突触传递给另一个神经元。因此，兴奋过程通过突触时的传递特征就成为反射活动的特征。

①单向传递　在中枢内兴奋传递只能由传入神经元向传出神经元的方向进行，而不能逆向传递。这种单向传递是由突触传递的特性所决定的。

②中枢延搁　从刺激感受器起至效应器开始出现反射活动为止所需的全部时间，称为反射时。反射时减去感受器发生兴奋及神经冲动在传入神经及传出神经上传导所需的时间，并减去效应器潜伏期所需时间，所余时间就是中枢延搁的时间。兴奋通过中枢部分较慢，这是因为兴奋越过突触要耗费较长的时间。兴奋通过一个突触需 $0.5 \sim 0.9 \mathrm{ms}$。因此，在一个反射弧中，通过中枢的突触数愈多，中枢延搁所需的时间愈长。

③总和　由单根传入纤维传入的一个冲动，一般不能引起反射性反应，但却能引起中枢产生阈下兴奋。如果由同一传入纤维先后连续传入多个冲动，或许多束传入纤维同时传入冲动至同一神经中枢，则阈下兴奋可以总和起来，达到一定水平就能发放冲动，引起反射活动，这一过程称为兴奋的总和。

④后放　中枢兴奋由刺激引起，但当刺激的作用停止后，中枢兴奋并不立即消失，反而会延续一段时间，这就是中枢兴奋的后放（后作用）。

（2）中枢抑制过程的特征　中枢抑制过程的特征多与中枢兴奋过程类似。如中枢抑制过程的发生也需要外来刺激的作用，产生抑制过程的刺激增强时，抑制也会加强；抑制也能总和，当多个抑制的刺激同时作用时，抑制就加强；抑制也有后放作用，在产生抑制的刺激停止后，抑制也能维持一定时间。中枢抑制过程的发生比兴奋过程更为复杂。

2. 兴奋过程和抑制过程互相交替

整个中枢神经系统活动的基本过程是相同的，即兴奋过程和抑制过程的互作交替。这两种神经过程是动物内部存在的过程，也是神经细胞所固有的特性。当有机体的整体或部分由不活动变为活动或是从较少、较弱的活动变成较多、较强的活动时，就表明相应的神经产生了兴奋增强的过程；而当有机体的整体或局部从活动的状态变为不活动的状态，或是从活动多、活动强变为活动少、活动弱时，则表示神经出现了抑制过程。在化学变化上，兴奋过程和分解代谢有关；抑制过程可能和合成代谢有关。如动物在睡眠状态下（即抑制占主导时）大脑的合成代谢占优势。

犬的活动增强或减弱的过程，在犬的日常饲养中表现是较明显的。犬在清晨活动表现精力充沛，这就是一种兴奋活动的过程。此时，犬形成条件反射的速度快，训练会有较好的效果。

3. 兴奋过程和抑制过程的关系

中枢的兴奋过程和抑制过程是同一神经活动的两个侧面，是对立统一的关系。即兴奋与抑制既相互排斥又相互依存。通过互相作用而共处于一个系统中。这一关系与神经细胞的基本特性（既能发生兴奋，又能发生抑制）完全一致。在中枢神经内，不同的刺激在同一时刻总有一些细胞发生兴奋，有一些细胞发生抑制，抑制与兴奋也可以交替发生相互转化。兴奋与抑制不仅在同一细胞本身可以相互转化，而且能在同一中枢内和不同中枢（包括皮层上下各级中枢）之间发生。即当某一中枢兴奋（抑制）提高时，常同时引起另一相关中枢发生（兴奋）抑制。

三、犬神经系统的活动规律

在犬的大脑皮层中所产生的兴奋和抑制过程，并不是静止的、孤立的，而是互相影响、互相转换的。正是由于它们在时间和空间上有规律的运动和互相作用的结果，才使犬的行为能适应错综复杂而又多变的外界环境。这种运动和互作有两个基本规律，就是扩散集中和相互诱导。

1. 扩散集中规律

扩散集中规律的表现就是在大脑皮层的任何一个部位，由于刺激作用所引起的兴奋或抑制过程，都不会停留在原发点上，而是由近及远地向周围扩散，其扩散的范围越大，影响也就越广。它所发生的影响作用，既可以加强相同的神经过程；又可以同化比它弱的相反的神经过程。扩散开来的这一神经过程，当达到一定的距离之后，因本身力量减弱，或是遇到比较强而相反的神经过程时，就会保持暂时的平衡或立即开始向原发点集中。扩散和集中的发生及其扩散的范围，是取决于这一神经过程本身的强度和它周围的情况。往往由于某些刺激所引起的神经过程较强，就能同时在它的周围诱导出很强的相反过程，从而限制它不再向外扩散。但神经过程扩散的速度要比集中的速度快。

（1）兴奋过程的扩散和集中 条件反射形成的本身，就是大脑皮层兴奋过程的扩散和集中。由于条件刺激结合非条件刺激的作用，使皮层产生的两个兴奋点同时向周围扩散，于是两者就接通了起来。在接通的初期，由于兴奋过程扩散的范围比较大，所以，其他任何刺激只要落到这一范围内，都可以发生与条件刺激一样的效果，产生泛化现象。但是，随着条件反射的日益巩固和分化抑制的发展。扩散开来的大面积的兴奋过程就逐渐集中，兴奋就被局限在严格限定的范围之内。这时，除了相应的条件反射外，其他刺激就被分化开来，不再出现泛化现象。

（2）抑制过程的扩散和集中 在犬的管理和训练中，经常遇到抑制过程的扩散和集中现象。如把犬拴在一个清静的地方，由于外界刺激影响较少，犬就很快的闭上眼睛打起盹来。这是因为环境条件的单调引起了大脑皮层的抑制，这一过程开始扩散而逐渐引起了犬的睡眠，这时如果训练员马上叫犬的名字，犬就立刻醒来，抑制过程就立刻集中并转为兴奋。正确认识神经过程的扩散与集中规律，对于训练犬非常重要。不仅使我们在训练中能够正确理解所出现的各种现象，而且可以根据这一原理，采取适当的训练方法更好地建立条件反射，加快犬能力的形成。

2. 相互诱导规律

神经过程的另一种运动规律是相互诱导。相互诱导是指在大脑皮层内，由于一种神经过程的发生，引出与它相反且较强的神经过程的现象。诱导的产生与神经过程的集中关系密切，某一神经过程的集中就引起诱导现象的出现，被诱导出来的神经过程就迫使原来扩散的神经过程向回集中，并把它限制在适当的范围内。大脑皮层的兴奋和抑制过程借助于诱导的作用，一方面能够互相加强，另一方面也能彼此制约。因而，使大脑皮层组成了有明确界线的和极复杂的结构，既有许多集中的兴奋点，又有许多集中的抑制点。所以，犬能够对某些刺激精确地产生兴奋性反应，而对另外一些刺激，则产生抑制性反应。

在大脑皮层中，诱导既可以出现在某一神经过程原发点的周围（同时性诱导），又可以出现在这一神经过程原发点的本身（继时性诱导），诱导现象是两种对立过程中的不稳定现象、是短暂的，当两者的关系稳定后，诱导现象就会消失。

大脑皮层的诱导规律表现为两种形式，即正诱导和负诱导。

（1）正诱导 在抑制过程发生的同时或消失之后，在原发点的周围或原发点上出现较强的兴奋过程，称为正诱导。比如，犬在早晨兴奋性很高就是一种继时性的正诱导。由于犬的大脑皮层神经细胞经过一夜睡眠的抑制之后，重新恢复了兴奋过程。这时的兴奋过程，比发生抑制之前的兴奋程度还要高，因此，犬在早晨训练时，会表现得很兴奋，训练的效果也好。当犬训练过度而产生了超限抑制，犬就不兴奋了，就必须停止训练。但是，经过1~2d休息之后再进行训练反而比以前更好了，这也是一种继时性的正诱导。对于某些兴奋性不很高的犬，可以根据抑制后可以增强兴奋性的诱导规律加以训练。

（2）负诱导 在兴奋过程发生的同时或消失之后，在原发点的周围或原发点上出现较强的抑制过程，就是负诱导。在训练犬追踪的过程中，可以看到负诱导现象。

在大脑皮层兴奋和抑制过程这一运动规律的基础上，形成的既复杂又精细的分析与综合活动，是犬产生各种行为、适应各种生存环境的生理基础。也就是说，犬大脑的高级神经活动，是由扩散、集中、正诱导、负诱导规律的兴奋和抑制活动构成的。

四、犬的神经类型

在训练犬的过程中，发生条件反射的活动情况在不同犬的身上是有很大区别的。即在相同的条件下，会引起不同的效果。如一些犬可以很快地把阳性反射转变成为阴性反射，或是把阴性反射转变成为阳性反射，而在另一些犬的身上就表现的非常困难。就是在日常活动中，犬的表现也是有差别的：有的活泼、有的安静，有的胆大、有的胆小。造成这些个体表现不同的原因虽然是多方面的，但主要与犬的高级神经活动有关。

1. 犬的神经类型及其特征

犬的神经类型是依据类型的强度、均衡性及灵活性这3个特点来区分的。神经过程的强度，是指大脑在产生兴奋和抑制时，活动能力的范围和大小。有些犬可能已有较强的兴奋过程，而抑制过程表现微弱，有些犬则相反。兴奋与抑制过程的均衡性，是指两者的强度对比是否平衡，或是哪一方面占优势。兴奋与抑制过程的灵活性，是指两者相互转换是否容易和迅速。

根据犬神经过程的强度、均衡性和灵活性，把犬分为4种神经型。

(1) 强而不均衡型（兴奋型） 这种犬的特点是兴奋过程相对的比抑制过程强，因而两者不均衡。其行动特征是攻击性很强，总是不断地处于活动状态，通常表现为精力充沛、活动力强。在训练中容易形成兴奋性的条件反射。这类犬在训练时要求主人有较好的控制犬的能力和较高的训练技巧和坚强的毅力。

(2) 强而均衡活泼型（活泼型） 这种犬的特点是兴奋和抑制过程都很强，而且均衡，同时灵活性也很好。其行动特征是很活泼，对一切刺激反应很快，动作迅速敏捷。在条件反射活动方面，不论是兴奋性或是抑制性的条件反射都容易形成。这类犬反应快、身体活动灵活自如，无论作为宠物犬还是工作犬，活泼型的犬都是非常受人欢迎的。正因如此，这类犬形成错误的条件反射也快，所以，在训练活泼型犬时，必须提前设计好训练方案，以保证训练质量。

(3) 强而均衡安静型（安静型） 这种犬的特点是兴奋和抑制过程都很强，而且均衡。虽然有较强的忍受性，但灵活性不好。其行动特征与活泼型的犬完全相反，表现极为安静。在条件反射活动方面，不论是兴奋性或抑制性的条件反射的形成都比较慢，但形成后却很巩固。安静型犬是很好的家庭宠物犬或陪伴犬。如果用作工作犬，主人则应该有足够的耐心来训练。与兴奋或活泼型犬相比，训练速度慢些。但如果从事气味鉴别等训练，其能力一旦形成，会非常稳定。

(4) 弱型 这种犬的特点是兴奋和抑制过程都很弱。大脑皮层细胞工作能力的限度很低，很容易产生超限抑制。行动经常表现为"胆怯"和"颓废"。

除了上述4种单一的神经型外，还有很多混合型的犬。犬的神经类型是犬的行为方式在不同个体上的具体表现。不同神经类型的犬，在兴奋性、性格、学习能力等方面也有所不同，主要原因是神经活动的个体差异。

2. 神经型与被动防御

如前所述，弱型犬的行动往往表现有被动防御反应，但是，有被动防御反应的犬不一定就是弱型的。因为犬的被动防御反应与其神经过程的机能特性有着密切而复杂的关系。真正弱型犬，由于神经过程的弱性，对于外界环境的微小刺激都表现的难以忍受，它的一切行动都受到极大的抑制。但是，犬的被动防御反应不完全是由于神经过程的弱性所决定的。比如，有的犬虽然对某些刺激也表现明显的被动防御反应，但从它们所完成的训练和养成的能力来看，却完全不是弱型犬所能做到的。这种情况多是由于训练的影响或该犬所处的环境条件造成的。生活在狭隘、局限、没有自由的条件下，或曾经受过某种意外刺激的强型犬有时也能表现出来。

有较强被动防御反射的犬，多半训练潜质不高。但是判断一条陌生的犬是否为弱型，需要较长的时间。因为有的犬的神经类型表现得较为复杂，可能在陌生人面前表现极度被动，熟悉后才会表现出真正的行为特征。所以，在选择训练犬的过程中，不能因为初步的印象不佳而错过具有良好训练潜质的犬。

3. 神经型的形成条件

犬的神经型的形成，是先天遗传和后天个体生存环境的共同影响决定的。我们要特别重视先天特性的优劣，以便选择良种犬进行繁殖，为训练提供优质犬。同时，也要强调外界环境对于神经型的改变的作用。如果能提供良好的环境，辅以较好的体力锻炼，犬会因为活动力的增强而发展为更为活跃的神经类型；如果给犬更多的关爱，让犬有更多安全感和健康心理发育的条件，也能在一定程度上塑造出较好的神经类型。因为神经型并不是一成不变的，不论是神经过程的强度、均衡性、灵活性，都可以经过一定的训练趋于完善，尤其是未成年犬，由于神经型还没有完全稳固下来，对它们施以正确的管理和科学的训练更具有极其重要的意义。

正确理解和运用犬的高级神经活动类型的理论，可以使我们能够挑选到适合要求的犬来进行饲养和训练，同时，也可以根据犬不同神经类型的特点，采用相应的刺激方法，从而收到良好的驯犬效果。

（许云贺）

第二节　驯犬的基本原理、原则和方法

一、驯犬的基本原理

驯犬是依据条件反射学说，根据犬的品种优劣，运用不同的外界条件刺激，使犬的大脑神经形成各种牢固的条件反射，教它们掌握各种本领的过程。

犬的大脑能形成很强的条件反射，这是训练的根本依据。但是，在训练中必须根据犬的反射强度和类别，有针对性地进行训练。

犬的条件反射与人思想活动不同。犬听到"过来"的口令马上跑到主人的身边，"过来"作为声音条件对犬的大脑神经产生了刺激，犬会立即做出跑到主人身边的"反射"，但这不是犬的思想行为，犬听不懂"过来"是什么含义。对犬来说，只是对声音刺激做出的相应的条件反射（固定的行为回答）。

1. 反射活动

根据反射活动形成的过程，可将犬的反射活动分为非条件反射和条件反射两种。

（1）非条件反射　犬不需要学习、生来就会的，是在进化过程中建立和巩固起来的并能遗传给后代的反射。如咀嚼、吞咽、防卫、进攻、躲避等。

（2）条件反射　后天获得的，是犬为适应不断变化的条件通过学习形成的反应。条件反射不是定期和经常的、而是依刺激条件的存在而发生，一旦条件不存在，反射强度也会下降。例如一只训练有素的警犬，如果不能保持训练强度，甚至不再训练，那么在执行任务时会变得笨拙；一只掌握了各项表演技能的宠物犬，如果主人长时间疏于管教和训练，犬的表演能力及记忆力会很快下降，再次训练或表演时的难度就会加大。

2. 建立和强化条件反射

训练犬学会各种本领的过程就是形成条件反射的过程。如让犬坐下，必须一面摆姿势一面发出"坐下"的命令，反复训练一段时间后，犬自然会把"坐下"的语言信息和相应的姿势联系起来，形成反射。在训练犬建立和强化条件反射过程中，应注意以下几点。

（1）必须将条件刺激与非条件刺激结合使用　条件反射是条件刺激与非条件刺激结合的结果，没有非条件反射，条件反射是不能形成的。如"衔东西"是犬的一种本能，属于犬的非条件反射，是建立条件反射的基础，在训练中，只要配合适当的衔取物（如塑料、书本、碟盘）和口令"衔"，就可训练出符合训练科目要求的"衔东西"动作来。

（2）条件反射在先，非条件反射在后　条件反射的建立依赖非条件反射和条件反射的结合，但在具体运用时，应该先使用条件反射，后使用非条件反射。比如，训练作揖时，要先说"作揖"，然后再用手合起来做作揖的手势，这样犬再听到"作揖"的命令就知道该怎么做。

（3）掌握刺激强度　就是既不能用同一强度刺激不同的犬，也不能用不同的刺激强度来刺激同一条犬。有些反应灵敏的犬训练起来很快，刺激强度可以弱，有些反应较慢的犬则需加大刺激强度。再如用忽高忽低的语调或者用忽快忽慢的语速来训练同一条犬，会让它不知所措。

（4）掌握适宜的刺激时机　只有在犬身体状况良好、环境条件适宜时进行条件反射训练才能建立良好的条件反射。如果犬生病或疲劳，犬的注意力根本不集中，训练不但没有效果，甚至会发生犬攻击人的后果。再如犬刚吃过食物，对食物的诱惑力不强，这时再用食物刺激训练的效果就不好。应选择犬饥饿时进行。训练时应同时加强爱抚、拥抱、赞许等动作刺激进行配合，效果会更好。

二、驯犬的基本原则

驯犬的基本原则有两项，即诱导鼓励和强迫禁止。诱导鼓励包括美食、抚摸、赞许声音和"散游"等，强迫禁止主要使用动作和声音刺激。

1. 诱导鼓励原则

（1）食物诱导是犬服从的重要手段　驯犬时用美味食物作诱饵，是诱导鼓励犬执行主人的命令、完成训练科目、学会必备本领常用的有效手段。诱导犬去完成任务时给予美食，是用鼓励相引诱；受训犬完成了训练科目后给予美食，是奖励和巩固。这样既可以巩固犬已形成的条件反射，又能巩固犬已经学会的本领。

但食物诱导只有在犬饥饿时效果才最好。有的犬喜欢肉食，训练前应该将肉预先切成小块，每次少给一点；有的犬爱吃糖果，这种奖励食品携带和使用更方便。给犬肉食或糖果等食物奖励时，要先让犬看看、嗅嗅，这样能增强犬执行命令的积极性。给犬食物奖励时还要结合手势鼓励、命令鼓励和口令鼓励，使犬已经形成的条件反射得到巩固。

食物奖励的优点：①犬在肉饵的诱导下，会积极地学会训练科目；②利于发展主人与犬之间的亲密关系。

食物奖励的不足：①只有在犬饥饿时，奖励的效果才最好；②单纯使用这种方法，不能教会犬全部的训练科目，必须结合口令和手势命令。

（2）"散游"是受训犬在紧张的训练后放松大脑神经最好的奖励方法，也是巩固所学科目最好的手段　犬在接受训练时，它的大脑中枢神经往往处于高度的紧张状态，训练时间稍久，中枢神经就会由兴奋转入疲劳。此时如果继续强迫训练，中枢神经就会由疲劳进入抑制，势必产生拒训行为。而一旦出现拒训行为，往往需要较长时间的休息才能恢复训练。因此，一旦受训犬的大脑神经由紧张兴奋转入疲劳，应马上停止训练，带犬"散游"，使犬放松紧张的大脑神经和消除神经疲劳。"散游"不但使犬的大脑神经放松，也是对已学会的科目进行巩固的最好手段，受训犬很乐于接受"散游"奖励。对受训犬进行"散游"奖励，最好是在某一科目训练结束时进行。

2. 强迫禁止原则

驯犬的另一项重要原则是强迫禁止原则。是指禁止犬做不该做的动作，阻止犬的不良行为，强迫犬接受主人的训练，去完成它必须完成的动作，学会必须学会的科目和本领。强迫禁止原则必须因犬而异，根据犬的不同素质采取不同的强迫手段，才能收到预期的效果。实施强迫禁止原则，常采取以下的手段。

（1）强迫性的声音刺激　训练人向受训犬发布"不"的口令，是对犬常用的声音听觉刺激法。在发布阻止性的强迫口令"不"的时候，声音要严厉，面部表情要严肃，使犬从主人的音调和表情方面理解主人的禁令。

（2）强迫性的机械刺激　对受训犬采取强迫性的机械刺激，也是驯犬常用的禁止手段。如用力拉动犬绳，是向受训犬发布禁止超越主人、阻止犬攻击人或其他动物的命令。主人用手压迫犬的腰，是向犬发布"蹲下"的强迫命令；用手握拢犬的嘴巴，是制止犬空吠的命令。采取机械刺激性禁令一定要与声音刺激（强迫性的口令）同时进行，这样才会收到预期的禁止效果。另外，对不敢下水的幼犬，在温暖的季节主人可以将犬抱入水中，强迫它学会游泳，这也是常用的强制性训练方法。强迫性的机械刺激也可以用于教犬学会某种本领。

（3）惩罚　抽打是犬禁止训练中有效的惩罚手段，但只是万不得已时采取的禁止措施。如对拒绝训练屡教不改的、随意咬人的、盗食家中食品的、在主人卧室随地排便的及乱啃家具或乱撕其他物品的犬，可以采用这种惩罚手段。抽打时宜用柔软结实的枝条，但不可使用粗硬的木棍和犬的牵索。若用木棒打犬，可以造成断腿致残，或断腰致瘫的后果。也不能用犬绳打犬，若用犬绳打犬，以后犬会形成见绳就逃的恶性条件反射。实施惩罚时，要根据犬的过错大小决定惩罚的轻重，根据错误的性质决定抽打的部位。对随意攻击行人的犬、夜吠不休训练无效的犬，可以握住嘴巴击打它的嘴，并发布"不"的禁令；对在主人卧室及非指定便溺地随意便溺的犬，把它牵到它的便溺物跟前，叫它嗅，强迫犬吃便溺物，犬不嗅不吃而挣扎时，要边抽打它边发布"不"的口令等。

3. 禁止与鼓励并用原则

受训犬执行了主人强迫性的禁令，服从了主人的声音强迫刺激和机械刺激，纠正了不良行为以后，训犬人要立即给予奖励（声音鼓励、抚摸鼓励、食物奖励等），使受训犬产生的条件反射加深和巩固。当受训犬执行了主人的强迫性命令，完成一项训练科目，学会一项本领时，主人也要给予必要的奖励，巩固形成的条件反射。

三、驯犬的主要手段和方法

驯犬必须采取正确的训练手段、训练方法，才能保证犬在短时间内迅速养成良好、稳定的生活习惯并掌握各种技能。

（一）犬获得技能和本领的主要途径

犬获得技能和本领的主要途径有 4 条。

1. 遗传

先天本能是训练的基础。在此基础上，通过人们进一步的训练开发，使这些初级本能得到明显的提高和发展。

2. 模仿

犬的模仿行为也是犬的本能，是犬获得某些本领的内动力。因为犬有超常的悟性和灵性，对周围事物有强烈的好奇心，善于观察和模仿同类的行为，并积极重复这些动作。但模仿只能使犬获得某些粗放性的本领。

3. 一般性训练

一般性训练可以使犬获得一般性的本领。就一般的养犬者而言，虽然没有专业的驯犬知识和专门的驯犬设备，但由于犬有某些先天本能和超常的悟性，也能通过一般性训练掌握许多基本技能和本领。如犬的站、坐、卧、爬、跳越障碍和攻击咬斗等。

4. 专门训练

专门训练可以使犬获得高级复杂的专业工作本领。要训练具有专业本领的工作犬，必须由具有驯犬知识的训犬人员进行专业训练。犬学会高超复杂的专业工作本领的过程，是在被动状态下完成的。在专业训练中诱导鼓励和强迫禁止原则是训犬人经常使用的驯犬手段，而且，诱导鼓励和强迫禁止的训练原则必须贯彻在驯犬的全过程。专业训练一般要经过相当长的时间，不能立竿见影。

从以上 4 条犬获得技能和本领的途径可以看出，驯犬需要在"诱导鼓励和强迫禁止原则"相结合的情况下进行，尤其是训练犬学会各种专业工作本领的过程。由于受训犬是在完全被动的状态下接受主人的训练，所以，训犬人必须充分了解犬获得本领和技能的各种途径，根据犬的不同品种、不同的训练目的、使用不同的训练手段，逐步完成训练任务。

（二）驯犬的主要手段

1. 奖励

奖励是犬最喜欢接受的一种训练方式。是为了强化犬的正确动作，巩固犬已养成的行为，调整犬的神经状态的一种有效手段。在训练的初期，为了使犬迅速形成条件反射及巩固所学的动作，应采用食物、抚摸为主，结合口头表扬的奖励方式。随着训练难度的加大，可以逐渐采取"好"等口头表扬、一起玩耍或抚摸其耳背、头顶、颈背或颈下方等精神奖励方式。精神奖励与物质奖励的效果不相上下，并且可以相得益彰。

奖励手段的运用要注意以下几个问题。①在动作未完整完成之前不宜奖励；②在对某一动作极端熟练并具有一定的综合运用能力以后才能给予奖励；③奖励必须及时，并应根据不同情况，采用不同的奖励方法；④奖励时主人的态度必须和蔼可亲。

2. 惩罚

惩罚的办法有许多种，最简单的办法是轻打犬的臀部；其次是抓住犬颈背上的皮，把犬提离地面摇动犬的身体，同时厉声责骂；严厉的惩罚也可以指着犬斥责，用石块、书本等物品向犬的身边猛掷或用鞭棍责打。惩罚的目的是给犬以威胁的姿态，并通过对犬神经的紧张刺激使犬记住当次的错误教训，力争下不为例。使用惩罚手段时，训犬人必须态度严肃，语调高亢而尖锐。当然惩罚的手段也包括严厉的命令和其他机械性的刺激。

3. 诱导

利用对犬来说是美味可口的食品或犬感兴趣的物品等吸引犬的注意力，可以调动其积极性，诱使犬做出某种动作。通过与口令、手势结合使用，在犬自发性动作的基础上，建立和强化条件反射或增强训练效果的手段也是诱导。

比如，若要犬学会并正确把握"来"的口令，训犬人可以拿食物在前面逗引，此时犬肯定会听话地"来"到身旁，但此时不能把肉奖赏给犬，否则犬会将"来"误解为"吃"的意思。这样反复多次，犬才会明白"来"是一个由远及近地走到主人身边的过程。最后还要反复进行多次无肉训练，直到受训犬能准确无误地理解"来"的口令。

进行诱导训练时应当注意两个方面的问题。①使用诱导要掌握好时机，应与一定强度的强迫手段相结合，这样既可保证训练的顺利进行，又可保持犬的兴奋性。②要防止因诱导而产生不良联系，应注意穿插不同的器具，使犬真正明白训练目的。

4. 强迫

强迫是用机械性刺激和威胁性口令相结合，迫使犬准确地做出相应动作的一种手段。主要用于初期训练，目的是加快犬条件反射的形成。在外界诱因的影响下，犬有时不能顺利地按照口令、手势进行学习或训练时，可以使用强迫手段。但是，强迫手段必须与奖励相结合，即每当犬被强迫做出正确动作后，都应给予充分的奖励。

所有的犬和所有的训练内容都会用到强迫，特别是在训练无进展时。比如，训练者右手上提犬的脖圈，左手按压犬的腰部，犬就势必做出坐下的动作。但是，运用强迫手段必须及时，力度不要过大、次数不要过频。让犬知道惩罚和奖励都是针对训练，只要服从要求就一定有奖励。而且，对于不同科目，强迫的力度也要有所区别。

（三）驯犬的主要方法

1. 机械刺激法

机械刺激法是利用器具，在犬不听指令时用来控制其行为的方法。最常用的是用犬绳或犬链。在训练犬随行时，犬若不按训犬人的意图行事，可以拉犬绳或犬链，迫使犬按训犬人的意愿行事。

2. 食物刺激法

食物刺激法是在犬受训成功或为吸引犬的注意力时，调动犬训练积极性的一种方法。是用食物做诱饵，诱导鼓励受训犬执行主人的命令，完成训练科目，达到学会本领的目的。这种方法在犬饥饿的时候运用效果最好。每次奖励美食时，一定要同时配合口令"好"的声音刺激和抚摸犬背等触觉神经刺激，这样可以牢固地巩固受训犬已经形成的条件反射，也可为日后用口令刺激和抚摸奖励代替食物奖励打下基础。滥用食物诱导，会使受训犬养成离开食物鼓励就不执行命令的不良习惯。所以，作为训犬的手段，经常是将食物刺激与口令声音刺激、机械刺激、手势命令等视觉刺激等结合使用，但训犬人必须意识到，必须用口令（声音刺激）和手势（视觉刺激）最终完全代替食物诱导刺激。

3. 机械刺激和奖励结合训练法

这种方法是在犬拒绝接受训练时用机械刺激法强迫其按指令行动，同时在动作成功或有起色时再给予奖励的训练方法。但是，使用机械刺激的强度过大或过于频繁，会使犬产生相反的反射，以后训练就会恐惧、躲避，甚至记不住动作的要领。奖励虽然是必须的，但也要适度。如果食物奖励过多不但会影响正常食欲，也不利于以后的训练。所以，应该结合抚摸和口头表扬达到奖励的目的。这种方法能使训犬人与犬之间建立起良好、牢固的关系。

4. 模仿训练法

模仿训练只适用于粗放型的训练。是让受训犬观看训练有素的犬如何接受训练（或工作），从中受到影响和启发并加以模仿的一种训练方法。这种方法特点是生动有效，有些优势甚至是其他方法无法代替的。

模仿训练多用于训练可塑性较强的青年犬，但对幼犬的基础训练也有一定的效果。模仿训练用于成年犬训练的效果往往不是很好，因为成年犬的可塑性已经消失，并且都有不同程度的排他性。若成年犬必须采取模仿训练法，被模仿者必须是占有支配地位的优秀领头犬，这样也可以学会一些必要的本领，只是需要较长的时间。青年猎犬进行模仿训练时，要利用它的勇猛和对野兽凶狠的特点，让它参加猎狼或猎野猪的犬群活动，受训犬狩猎的积极性会得到发挥，模仿训练的效果更好。

四、驯犬的程序

驯犬应从最简单处入手，由易而难，逐步提高。首先要使幼犬从开始训练时就能服从指挥，并有兴趣参加训练科目。一般情况下，初始的科目是姿势训练。犬的一个完整动作的训练不是一次就能完成的，也需要遵循循序渐进、由简入繁、逐渐复杂的训练过程，最终由多个单一条件反射组合成为一个行为的动力定型。如"衔取"动作，包括了"去、衔、来、坐、吐"等一系列条件反射，如果一个固定的动力定型形成以后，犬只要听到这一体系中的第一信号，就会完成动力定型所包括的一系列动作。

在犬完成动作训练（或称能力培养）过程中，一般应经过以下3个阶段。

1. 建立基本条件反射的阶段

主要任务是培养犬能根据口令做出相应的动作。此时的目的是建立初步的条件反射，因此，训练场所必须安静，防止外界刺激的诱惑和干扰。对犬的正确动作要及时奖励，不正确的动作要及时并且耐心地纠正。

2. 条件反射复杂化阶段

主要任务是培养犬把每一个独立的条件反射有机地结合起来。此时仍要选择较简单的环境条件，但在不影响训练的前提下，可以经常变换地点，同时适当加强机械刺激强度，提高犬的适应能力。对不准确的、错误的动作以及延误执行口令等现象要及时纠正。对正确的动作一定要给予奖励。

3. 环境复杂化阶段

要求犬在有外界刺激干扰或引诱的情况下，仍能顺利执行口令。但是，在进行鉴别训练时，为使犬的大脑活动保持高度集中，仍然应该选择安静的环境训练，以免影响鉴别的准确性。环境复杂化训练也应本着因犬而异、难易结合、先易后难的原则进行。

第三节 驯犬的时机、道具和命令

一、驯犬时机的选择

1. 犬开始接受训练最理想的时期是出生后45～70d

根据犬的发育特点看，出生后的1年里是犬身体生长最快的时期，也是犬的脑发育逐渐完善的阶段，可以说是犬学习和接受能力的黄金时期。所以，也是犬开始接受训练的最佳时期。

这个阶段的幼犬无恶习、力量小、可塑性强、喜欢模仿，训练起来易取得事半功倍的效果。大多数品种的犬出生后1岁就可以达到成年，若成年时才开始训练，不但要多花费体力，而且需要花费更多的时间和耐心。比如，要牵住一条重9kg左右的犬，阻止其向前跑或扑，或禁止其无缘无故地吠叫以及随处大小便等，做起来就比较吃力。这些在幼犬时期通过训练2～3个月就可以解决的问题，成年犬时期则可能需要几倍的时间。甚至有些不良行为一旦养成终生都难以纠正。

2. 犬开始的训练时间越早越好

基本生活训练从幼犬断奶前后就可以开始，如固定睡觉、排泄地点等；出生后70d就可以进行服从性训练，如坐下、站立等；出生后2～3个月的幼犬就可以开始基本动作训练；而5～6个月的幼犬是开始严格训练的最佳时间。因为，此时的幼犬正是开始独立生活和容易接受外界新鲜事物的阶段，在这个阶段进行强化训练，幼犬更容易掌握。如北京哈巴犬等小型宠物犬的训练就是如此。

3. 犬专业工作本领受训的最佳年龄应在 8 月龄到一岁半这段时间

这时是犬的大脑神经发育最快、最活跃的时期，可塑性最强。此时，形成的条件反射容易巩固，所学会的本领容易记牢。如军犬、警犬、猎犬（如德国黑背、日本狼青、中国昆明犬等工作犬）的训练就是如此。而一岁半以后，犬的大脑神经已经发育定型，形成的行为习惯很难改变。所以，犬的训练力争在一岁半甚至是一岁前完成全部科目。

4. 幼犬训练首先要做好三个方面的工作

①教幼犬熟悉并牢记自己的名字；②让幼犬习惯颈圈与犬绳，虽然颈圈与犬绳是对幼犬的限制工具，但必须让幼犬明白颈圈与犬绳同时也是其生活的一部分；③对幼犬训练，要有耐心和细心，多用奖励、少用惩罚，忌粗暴和打骂，否则不利于培育幼犬的温顺性格。

不同品种犬的成年体重和成熟时间有一定的差异。如体型大的犬，大脑神经发育定型晚些；体型小的犬，大脑神经发育定型早些。所以它们开始训练的时间、训练的最佳持续期也会有所不同。但从训练实践来看，无论多大年龄的犬都能接受训练，并都会有一定的效果。但与从幼犬时期就开始训练相比，要花更多的时间、体力和更大的耐心。所以，只有在犬的大脑神经高度发育而又未定型时，才是最佳的驯犬期。这样不但能教会它们高超的专业工作本领，还可通过严格的训练纠正它们缺点，从而获得一只优秀的犬。

5. 犬龄的确定

选择最佳的驯犬时机，必须准确的掌握犬龄。除自繁犬外，了解犬龄的渠道有两条。一是从犬原来的主人那里了解；二是可以根据犬的体貌和齿的发育及磨损状况判断。根据犬的体貌和犬齿方面判断犬龄的方法是：3 月龄的青年犬接近成年犬的体貌，很像它的双亲，并明显具有本品种犬的品貌特征；6 月龄青年犬的乳齿及一、二、三门齿也已长全。8 月龄的青年犬，已经全部换上恒齿；一岁龄时青年犬，除已经具备成年犬的雄姿外，恒齿白而发亮；一岁半的青年犬，发育已经成熟，下颌第一门齿的尖锋稍有磨损。

6. 犬每天训练的时间和次数要适度

在一天中，驯犬的最佳时间是喂犬前的清晨时刻，要抓住这一大好时机，对犬必须学会的科目进行训练。一旦受训犬对某一口令养成了相应的条件反射时，说明犬已经学会了这项本领。

在训练次数方面，切忌在同一天同一时刻，多次重复同一口令、动作 4 次以上或每次的训练时间超过 20min 以上。因为训练次数过频和超时间的（长时间、重复的）外部条件刺激，使犬的大脑神经对信号刺激过度地兴奋或紧张，导致大脑神经系统产生抑制，对接受外界的训练信号产生排斥，对训练信号的反应变得迟钝。这时不但行为反射不佳，甚至还会出现拒训行为。

犬是没有高级思维活动的动物，出现疲劳现象后若间隔一段时间再重复同一科目的训练，犬就不会产生拒训行为。所以，对当天已经训练了一段时间的科目不论犬是否学会都必须停止，没有学会的第二天再继续训练；第二天仍没有学会时，第三天继续进行，直到学会为止。因为，只有犬的大脑神经系统处于正常的工作兴奋时才对各种训练信号刺激处于最佳的接受状态，训练的效果也最好。

一旦受训犬出现拒训现象，训犬人必须立即停止训练，用带犬外出散步等方式进行调整和恢复。必要时应停止训练半个月左右，使犬疲劳的大脑神经得到彻底的休息。重新开始训练时，每天的训练量也不宜过大，每星期只能训练2～3次，每次10～15min。1个月以后，受训犬完全恢复正常后，方可恢复到以往的训练水平，这是解决犬拒训的有效方法。

二、驯犬用具

驯犬用具有很多种，可分为训练装具、衔取器材、扑咬器材、鉴别器材及障碍器材等，这里主要介绍一些宠物犬训练常用的简易器材（图5–1）。

图5–1　犬基础科目训练专用器材

1. 犬绳

也称牵引带，多用皮革或尼龙编织而成，长约15m，前端有特制的金属牵引钩，尾部缝合一环形皮套。犬绳是养犬、驯犬的最常用工具在管理和训练中主要用于犬的牵引和行动控制。正确使用犬绳是成功驯犬的关键。例如，犬超过主人向前走或朝其他方向走时，在那一瞬间牵动绳子发出传递制止的信号，然后马上使绳子松弛下来。这一系列的动作是在极短的时间内完成的，因此，绳子的正确牵法极其重要。

首先，绳套紧握在右手中，并使绳子从犬的项圈之处稍微下垂，保持适当的松弛，左手握绳在左腰间。主人要随时注意犬所处的位置是否正确，是否出现牵拉绳子的现象，否则将达不到训练的目的。在使用中最容易犯的错误就是经常是扯紧了绳子。这样，犬的脖颈部就会经常存有压力，要纠正犬的错误行为时，再牵拉犬绳对犬已经丧失了刺激的作用。

其次，在训练或外出散步时，犬要处在主人的一侧（经常为左侧），并同朝一个方向。决不能让犬无视主人的存在，任意地拉着绳子径直前奔。如发生这种情况，立即强行牵着犬朝相反方向走，途中可以拐弯，也可以在同一条路上来回走。

第三，当犬准备向前拉绳子的瞬间，应猛的一下向后拉动犬绳，勒住犬的脖子。这一瞬间的力度和时机把握是非常重要的，最好是突然用力给犬的脖子上施加压力，随后立刻放松绳子。

所以，运用犬绳训练时，必须是主人引导犬走，形成人牵犬走的态势。当犬的体重、力量较大时，可选用内侧带有钉子的项圈。比起普通的项圈，它的力度和疼痛感较为强烈。在室内一般要放开犬绳让犬自由自在，而外出散步时要注意让绳子保持松弛状态。

2. 链圈

链状金属制品，只要在一端猛地一拉，就能给犬的脖子施加一定压力。适用于活泼、好动的犬。

3. 铁圈

与链圈具有相同的训练效果。适用于性情温和的中小型犬。

4. 口套（绅士套）

这种套是套在犬的嘴上，控制着犬嘴的自由。如果犬存在无故吠叫、偷食等不良习惯，可以用它纠正。

5. 带钉项圈

项圈上带有尖锐的钉子，当犬用力拉动犬绳时，钉子就会插入脖子造成疼痛感。适用于矫正恶习。

6. 衔取器材

如木制、布制、皮制的球状物品，木棒、木哑铃及其他无刺、无毒的小型玩具等。

7. 障碍器材

如军犬训练用的跳高架、低板墙、栅栏、窜圈、平台等。

三、驯犬的手势和口令

宠物犬的服从训练最好由家中与犬最为亲密的人来完成。例如：经常给犬刷毛、喂食、洗浴的人。由一人专门负责对犬进行训练，以避免不同的人、不同的口令、不同的声调等对犬造成混乱。为了尽快让犬习惯主人的指令，训练的时候决不能随意改变口令和语气。

1. 口令及手势要简单明了、标准规范、始终如一

训练选择的口令和手势一定要简单实用、方便犬记忆，一旦固定后不能随意改变。家庭内各成员必须统一口令和手势的标准，不统一口令和手势会使犬不知所措。另外，啰唆的语言口令对驯犬同样不利，因为犬很难记住啰唆的语言口令，也就无法形成条件反射。

2. 训练犬做不同动作的手势和口令要有明显区别

而且做手势时不要拖泥带水，发布口令最好不要与日常用语相混淆。

3. 训练犬做新动作时，须口令与手势结合运用

训练犬做新动作时，发布口令的语气要温柔，使用普通的音调，同时要结合抚摸和固定的手势。当犬出现厌烦心理时，则需要以强硬的口气发布命令呵斥它，但手势动作命令不变。有时也可以用机械刺激，强迫犬执行。如果犬能正确地按照主人的命令行事，则需要用愉快的语气、抚摸等动作或其他方式夸奖它，向它表明主人的满意，以强化刚才发布的强硬命令。在确信犬已经明白了主人的指令，但又不付诸于行动，而是在揣测主人动机时，也需要用强硬的语气命令它，迫使它照办（但必须考虑这一要求犬是否能做到），直至犬完成口令要求的动作，学会要求学会的本领。如果主人不坚持要求完成口令动作，将会导致这一口令的条件反射的消失，这一点必须特别注意。

4. 第一个口令是为犬取一个固定的名字

首先，对犬而言犬名是终生不变的，否则会给犬造成混乱。其次，呼唤犬名仅限于发号指令和夸奖的时候，给犬形成一个好的印象，而且语气要温柔。第三，发布斥责犬的口令时，切忌带上犬的名字，否则，下次再呼它的名字时，犬将不理睬。

5. 同一种口令，不许连续重复地发布

如命令猎犬去执行攻击某个对象时，发布的攻击口令始终是"咬"！但决不许连续地发"咬、咬、咬……"；训练犬坐下的口令是"坐"，也不能反复重复这一语言口令。

6. 在驯犬或犬工作时，制止犬行为的口令一律用"不"

发布"不"的阻止性强迫口令时，主人要表情严肃，声音严厉，具有不可违抗的威力，这样才能使犬必须执行。发布"不"的同时，还要配合发布"不"的禁止性手势命令，给犬"不"的视觉信号刺激。必要时，还要用力拉动犬绳，下达禁止性的机械刺激命令。对个别难驯的猛犬，还可以戴上钉尖朝里的皮带脖圈，加强对禁止命令的机械刺激。以便有效地控制它的冲动，强制它服从主人的禁止口令。受训犬服从了主人发布的阻止性命令，每次都要给犬食物、抚摸等常规性奖励，以巩固禁止命令所形成的条件反射。经过几次反复的训练后，受训犬的大脑形成的执行禁止命令的条件反射必然得到巩固。

7. "哨音"等其他的音响也是驯犬时使用的声音命令

如在山野密林中呼唤远处的猎犬时，用哨音召唤效果更好。但采用其他音响发布命令的训练应从幼犬时开始，或在学习某项专业本领时开始使用。使用的音响必须始终如一，一种科目使用一种音响或一种节律。

第四节　训犬人的准备及犬良好性格的培养

一、训犬人的准备

训练犬的人员可以是一个人，也可以是两个或多个人。对于家养宠物犬来讲多以一个人为主，而对于工作犬的训练则需要两个或更多的人参与。

（一）训犬人（主训练人）

在训练中，训犬人是指对犬进行饲养管理、训导指挥和使用的专人。训犬人既是饲养者也是管理者，既是训练者也是指挥者，是犬训练的主导人。训犬人对犬采用的训练手段正确与否是训练成败的最关键因素。

1. 训犬人是犬训练中的主要刺激者

犬的一切活动都是刺激引起的神经系统的反射活动。训犬人采取各种刺激手段去影响犬的神经系统，使犬形成各种人们所需要的能力。同时犬生存的食物、活动的场所、居住的环境、犬的喜好和心理需求的满足都是由训犬人通过日常的饲养管理方式给予的。所以，训犬人是犬日常生活的控制者和主导者，是犬一切环境因素中最主要的刺激者。

2. 训犬人也是犬训练中复杂综合刺激的施予者

训犬人不但在日常生活和训练中给予犬各种环境刺激，同时，他（她）的体型外貌、行为举止、声音特点、个人气味、面目表情、身材高矮、胖瘦，服装颜色、式样等各种刺激是非常复杂的综合在一起的。犬通过这些综合刺激构成了犬对训犬人的整体认识。但这些刺激对犬也可以单独的形成单个的条件反射，如训犬人的声音、气味、行动都能使犬认识主人。

（二）助训人员

助训人员是在犬的训练中协助训犬人完成某些特殊任务的人员。在训练中与训犬人都直接参与犬的训练，只是扮演的角色不同。助训人员可以是家庭其他成员也可以是同事，对犬而言助训人员也是多种成分的刺激整体。他（她）可以协助训犬人对犬进行多方面的影响，加快犬各种条件反射的形成。助训人员在提高犬训练的兴奋性、抑制犬的不良行为、消除犬的心理障碍及弥补训练信息流失等方面可以起到重要的作用。

二、训犬人与犬的关系

人们训练犬有着不同原因。或是能给家庭带来好处（宠物），或是能满足人们的支配欲望，或是希望犬能为我们提供服务（各种工作犬），但目的都是使受训犬能够展示它的一切优点。

训犬人与犬之间正确的关系应该是相互信任、相互尊敬、彼此诚实。也就是人要使犬完全信任，犬对人完全依恋的关系。这是所有科目训练的前提和基础。没有这种信任、依恋的亲和关系，人就无法训练和指挥犬工作，而犬对人依恋程度不同，训练和使用的效果也会完全不同。

（一）建立亲和关系

犬对训犬人的依恋性，除了犬先天对人易于驯服外，主要是人通过饲养管理，逐渐消除犬对自己的防御反应和探求反应，使犬熟悉自己的气味、声音、行为特点并产生兴奋反应的过程中逐步建立起来的。犬对训犬人的依恋性，是人对犬进行喂食、散游、梳刷、抚摸、玩耍等手段综合运用的结果。当然，训练中后期一些科目（前来、游散、衔取、吠叫、障碍等）的运用，也能在一定程度上增强犬对训犬人的依恋性。

1. 喂食

食物是犬生存的第一要素，谁给犬食物，犬自然就服从于谁。所以，训犬人必须坚持自己给犬喂食，以满足犬的第一需要。使犬的依恋性不会受他人喂食的诱惑而减弱（正确的给食方法见图5-2）。

图5-2 正确的给食方法

2. 散游

长期生活在圈养条件下的犬，十分渴望获得自由活动的机会，这就是犬的自由反射。训犬人在接犬后，应当每天坚持一定次数的散游运动。一是使犬外出排便，保持室内的清洁卫生；二是使犬增加运动，使犬保持正常的生长发育，更重要的是使犬熟悉训犬人并对其产生很强的依恋性。

3. 梳刷

梳刷可以清洁犬体，促进皮肤血液循环，消除疲劳，防止寄生虫繁殖和预防皮肤病等。梳刷还可以消除犬对训犬人的防御或恐惧反应。

4. 抚拍

抚拍就是抚摸或轻微拍打犬的身体各部，尤其是犬的头部、腹部、肩部和胸部，使犬感觉非常舒服。抚拍犬时，除了让犬站着接受抚拍外，还可让犬坐着接受抚拍。训犬人还可用手去握住犬的前爪上下摇晃，这样就能收到完美的抚拍效果。

5. 玩耍

犬与犬之间喜欢玩耍，人也可以同犬玩耍。同犬戏耍的方式多种多样，既可以引犬来回跑动，也可以静止与犬逗弄，令犬处于相对兴奋的状态，进而对人产生强烈的依恋性。但是不能过多地让犬与犬之间进行玩耍。

6. 躲藏

躲藏也是培养犬对人依恋性的一种手段，同时也是检查犬对人依恋性强弱的一种方法。当训犬人躲藏起来以后，一开始犬可能表现出急躁、恐慌以及来回奔跑等行为。这时，应通过呼名来帮助犬。当犬找到训犬人时，训犬人应热情地给予奖励。通过多次训练，犬就会消除急躁和恐慌情绪，同时还能通过嗅觉迅速找到训犬人。躲藏时可以请别人帮忙牵住犬，训犬人单独或同其他1～3个人一起，在犬的面前迅速同时向多个方向躲藏起来并不断地呼犬的名字，借以考查犬对训犬人的依恋程度。

（二）训犬人同犬良好关系的表现

1. 当训犬人接近犬时，犬就跳跃、吠叫、摇头、摇尾表示亲热；当训练人离开犬时，犬表现为注视，表示渴望随行。

2. 当训犬人躲藏到某处时，随着第一声口令，犬就能走过来并积极地进行寻找。

3. 当训犬人提高嗓音时，犬并不显露出胆怯和畏缩的表情。

（三）训犬人可能发生的错误

1. 粗暴的、不耐烦的对待犬

如无故急剧抖动缰绳、用棍棒殴打、使用可以引起犬产生胆怯和挑衅性的斥责等。

2. 过分殷勤的对待犬或与犬做不适当的嬉戏

有碍于犬纪律性的养成。

3. 用胆怯、懦弱和优柔寡断的态度对待犬

容易引起犬的不信任和异常警觉。

4. 受到犬的攻击

这种情况多发生在训练陌生的成年犬。实际上犬发动攻击只有三种情况：①对一个迅速移动的目标；②对一个发出惊叫的目标；③对一个攻击它主人的目标。

如果能够做到下面几点，就完全可以避免犬的攻击：①在犬的面前，不要做剧烈、迅速的动作；②在犬的面前，不要惊叫；③您如果对犬有惧怕心理，那么，最好不要距离犬太近。最好不要进入犬的领地，因为犬有保护领地的本能，容易攻击进入其领地的陌生人。

三、宠物犬优良性格的培养

影响犬的优良性格形成的因素主要有以下 6 个方面。遗传因素；家庭环境因素（来往的人是否多，是否经常能看见别的动物在身边经过）；家庭成员（是热闹的大家庭，还是单身者）；犬的驯养方法；外在环境因素（是公寓，还是独门独院；是安静的环境，还是热闹的所在）；其他因素（是否还饲养了别的动物等）。

犬的性格会随着主人的性格、其家庭成员、环境、驯养方法的变化而不断地发生变化。

假设一只胆小的幼犬，家庭成员非常少、饲养的环境中来往的人很少，也没有电视、收音机等杂音。幼犬在这样一个安静的环境中长大，就会慢慢地习惯于这样一个安静无干扰的环境。随着它长大，会变得越来越胆小。只要遇上生人或其他动物，要么表现出急欲逃跑等躲避之态，要么狂吠不止。这样的犬很难同家庭成员以外的人亲近。

同样是胆小的幼犬，主人要改变他的胆小性格，就应有意识地带犬到人群中，或者让它经常和外人接触，或者经常把它带到喧闹的环境中游散。胆小的幼犬就会渐渐习惯，即可逐渐地改变犬胆小的性格。

如果一只性格活泼的幼犬，碰到了一个沉默寡言的主人，在一个安静的环境中长大，幼犬会因为无聊而不停地吠叫，或者由于烦躁而不停地碰触，主人就会由感到厌烦而经常训斥。久而久之幼犬的性格一定会变得越来越坏，决不会变得越来越好。

从上述三种情况可以看出，相同遗传基础的幼犬在不同环境长大，性格表现迥然不同。而上述情况除了第一因素以外，都属于训犬人的因素。所以，从某种意义上也可以说犬的性格是由主人决定的。因此，要使犬养成良好的性格，必须在对犬先天的性格充分了解的基础上，采取正确的训练方法。好的训犬人可以使犬好的遗传发扬光大，使不良的行为得以纠正，扬长避短；而正确的训练方法可以使好犬变优，弱犬变强。

（李凤刚）

【复习思考题】

1. 什么是犬神经系统的相互诱导规律？简述犬神经系统兴奋与抑制的活动特征及二者的关系。

2. 犬的神经类型分成几类？依据是什么？犬的神经类型的分类在犬的训练中有什么意义？

3. 犬训练中如何建立条件反射？建立条件反射时应注意哪些问题？

4. 简述驯犬的两大基本原则和四个主要训练方法。

5. 训犬人与犬的亲和关系表现在哪些方面？对于犬的训练有什么作用？怎样才能建立？

第六章　犬的训练

犬训练的科目有很多种，而且，随养犬目的的不同训练科目也有所不同。我们主要以宠物犬日常生活习惯训练、基础科目训练为重点，同时对宠物犬的表演技能训练及其他工作犬的训练作简要介绍。

第一节　宠物犬的选购

一、购犬前的准备

选购宠物犬之前首先要掌握宠物犬饲养管理的一些基础知识。如了解宠物犬的品种、体型外貌标准、生理特性、生活习惯、个性特征、繁殖性能及犬的保健常识等。在此基础上结合养犬的目的、家庭条件、周围的环境等因素，从品种、年龄、性别等几个方面进行正确的选择。

1. 品种

在现存的众多宠物犬品种中，每个品种都各有其优点和不足。因此，要根据个人的喜好、饲养目的、饲养条件和地理气候等因素综合考虑。如住楼房且面积较大，可选择小型犬饲养；如工作繁忙，最好选短毛犬，因给犬梳理被毛、定期洗澡需要花费大量时间；如以繁殖为目的，则应根据市场情况选择效益高的品种。如拳狮犬因好运动，不适合做老年妇女的伴侣动物；而爱斯基摩犬不适于在炎热气候条件下饲养等。选择纯种犬还是杂交犬，应根据条件而定。纯种犬是长期选择、培育的结果，具有标准的体型、美丽的外表、称心的气质和持久的经济价值。但选购纯种犬一定要附有标准的血统证明书和转让证明，即来源必须可靠。虽然优秀血统的犬更有希望成为理想的宠物犬，但作为伴侣动物，杂交犬与纯种犬相比毫不逊色。

2. 年龄

选购宠物犬最好是2～6月龄的幼犬。犬出生后要靠母乳养育，仔犬一般在45日龄断乳，但因刚刚断乳的幼犬较难喂养，所以，购买2个月内的哺乳仔犬不容易养活。购买2～6月龄的幼犬，能很快地适应新的环境，与新主人建立起牢固的友谊，宜于调教和训练；经过主人正确的调教和训练，能使犬养成良好的生活习惯。但缺点是犬龄小，生活能力差，抗病力弱，饲养管理需要花费较多的精力。而且有些品种在幼龄期不能完全显示出品种的特性，容易错认。成年犬生活能力强、易于饲养，并且已完全显示出品种的特性。但成年犬对原主人怀留恋之情，要赢得它的忠诚和感情需要花费更多的精力和时间；若成年犬已养成某些不良习惯，纠正起来就更加困难。有些犬很长时间不服从新主人的管教，甚至攻击新主人。

3. 性别

选购公犬还是母犬，也是购犬前必须考虑的。就感情和忠实性而言，决定因素是犬的品种而不是犬的性别。但在同一品种内，公犬一般都有较强的个性和体魄，性格刚毅、活泼好斗、勇敢威武、体力强壮；而母犬则比较温驯、敏感、聪明和易于调教。如果以繁殖为目的，饲养母犬可以获得较高的经济效益。然而，饲喂外观特别漂亮的纯种公犬，同样可以获得可观的收入，而且还避免了饲养种母犬发情、怀孕、产仔和哺乳等麻烦。

4. 其他因素

在选购前，既要充分考虑自身的居住条件和经济承受能力。还要考虑到犬的住舍、食物、清洁、保健、美容等一系列问题。同时还要保证家庭中的每个人员都将宠物犬作为家庭中的一员来看待，共同关心宠物犬成长。另外，对饲养宠物犬可能带来的疾病、死亡、环境卫生、邻里关系等负面影响也要有充分的思想准备。

购回犬后，要请兽医给犬进行预防注射和驱虫，去指定的管理部门领取养犬证，并为犬配备脖圈、犬绳、犬床等设施。有些犬刚到新的环境常会有不佳表现，如弄脏地毯，咬坏鞋子、家具等。但是，通过训练可以很快改正这些恶习，使犬逐步变成听从主人指挥、明白主人意图及富有情感并能给主人和家庭带来许多乐趣的伙伴。

二、选购犬的要点

购犬要到正规的犬场或犬交易市场选购。在犬场既可以看到幼犬的双亲状况，又可以从一窝里的多个幼犬中挑选优秀的个体，利于买到货真价实的犬。选购宠物犬时应注意以下几下点。

1. 体型外貌

对于纯种犬，首先体型外貌要符合品种标准的要求。每一品种都有各自的外貌特征，可以参考犬展会的计分标准、缺点扣分、丧失资格以及选购注意事项等资料进行选购。幼犬虽不能显示品种特征，但可结合对双亲的评价，选出最称心的犬。但不论纯种和杂交犬其外观都必须发育匀称、姿势端正、活泼敏捷。

2. 健康状况

健康状况是选犬首先应注意的问题。健康犬的特点是：眼睛有神、活泼好动、反应灵敏、愿意与人玩耍，鼻吻部潮湿阴凉、被毛整齐有光泽，口中和耳朵清洁无异味，肛门紧缩、周围清洁无异物。病犬则精神沉郁、喜卧不愿动、垂头呆立、对外界刺激反应迟钝。或对周围的事物过于敏感，或表现惊恐不安，盲目活动等。

3. 气质

选购宠物犬，不但要注重体型外貌，气质也是至关重要的。一般来说，气质好的犬只要有动静，就会瞪大眼睛，集中注意力而不慌张。在一群幼犬中，气质好的犬在发现人时，会主动而有信心地向人走来，眼睛明亮、摇动尾巴，并能接受用手抚摸或提起它。而喜欢夹住尾巴，一听到声音或见到陌生人就躲避的犬，不是理想的宠物犬。还有些幼犬在喂食、游戏时常表现为无目的的乱咬一通，这也不是理想的宠物犬。

三、犬的抓抱与运输

1. 犬的抓抱

抓宠物犬时动作要轻，不要用力太猛，免得犬感到不舒服而挣扎，或引起犬的惊慌而反抗。抓抱幼犬时，一般用一只手抓犬的颈部上方皮肤，另一只手托着它的后躯，这样既可避免犬咬人，又可以防犬摇摆。抱幼犬时，可用一只手放在犬的胸口，即两前肢后面，另一只手或手臂托着后躯，使犬身体支撑在手臂上，并紧靠在胸前，这种姿势利于长时间抱犬。对于较大的犬，在抓取时两手宜自犬的后背部快速准确地抓牢耳根处（脑的后枕部）皮肤以防被咬，在抱犬时宜用两只胳膊从前肢前和后肢后抱起。对于怀孕犬，不要用手托着它的腹部，以防意外。

2. 犬的运输

购犬后的第一件事便是将犬运回家。犬的运输是一项复杂而艰苦的工作，首先，必须接受当地兽医防疫部门的检疫，办理检疫手续，只有健康的犬才允许运输。其次，应准备犬笼、犬箱或犬篮等，以备消毒后装犬。第三，应为犬准备充足的饮水和食物。对于短途运输，保证饮水就可以了。但若长途运输，除准备饮水、食物外还应准备晕车药、报纸或毛巾等，防止犬运输过程中呕吐，以及清理犬的呕吐物。运输途中还要随时注意车船内的温度和通风情况。冬天要注意防寒保暖，夏天要做好防暑降温。

第二节　宠物犬的日常生活训练

宠物犬购回后，要通过对犬的调教，使犬养成习惯与主人共同生活的同时养成良好的行为习惯。如果不注意对犬进行调教，听之任之，则很可能使犬养成各种不良行为，给自己和他人的生活带来许多麻烦。宠物犬的日常生活训练包括树立训犬人的权威、依恋性培养、适应犬床、安静休息、呼名、散步和颈圈（犬套）、缰绳及口套佩戴训练等项目。

一、树立训犬人权威的训练

犬是社会性动物，在群体当中需要建立等级。如果主人误解了犬的意图，或任其为所欲为，在犬看来，它就成了人的领导，就不会再听从主人的指令，也就无法进行训练。所以，训练之初必须先树立训犬人的权威地位。

树立训犬人在犬心目中权威的训练，应从3～6月龄的幼犬时期开始，主要内容包括：

1. 不允许幼犬跳到人背上或在训犬人的正面推拱。但遇此情况时不是把犬推开或斥责，而是采取走开或不予理睬等办法。

2. 必须在全家人都吃完饭以后才喂幼犬。

3. 在犬进食的时候，主人的手可放在犬的食盆里。

4. 让幼犬在所有的人出门后最后一个出门。

5. 只有当犬服从命令后，才给予如食物、拥抱、游散或玩耍等奖励。

二、依恋性培养

犬对主人的依恋性，除了源于其先天易于驯服的特性外，主要是在主人对犬的精心饲养管理过程中建立的。新购的幼犬，在到达新居的最初几天内往往有一个不适应期。这种不适应期，少则 1～2d，多则 1 周。主要表现是慌乱、不安、惊恐、寂寞等。如果购入的幼犬是刚刚断奶或分窝、尚未经过独立生活的幼犬，不适应期将会更长。但是，只要注意陪伴它，并能与它建立感情，幼犬很快能适应新的主人和生活环境。

幼犬购回后，首先要做的是建立起犬与主人的初步感情。应将犬放在为它准备的室内犬床处，而不应扔在院内或牲畜棚中。主人每天都要抽出一定的时间来陪伴和调教幼犬。在最初的 1 周里，应设法与幼犬交谈、游玩、嬉戏，尽可能将更多的精力集中在幼犬身上。使幼犬感到与主人在一起有无穷的乐趣，认同你是它最可信的朋友，你就是它的主人，从而确立人犬间的初步感情。幼犬来到新的环境中，总喜欢东嗅西闻，检查周围环境的每一个角落，有时甚至钻进衣橱或弄坏其他物品。在这种情况下，不要过多的责备，而要耐心引导。因为太多的限制会使幼犬感到沮丧，甚至对主人产生敌意。

三、适应犬床的训练

在购入犬之前就应考虑安置犬床。仔犬购入后应对其及时调教，使它知道自己的床在什么位置，并在休息时回到犬床上。犬床的种类很多，置于室内的犬床一般为纺织品覆盖着的可折叠式铁框架式的床，也可用竹编或藤编的小篮子、木盒子、硬纸板箱等代替。犬床应安置在保温通风、冬暖夏凉的地方，床面应离地面 5～10cm。中大型的宠物犬要建造室外犬舍。室外犬舍要大小适中、光线充足、能遮风挡雨，同时作好通风防潮、防寒保暖，防暑降温等工作。

调教犬适应犬床的方法要根据犬床的特点而定。如果犬床有独立空间并有一个能关闭的门，可以把犬单独关在里面，用口令、手势和奖励综合运用的训练方法，一段时间后即可适应；如果犬床无独立空间或无门可关，可以用长 1～2m 的轻质绳索将犬拴在里面进行训练。训练初期可选择在犬吃食、排便、游散后或在犬想睡觉时，用绳索将犬拴在犬床上。这些时候，犬的反抗往往是短暂的，若同时给犬床上放一块骨头（食物）或者犬感兴趣的玩具等效果更佳。如此训练数次后，多数幼犬就会很温顺的呆在犬床里。

训练时要注意，一是用绳子拴犬时，不能时间过长，更不得损伤颈部，否则，犬会为了舒适而挣脱绳子；二是训练初期，每次仅让犬呆在犬床上几分钟，以后逐渐延长时间。当不用绳索拴犬、没有食物和玩具时犬也可以习惯到犬床上休息，说明这一训练已经完成。

四、安静休息的训练

学会安静休息对于作为伴侣的宠物犬十分重要。因为它们最易在主人休息或外出时，表现得烦燥不安，这样不但影响主人和周围人的休息，有时还会出现其他危险。

训练时应为犬准备一只可以关闭的犬箱，里面放一些旧毛毯等类似的物品。训练前主人先与犬游戏，当其疲劳后，发出"休息"的口令，令犬进入箱内。训练初期，有些犬可能不听命令，主人可以抱其入内并关闭箱门，同时在箱外发出"休息"的口令，如犬发出吠声应立即加以制止。以后再逐渐延长时间，反复训练，直到能在主人"休息"的命令下主动进入箱内，并安静的长时间休息为止。若训练时在犬箱中放置一个小闹钟或小录音机等设备（声音要小、放在犬看不见处），在犬得到"休息"口令进入箱内的同时，钟表的滴答声或小收音机的声音会使犬在箱内不感觉寂寞，更易快速进入安静状态。待犬形成条件反射后，即使去除这些设备犬也能习惯安静休息。

五、呼名的训练

欲使犬成为家庭成员之一，首先应给犬取一个漂亮而动听的名字。犬名一般可用犬易分辨和记忆的单音节或双音节词，愈简单愈好，不宜太长和拗口。

呼名训练，应选择在犬心情舒畅、精神集中时，最好是在与你嬉戏的过程中进行。呼名训练必须反复进行，直到幼犬对名字有明显的反应为止。犬对自己名字的反应是，当犬听到主人呼名时，能机灵地转过头来朝向你看，并高兴地摇摆尾巴，等待命令或欢快地来到主人的身边。有的犬（如北京犬）会装聋，明明已听到呼名，但却不做出任何反应。所以，在开始进行呼名训练时，就应注意这一点，一旦发现应及时纠正。为了使犬学会一听到呼名就作出正确反应，主人应将犬的名字和一些积极的、令犬愉快的事情联系起来，如在呼名之后，相继而来的就是各式奖赏（以食物奖励为主，结合使用"好"的口令及抚拍）。因为一旦幼犬把它的名字和愉快的事情联系起来，不论它在何处、在干什么，只要听到呼名，就会愉快地奔向主人。最好在犬饥饿而主人准备喂食时，呼叫它的名字，然后要用温和的语气和爱抚迎接它。这样会使犬感到呼叫它来到身边会使它得到好处。呼名时注意主人的语气要亲切和友善，忌命令式或态度过分严厉，以免犬对呼名产生惧怕心理。

训练中的注意事项：一是训斥和惩罚犬之前不能呼犬名；二是呼名时语气要亲切和友善，切勿声音严厉或表情凶狠；三是其他家庭成员要和主人配合，统一犬名，避免犬产生混乱，无所适从。

六、颈圈（犬套）、犬绳及口套佩戴的训练

宠物犬训练的常用器材主要有颈圈、犬绳和口套。使犬习惯于佩戴颈圈和犬绳，须在犬的幼龄时期进行。

1. 佩戴颈圈

颈圈要选择柔软的材料，使犬能平静地对待所戴的颈圈。购买新颈圈后，首先让犬"看看"、"嗅嗅"，使犬熟悉颈圈。然后抚摸犬的额部，再把项圈放在犬的脖子上，用手握住颈圈的两端，以嬉戏的方式吸引和分散犬的注意力，然后再给犬戴上。如果犬没有显露任何不安，戴上的颈圈就留下来；如犬表现焦急不安，可以先将颈圈摘下来，待稍事休息之后再作重复练习。犬佩戴颈圈后，要防止犬与犬彼此啃咬颈圈。

2. 拴系犬绳

为使犬养成拴系缰绳的习惯，可选用长 15m 左右、重量较轻的编制缰绳。拴系缰绳的训练，同样要在抚摸过程中进行。首先将缰绳系在事先戴好的颈圈上，然后牵犬出去散步。因为，犬散步时心情舒畅，这样可以减少和分散犬对戴缰绳的注意力。戴上缰绳的犬如果表现急躁不安，还可以用食物或嬉戏等方法转移其注意力。

训练时应注意两个问题，一是不能让犬玩弄缰绳或抓咬缰绳；二是在佩戴颈圈和拴系缰绳的训练中，不能使犬感到疼痛。否则会引起犬对颈圈和缰绳的恐惧，最终导致犬对人的不信任。

3. 佩戴口套

犬佩戴口套的训练也从幼犬开始。选用口套的形状和尺寸，应适合于每只犬的口鼻面。对于口鼻周围长有大量须毛的犬（拉萨狮子犬、马尔他犬、卷毛比雄犬等）要选择较宽大的口套，避免毛进到犬的嘴里。

佩戴口套训练的时机多选择在外出散步之前或闲玩时。将犬牵到自己身旁，令其对口套"看、嗅"一番之后，用右手将口套戴到犬的口鼻面上，并扣上皮带。犬的第一反应通常是摇摆头部或用爪抓挠，试图退下口套，这时应以嬉戏、奔跑或通过口套孔给予食物等方式转移犬的注意力，同时要急剧抖动缰绳继续快步前行。长期室内或舍饲的犬，采用以上做法，很少对口套再有反感。

佩戴口套训练，也可以先在口套里面放上一点好吃的食物，当犬为了吃到食物而将口鼻伸进口套时，即可乘机将口套给它完全戴上，然后再快速地摘下来，这样每天重复练习多次。当犬自己试图将口鼻伸入口套时，便可将口套给它戴好，并扣紧皮带。同时，也可以逐渐增加犬佩戴口套的时间。

训练初期，犬佩戴口套的时间 2～3min 即可，摘下口套之后要用食物给犬以奖励。以后在散步或作业中，佩戴口套的时间可逐渐增加。

训练犬佩戴口套时需要注意两个问题，一是选择口套的大小必须适合犬的口鼻面；二是避免强制地给犬佩戴口套。否则会引起犬惊恐不安，有时甚至会咬伤训犬人员。

七、散步的训练

80～90 日龄的犬，可以习惯于戴着脖圈、拴着犬绳去比较安静的地方散步。犬绳必须长度要适中，既能保证犬有足够的活动空间，又能随时控制犬回到主人的身边；牵引力度要适当，既不要拉的太紧，也不能拉的太松。

第一次出去散步，犬对陌生的环境、气味感兴趣，常因此而忽视主人的存在，表现出到处乱跑、四处嗅闻，甚至拒绝同主人继续散步。

正确的做法是，首先要满足犬喜欢嗅闻的特性，不轻易阻止。放长犬绳（但不能拖在地上）一段时间（3～5min）后，主人应蹲下身来，温和地将犬唤回，并用随身携带的更有趣的物品逗犬。若能回到主人的身边来，主人应该给予鼓励并结束散步，以后每天延长散步的时间。一周后可以延长到 10min，6 月龄的犬可以延长到 15min，9 月龄的犬可以到半小时，以后继续逐渐延长。当犬能够跟随主人安静的漫步时，可除去犬绳，但必须细心观察一周以上，以防意外发生。对待解除犬绳后不听主人口令的犬，切不可大声喊叫，应该耐心等待或加以诱导，待犬回来带上犬绳后，重新进行强制性的训练。否则会因为大声喊叫而促使犬断然离去。

第三节　宠物犬基础科目的训练

宠物犬的基础科目训练主要包括游散、前来、随行、坐下、卧下、站立、返回原地、前进和缓行等9项。

一、"游散"的训练

1. 训练目的

"游散"训练是宠物犬在训犬人的指挥下，养成自由活动的能力和习惯。游散可以缓解宠物犬在训练或表演中所造成的神经紧张状态，为犬提供一个休养生息的机会。

2. 条件性刺激

"口令"和"手势"。

3. 口令

"游散"。

4. 手势

平举右手，掌心向下，手朝向希望犬行进的方向，然后将手落到右大腿旁，身体稍微向前倾斜（图6-1）。

图6-1　游散训练示意图

5. 训练方法

让犬位于训犬人身体的左侧方，训犬人牵着犬，将系在犬颈圈上的犬绳放长，然后下达"游散"口令，并朝着期望犬游散的方向作手势。然后，人与犬一块向前奔跑。待犬跑到训犬人前边时，训犬人应立刻放慢速度，并慢慢停下，这样，人与犬完成一次暂短的跑步活动（图6-1）。

跑步后，在训犬人与放出犬绳的距离范围内，让犬充分地自由活动。经过2～3min后，训犬人牵拉犬绳令犬回到身边，用抚摸或给予食物进行奖励，然后再作二次重复练习。

随着练习的不断深入，可以引导犬在"游散"训练中呈各种姿势（伏卧、蹲坐和站立等，只要有利于休息均可）。当犬对"游散"的口令形成固定的条件反射后，可除去缰绳进行练习。游散训练也可以与基础科目训练的内容结合为一个复合的训练过程。

6. 目标

随着训犬人的一声"游散"口令和手势，无论处在任何环境和任何位置，宠物犬都能立刻转变为游散状态，并且当转化为"前来"等命令时，犬都会重新回到训犬人身边，那么，"游散"科目的训练就已经完成。

7. 注意事项

（1）训练时不能急剧的抖动犬绳或使用严厉的声调和表情。

（2）犬自由活动时，要时刻注意犬的行为，以防养成不良的习惯（如寻找和吞食异物，袭击鸟、兽、人等）。

（3）不要过早地解除犬绳进行"游散"。

二、"前来"的训练

1. 训练目的

"前来"的训练是培养宠物犬根据训犬人的指挥，顺利而又迅速地回到训犬人左侧坐下的能力。主要是提高宠物犬的服从能力（图6-2）。

2. 条件性刺激

"口令"和"手势"。

3. 非条件性刺激

好吃的食物、抚摸及轻拉犬绳。

4. 口令

"来"。

5. 手势

训犬人与犬相对，左手牵握犬绳，右手向前朝犬的方向平伸，高与肩平，掌心向下，随即自然落下。

6. 训练方法和步骤

第一步：建立犬对口令、手势的条件反射。训犬人乘犬拖着犬绳游散之际，先呼唤犬名引起犬的注意，然后作前来的手势并发出"来"的口令，同时边拉犬绳边向后退，使犬前来。当犬来到跟前，给予奖励。若犬闻令不来时，应采取一切足以引起犬兴奋的动作（如退后、拍手、蹲下或向相反的方向急跑等），促使犬迅速前来。经过反复训练，犬就能根据"来"的手势和口令顺利地回到训犬人面前。以后可逐渐变拖绳为脱绳。

也可以采用食物和能引起犬兴奋的物品诱导犬前来。即训犬人在发出"来"的手势和口令的同时，手拿食物和物品引诱犬前来。随着训练的进展，逐渐减少直至去掉引诱刺激物和手势，只用口令便可形成条件反射。

第二步：使前来动作完善化。当犬根据口令和手势前来时，就应进一步使犬养成前来后主动靠训犬人的左侧坐下的习惯。

方法一：当犬来到跟前时，训犬人左手将犬的脖圈拉住，轻轻向后带引，使犬转体过来靠训犬人的左侧坐下，并及时进行奖励。

方法二：当犬根据口令来到跟前时，用右手中食物或物品逗引犬后，再将食物从身后交到左手，将犬从身后引向左侧坐下，然后用食物、物品或抚摸给予奖励。

两种方法可以单独使用，也可以结合使用。

第三步：在复杂环境中锻炼犬前来的服从性。当犬"前来"完成的比较顺利和完善之后，就可逐渐进入比较复杂的环境中进行训练。根据环境条件情况，以带绳训练为主穿插去绳进行训练。初期要以带绳为主，当犬出现延缓或不执行口令时，就要立即用威胁音调发出"来"的口令，同时伴以强有力的拉犬绳的刺激，随着训练的逐步深入，增加去绳训练。训练后期要逐渐加大将犬召回的距离，并且在各种气候和不同时间进行去绳训练（图6－2）。

图6－2　犬的前来训练示意图

图6－3　犬的随行训练

7. 目标

如果犬能从不同距离、在任何时候、在任何环境条件下，都能闻令（口令和手势）而来，迅速跑到训犬人跟前，并从后方绕过，停在训犬员左腿旁，又正确地坐下来，那么，可以认为"前来"的训练已经完成。当然，犬不从后面绕过就到左侧坐下来也是允许的。以后需反复训练加以巩固。

8. 注意事项

（1）训练初期切忌用威吓的声调发出"前来'的口令，或用追捉犬的方式逼犬前来，更不能当犬回来后用突然的动作去抓犬。

（2）不能将犬绳拉得过紧造成犬的疼痛。

（3）不能对发出口令后来到跟前的犬给予惩罚。

三、"随行"的训练

1. 训练目的

培养宠物犬根据训犬人的指挥，靠近训犬人左侧与训犬人并排前行的能力，并在行进中保持与人不超前不落后的正确姿势（图6－3）。

2. 口令

"随行"。

3. 手势

左手自然下垂轻拍左腿上部。

4. 训练的方法和步骤

第一步：使犬对"随行"的口令和手势形成基本的条件反射。可选一清静的环境，带犬游散片刻，先让犬解除大小便和熟悉环境，然后用左手拉住犬绳，随即唤犬的名字（以引起犬的注意），并发出"随行"的口令，同时用左手把绳向前一拉，以较快的步伐前进，或以转圈的形式使犬随行。每次训练随行的行程，一般不能少于100～150m。最初训练可让犬走里圈，待有一定基础后再让犬走外圈。

训练初期，由于犬还没有养成靠在人左侧随行的习惯，也易受外界新异刺激的影响，可能出现超前、落后或斜行等现象。在这种情况下，训犬人应及时发出"随行"的口令，同时伴以扯拉犬绳或利用能引起犬兴奋的物品进行逗引，促使犬靠到正确的位置。如犬能正确随行，即发出"好"的口令或用抚拍奖励。

反复训练后，为考查犬对"随行"口令的条件反射是否形成，训犬人可以在犬随行中把犬绳放松或拖在地下，犬如超前或落后，即发出"随行"的口令，如果此时犬能立即靠到正确位置上来，就表明犬对口令的基本条件反射已经形成。

当犬能根据"随行"的口令和手势，不需用犬绳控制，正确地与训犬人随行时，即可转入下一步的训练。

第二步：提高随行能力。训练方法是，以各种不同的步伐和变换行进方向（如快步、慢步、停步、左右转弯等）进行训练。当训犬人要变换步伐或方向时，应先发出"随行"的口令并扯拉犬绳。如果要减慢速度，就将犬绳向后拉，向左转弯时，将犬绳向左后方拉或不动；向右转弯时，要将犬绳向右前方拉。在这种机械刺激的影响下，犬如能很快地随着训犬人的要求正确随行时，应马上用"好"的口令奖励。但在变换步伐或行进方向时，不要踩到犬的足趾。

第三步：在复杂环境中训练犬的随行能力。在犬养成上述能力的基础上，逐步进入到比较复杂的环境（如路边、居民区等）进行随行训练。在复杂的环境中训练犬随行，应有犬绳控制。当犬受新异刺激影响不执行口令时，可发出威胁音调的口令，并伴以拉犬绳的刺激，迫使犬在新异刺激影响下仍能正确随行。当犬能按照指挥，在比较复杂的环境条件下，不需犬绳控制仍能正确随行时，说明犬随行的能力已经形成（图6-4）。

图6-4　多犬同时进行随行训练

5. 注意事项

（1）犬绳使用要灵活　不能缠绕羁绊犬的行动或始终扯得很紧，不给犬自由行动的机会；应有紧有松，灵活适度。脱绳训练后，也要穿插牵引，以纠正毛病，巩固动作。

（2）随行训练必须与日常管理密切配合　即在日常管理中不能对犬放任自流，否则犬的反射会消退而前功尽弃。

（3）多进行转向、同向交替训练　强化培养犬的注意力和服从性。

四、"坐下"的训练

1. 训练目的

"坐下"训练是指宠物犬按训犬人的指挥，迅速而正确的做出坐下的动作，并能持久保持这一动作的能力。坐下是多种动作训练的起点，也是多种专业科目的训练基础。

2. 条件性刺激

"口令"和"手势"。

3. 非条件性刺激

食物、按压腰荐部和向上或向后轻拉犬绳动作等。

4. 口令

"坐"。

5. 手势

正面坐时训犬人将右侧大臂侧伸，高与肩平，小臂向上，掌心向前成"L"形，然后落到右侧大腿部；左侧坐时用左手同时轻拍大腿侧部。

在"游散"、"前来"和"随行"训练的条件反射初步形成后，便可开始犬的"坐下"训练。"坐下"科目是培养犬衔取、鉴别等能力的组成部分。"坐下"训练不仅要求犬能根据训犬人的指挥，迅速而正确地做出坐下的动作，而且，要将这一科目与有关的科目联系起来，自动地做出坐下的动作和保持这一动作的持久性。

6. 训练方法和步骤

培养坐的条件反射，可根据受训犬的个体特性，采用食物奖励和对比两种方法。食物奖励多用于训练年幼犬、对食物反应强烈的犬和特别凶猛的犬；而对比法主要用于培养犬持久坐下（坐延缓）的能力。

第一种方法：首先给犬拴系短缰绳，训犬人以左手在距离颈圈20～25cm处拉住缰绳；右手拿着好吃的食物，站在犬的右侧（图6-5）呼叫犬名，稍微停顿后以命令的口气发出"坐下"的口令，同时将食物举到犬的口鼻跟前令其嗅嗅，再将手平稳地举到犬头的上方，并沿着犬的肩胛方向稍微后移。此时犬为了得到好吃的食物，就会抬起头并伸长脖子去找食物。但由于犬绳控制犬的跳跃，致使其头部后倾而逐渐坐下来。当犬刚一坐下，训犬人就应该立即用食物或抚摸或"好"进行鼓励。

图 6-5　用口令和食物使犬坐下

图 6-6　拉缰按腰使犬坐下

第二种方法：犬系短缰绳，站在训犬人的左腿旁边。训犬人半转身向犬的后部，以右手离颈圈 10～15cm 处握住缰绳。在发出"坐下"口令后，立即将左手（手掌向下，大拇指朝向自己）置于犬的腰荐部进行按压，与此同时，用右手向上和向后紧拉犬绳，犬即可坐下（图 6-6）。

当犬刚一坐下，训犬人可再重复一次"坐下"的口令，并同时给好吃的食物、抚摸或是发出"好"的赞扬加以鼓励。待犬坚特 5～10s 后发出"游散"口令。10min 内再重复练习一次。

在犬对"坐下"的口令形成条件反射后，还需进行脱缰、远距离的手势训练。

犬在任何状态和条件下，都能按着训犬人的口令和手势，在 15m 的距离内，准确、迅速的做出坐下的动作，并保持至下一个口令发出或保持坐下动作 15s 以上，即为成功。

7. 注意事项

（1）按压腰角要部位准确，才能取得好的训练效果。

（2）及时矫正犬的不正确坐姿。最好是在犬欲动而未动时进行纠正。同时，可适当增强刺激量。

（3）对兴奋性高的犬，培养坐延缓时要耐心，每次增加的时间不要太长，切忌多次重复口令。

（4）在延长距离训练坐延缓时，训犬人每次都要到犬跟前进行奖励，不能图省事唤犬前来奖励。

（5）训练初期，延缓时间和增加距离不要同步进行，应遵循循序渐进的原则。

五、"卧下"的训练

1. 训练目的

"卧下"训练是使宠物犬养成在训犬人指挥下迅速、正确的卧下，并在未得到另一口令之前不得起立的能力。卧下的姿势最适合犬的休息，也是犬最好的隐蔽方式。卧下科目的训练对训犬人和犬的日常生活和工作都非常重要。

2. 条件性刺激

"口令"和"手势"。

3. 非条件性刺激

食物、按压犬的肩胛部，向前拉前肢或拉犬绳。

4. 口令

"卧"。

5. 手势

右手上举，掌心向下，向前平伸，高与肩平，然后快速落到右侧大腿旁。侧面卧下是以右手伸到犬的面前，然后向下落。

6. 训练方法

在犬对"坐下"口令形成初步反射后，即可开始训练犬卧下的动作。使犬养成按照口令卧下的习惯，可依据犬的个体特性，采用多种方法。

第一种方法：使拴着短缰绳的犬位于训犬人的左腿旁，在命令犬坐下后，训犬人向左侧半转身。左手把握靠近颈圈部的一侧，右手拿食物，以半弯腰姿势举到犬的口鼻跟前，并发出"卧下"的口令。这时逐渐将手向下放且稍微向前，以迫使犬卧下（图6-7）。当犬卧下时，则以食物和抚摸加以鼓励。此种姿势保持10～15s后再自由活动。

图6-7　用食物和口令使犬卧下　　　　图6-8　用口令和其他方法使犬卧下

第二种方法：犬位于训犬人的左腿旁，训犬人向左半转身并弯腰，将左手放在犬的肩胛部，用右手握住犬的前肢，发出"卧下"口令，左手按住犬的肩胛部，右手向前拉两条前腿，使其卧下并保持10～15s再自由活动（图6-8左）。

在以上训练中，若犬试图站立，要以严厉的口气重新发出"卧下"的口令，并同时用左手按压犬的肩胛部，禁止其站立。

第三种方法：犬、人位置如第二种方法，训犬人半转身，右手在距颈圈15～20cm处，握住犬绳，左手置于犬的肩胛部；发出卧下口令后、将犬绳突然向前拉。犬卧下立即给予鼓励。并坚持10～15s。若犬试图站立，须猛拉犬绳并同时按其肩胛部使犬卧下，坚持10～15s后，再允许犬休息（图6-8右）。

用手势继续强化训练。犬在训犬人身旁卧下后，训犬人可以离开一定的距离。左手握缰绳，转身面对犬，右手举至与肩平急速放下，同时左手拉犬绳使犬继续卧下并原地不动，此时再给予奖励（食物、抚摸和"好"等）。然后反复进行训练以求巩固（图6-9）。

图 6-9 犬在人的正面卧

图 6-10 犬接手势起卧

犬的正确卧姿为犬的后部平稳的落在两个后足上，两前足向前伸出，头稍上昂，双目前视。

若在任何条件下犬都能按照口令和手势，在距离 15m 以上位置准确地做出卧姿并坚持 15s 以上或保持到下个口令发出为止，说明此科目训练已经完成（图 6-10）。

7. 注意事项

（1）犬的卧地要干燥、平坦、洁净。

（2）训练初期不宜使犬卧时过长，牵拉动作不易过于激烈。

（3）犬卧下后，如出现后肢歪斜等毛病时，要及时纠正。纠正要注意方法，以免破坏整个动作。

（4）卧下和坐不要经常连接训练，以免犬产生卧后自动坐或坐后自动卧的不良联系。

（5）卧延缓未巩固前，不要急于结合"前来"训练，以免破坏延缓。

六、"站立"的训练

1. 训练目的

站立是使犬养成在一定的地点站立不动的能力。是在坐、卧已经形成反射的基础上进行的训练科目，对于清洗、梳理、穿着、等待等日常管理都有重要意义。

2. 口令

"立"。

3. 手势

肘部微曲，掌心向上，由下而上挥动右手。

4. 非条件性刺激

左手轻托腹下，右手轻微拉动犬绳或给予奖励等。

5. 训练方法

使犬坐或卧于左侧，训犬人向左方半转身，发出"立"的口令，左手放在犬腹下托住犬的同时，右手向上拉动犬绳配合犬站立。动作完成后立即鼓励，稍作休息后再重复训练。

手势习惯的培养方法：训犬人令犬坐或卧下后，立在犬前方的 2~3 步，右手作出"立"的手势，同时发出口令。犬完成后反复练习，在加大距离的基础上逐步推迟发口令，直至取消口令（图 6-11）。

图 6－11　犬的站立训练

图 6－12　犬按照手势和口令前进

在任何环境下，在距离训犬人 15m 以上，都能只看手势，就能准确地完成站立姿势，并能坚持 15s 以上或保持到下一个口令发出即为完成。

6. 注意事项

（1）初期站立时间不宜过长。

（2）必须及时阻止犬离开原地的企图。

（3）不宜经常把处于站立的犬呼唤到跟前。

（4）不宜猛拉犬绳。

七、"前进"的训练

1. 训练目的

"前进"的训练是使犬养成按训犬人的口令和手势，向指定方向前进的能力。使犬养成对过羊肠小道、木板、圆木、窄木、跳板、沟渠、小溪，甚至上下汽车无所畏惧，勇往直前的习惯，也是犬拉车、拖曳、滑雪等专业服务项目训练的基础。

2. 条件性刺激

"口令"和"手势"。

3. 非条件性刺激

食物。

4. 口令

"前进"。

5. 手势

朝着希望犬前进的方向举起右手，掌心向下然后落到右侧大腿旁，同时身体稍微向前倾斜。

6. 训练方法

"前进"训练要在犬养成衔物习惯之后开始。同时应与"越过障碍"训练同步进行。

训练可在 1～3m 宽的水渠（壕沟、小溪）上架起一块宽木板。训犬人在左侧牵着系长犬绳的犬一同走近水渠。给犬看一个小块食物之后，发出"前进"的口令，并将食物扔过水渠（手的动作应与"前进"手势相符合）。被食物吸引的犬通常总是向食物冲去（图 6－12），此时训犬人要放松缰绳，重复"前进"的口令，同时用"好的"赞扬话加以鼓励，并跟着犬走过木板。当犬从木板上走过水渠朝着食物奔去时，训犬人要迅速跑上前去，并从地上拣起食物递给犬。重新以"好的"赞扬话和抚摸对犬加以鼓励。

在以后的训练中，可用较窄的木板代替宽木板，再进一步即可用圆木代替较窄的木板。

为了进一步完善口令和手势的条件反射，也可以在建筑物、篱笆间的窄通道，高草掩蔽的小径等复杂的环境进行训练。训练时，训犬人要用"好的"赞扬和定时抚摸进行鼓励。

如果犬能随着训犬人的口令和手势，迅速准确、信心百倍地走在训犬人的前面，实现在圆木上越过长达 6m 以上的水渠（壕沟、水溪）或走过其他狭窄地段时，就认为前进训练的习惯已经养成。

7. 注意事项

（1）在训练的开始阶段，不可使用非常窄的木板或圆木。

（2）在训练时不要采用拉动缰绳的办法。

八、"返回原地"的训练

1. 训练目的

返回原地的训练是通过训练使犬具备按照训犬人的口令和手势迅速、准确地返回原地的能力。返回原地训练对于日常生活中的宠物犬和执行任务的工作犬的训练都十分重要。

2. 条件性刺激

"口令"和"手势"。

3. 非条件性刺激

食物、轻拉缰绳。

4. 口令

"原地"。

5. 手势

身体微前倾，右手朝向犬返回的方向向前伸出，手指与腰齐，掌心朝下，最后落在右侧大腿旁。

6. 训练方法

在学会卧下后开始训练。训犬人在前方放置犬最熟悉的物品（不能放可叼、可食的物品），训犬人握住犬绳，发出"卧下"的口令并离开 3～4m 的距离（至物品摆放处），叫犬前来，抚摸后发出"原地"口令，同时用手作出手势，牵动犬绳与犬同行（人可稍落后些），并不断的以命令的口吻发出 3～4 次"原地"口令。犬回至原地后给予奖励，反复几次（图 6-13）。

图 6-13　犬的返回训练示意图

如果犬没有按照口令执行，应以严厉的语调重复"原地"口令，并拉动绳迫使其做到。若犬仍然没有响应，可用食物诱引，但只在第一次完成任务时给予食物奖励。

如犬在无犬绳状态下随着口令和手势能快速、准确地返回15m以上的原地，卧在放置物品1m以内的地方，并能坚持30s以上即为成功。

7. 注意事项

（1）物品摆放的距离要逐渐拉远。

（2）犬一定要对物品熟悉。

九、"缓速"的训练

1. 训练目的

"缓速"的训练是使犬具备按照训犬人的口令减慢行进速度的能力。是在犬越过复杂障碍物或完成某些专业任务时，控制其行动（尤其是不戴犬绳的犬）的有效方法。

2. 条件性刺激

"口令"。

3. 非条件性刺激

勒紧或猛拉缰绳。

4. 口令

"慢"。

5. 训练方法

缓速训练在犬习惯于"前进"口令以后进行，可与越障碍物的训练结合进行。

训犬人用短缰绳牵着犬，发出"随行"的口令，并快速走，而后开始改变速度，时而放慢，时而加快。在放慢行进速度时，训犬人发出"慢"口令的同时向后拉缰绳。如果快速行走的犬不能减低速度，就要以严厉的口气重复口令，同时向后猛拉缰绳，迫使犬减速。若犬能按训犬人的口令放慢了行走速度时，要用抚摸予以鼓励（图6－14）。

图6－14 犬的缓速训练

在逐步深化训练的过程中，要经常改变行走的速度，提高环境的复杂程度，同时使犬适应从戴长犬绳到短犬绳，直至最后不用犬绳。训练可在越过平衡木、梯子或完成某些特殊动作时，用放慢行走速度的方法进一步加以完善。

如果犬随着训犬人一声口令，在任何情况下，无论戴犬绳还是不戴犬绳，都能准确无误地放慢行走速度，就认为习惯已经养成。

6. 注意事项

（1）训练初期不可以过于猛烈地拉动犬绳。

（2）训练初期不要过于频繁地改变行走速度。

（3）不能过早地转为无犬绳训练。

十、"衔来"的训练

1. 训练目的

是训练犬按照口令和手势，把指定物品衔给训犬者的能力。是犬多项特种项目训练的基础。

2. 条件性刺激

"口令"和"手势"。

3. 非条件性刺激

衔的物品、食物、抚摸等。

4. 口令

"衔来"或"给我"。

5. 手势

朝抛出物品的方向伸出右手，手掌向下，然后落到大腿右侧，做时身体略前倾。

训练前首先要选择无外界诱惑和刺激的训练环境，准备好犬感兴趣的物品（小绒球、木棒、手套、绳子等）。

6. 训练方法

训练分两步。

首先，给犬系短绳，左手握住犬绳，使犬立在左腿旁，右手拿让犬衔咬的物品在犬的眼前轻轻挥舞，同时呼唤犬名和"衔来"的口令（名和口令间要有一定的间隔），犬一旦咬住，可以轻拉物品使之咬的更牢固，并给予鼓励。在重复训练并得以巩固的前提下，发出"随行"口令，与犬同时向前跑3～4m转为步行，再下达"给"的口令，从犬口中取出物品，同时用抚摸或食物奖励。反复训练至熟练（图6-15）。

图 6-15　犬衔物训练示意图

第二步，人、犬的姿态同上，在掌握上述本领的基础上，再将物品向前抛一段距离，在抛的手势作出的同时发"衔来"口令，并与犬一起迅速赶到物品前，并重新发出"衔来"的口令。此时犬若衔起物品，就要给予鼓励，若没有衔起时，训犬人可用脚拨动或进一步用手指向物品，待犬衔起后再发出"给"的口令，取下物品的同时给予奖励。重复训练3～4次后休息。

在此项训练中，训练的手段要不断变化。如犬绳可逐渐变长直至不用；人跟随的距离由短到长到不跟随；抛出物品的距离由近及远直至犬看不见（扔物品的方向也可以改变，但犬开始时可能会乱跑，训犬人可朝物品方向作手势或走向物品给予帮助）；从初期的口令、手势配合到最后只用手势。

如物品抛出15m以上的距离，在训犬人发出口令、作出手势后犬仍能准确衔回物品，并回到训犬人的左脚旁或坐在训犬人的前面并交出物品即为成功。

7. 注意事项

（1）不能在犬衔物时给食物。

（2）物品要经常变化。

（3）物品不能对犬有损害。

十一、"游泳"的训练

1. 训练目的

"游泳"训练是使犬养成在训犬人的指挥下，能顺利下水并游过一般河流的能力；是犬表演或在执行多种特殊服务时所必需的能力。此外，游泳还有助于犬的体格发育和健康。

2. 条件性刺激

"口令"和"手势"。

3. 非条件性刺激

食物、叼衔物或抚摸等。

4. 口令

"前进"。

5. 手势

朝向水池迅速举起右手，掌心向前，然后落到右侧大腿旁（图6-16）。

6. 训练方法

在夏季温暖的天气里，选择一个有坡度的、面积较小的浅水池（深1m以内，必须是淡水）。首先训犬人用短缰绳牵着犬一边游散，一边让犬跟随自己向水池中前行，当犬走进水里1～2m远时，就用食物加以鼓励并引导犬继续往前走。

如犬不愿走进水里，训犬人走到10～15cm深的水里后，就要用"前来"的口令召唤犬来，当犬来到后给予鼓励。如果犬还是不下来，可以将犬抱起来，放到靠近岸边水深10～20cm的水中，使其平静后并给予鼓励，这样会使犬逐渐消除对水的恐惧并养成习惯。

为了使犬能够在水中游泳，训犬人可把犬召唤到自己跟前，然后只身走进越来越深的水里引犬前来，直到犬不用强迫而游到自己跟前的时候为止。当犬刚到深水处时，可能用前爪胡乱击水，此时训犬人要帮助犬，轻轻地在胸下托着犬，如果犬能平静向前游走，就要给予鼓励。

此后，可逐渐增加游泳的距离。为此训犬人可使犬伏卧或坐在岸边，自己游到水池的对面，然后招呼犬前来（图6-17）。

图6-16 犬按手势和口令入水中

图6-17 犬的游泳训练

在以后的训练中，要使犬习惯于较长时间呆在水里并游过不同的距离，或与训犬人一起游泳或单独游泳，或在有诱惑刺激物的情况下游泳。

也可以采用搬送物品的方法使犬学会游泳。此种方法是训犬人将叼衔物抛到对岸不远的地方（约1～1.5m）并发出"衔来"口令让犬去衔。犬衔物品返回后要加以鼓励。以后抛物时，训犬人就要发出"前进"的口令和手势，并逐渐把衔物抛得越来越远，直到犬不用强迫去游为止。

如果犬勇敢地进入水中，并较长时间的呆在水里，无论训犬人在不在水中，都能顺利地游过长50m以上的距离，就可以认为游泳的习惯已经养成。

7. 注意事项

（1）使犬养成游泳习惯时，不得强迫，更不得把犬抛到水里。

（2）每次训练结束时，应使犬的被毛很好的干透。

（3）不能在深水急流中或岸边陡峭的水池里进行初期阶段练习。

（4）不能在初期阶段将衔物抛得过远。

十二、"拒食"的训练

1. 训练目的

"拒食"训练是禁止训练的一个重要组成部分，是培养犬按训犬人的口令拒食他人食物的习惯。这对于犬防止恶徒的毒害，不从地上捡食物以保证进食卫生等都是非常必要的。

2. 条件刺激

"口令"。

3. 非条件刺激

猛拉动缰绳、用枝条抽打、使用敏感颈圈等。

4. 口令

"不"、"非"或"呸"等。

5. 训练方法

拒食训练，可依下列顺序进行。

初期，使犬习惯于没有训犬人的允许不吃食物。为此，将食物槽放在犬的面前，为阻止犬吃到食物，训犬人用平静的声调发出口令，并以敏感颈圈或犬绳阻拦犬采食。经过5～10s后，按照"吃"的口令允许犬吃到食物。坚持时间可逐渐增加到1min。

以后的训练是使犬习惯于不食外人所提供的食物和抛在地上的食物。

但最初的训练中，不管用何种方法训练，都必须在犬饱食后进行。

第一种方法：给犬佩戴敏感的颈圈，训犬人拉着缰绳，停在犬附近的隐蔽处，助手一手拿肉、骨等犬喜食的食物，一手拿木棍或枝条（必须隐藏在身体后），二人配合。助手走过来把食物放到犬的跟前，初期引诱犬来吃，后期放后即走，观察犬的表现。若犬试图吃食物，助手要用木棍或枝条抽打后走到隐蔽处，2～3min再重复一次时，若犬仍试图吃食物，助手再用木棍或枝条抽打，同时训犬人发出口令并同时猛拉缰绳，并在助手躲藏后发出"扑上去"的口令（图6-18）。

图6-18　犬的拒食训练

后期可以将犬拴好后，训犬人离开隐蔽起来，若犬仍试图吃食物，训犬人可立即走出下达严厉的口令，必要时猛拉犬绳。这样的训练每天都要进行，直至强化形成反射。但在训练过程中，助手、食物、助手到犬跟前的动作及训练的地点和每天训练的次数都要加以变化。

第二种方法：训犬人牵着带犬绳的犬，经过一处摆放各种不同食物的区域，并注意观察犬的行为。如犬试图吃食物，则下达严厉的口令并配合拉紧犬绳，必要时使用敏感颈圈；犬平静后，再次重新试验，重复口令或动作，口令见效后，可放长犬绳直至不戴犬绳。

在不戴犬绳且不论训犬人是否在场，犬都能坚决拒绝他人递给的或除固定吃食地点以外的任何食物时，训练即已成功。

6. 注意事项

（1）饥饿的犬不能进行初级训练。

（2）不能用同一食物、同一助手、在同一地点重复进行训练。

（3）对犬不能过于粗暴。

（李凤刚）

第四节 宠物犬表演技能的训练

多数宠物犬经过训练后能表演很多种技能，有些聪明的犬种天生就具有表演才能。所以，宠物犬表演项目的训练只要在基础科目训练的基础上稍加引导就可以训练成功。

一、与人握手表演的训练

不论任何品种、体型的犬，学习握手表演都非常容易。某些品种如北京狮子犬、德国牧羊犬等，甚至不必训练，当你伸出手时，它会把爪子递给你，这是它向你表明，它知道你要它干什么的表达方式。对其他犬，只要略加训练也能实现。训练时，主人先让犬面向自己坐着，然后伸出一只手，并发出"握手"的口令，托犬抬起一只前肢，主人握住并稍稍抖动，同时发出"你好"、"你好"的声音，这是对犬的奖励，也是握手礼节所必需的。如此几次练习后，犬就会越来越熟练。当主人发出"握手"的口令后，犬不能主动抬起前肢，主人要用手推推它的肩，使其重心移向左前方，同时伸手抓住右前肢，上抬并抖动，发出"你好"、"你好"给予犬以鼓励，并保持犬的坐姿。再如此训练数次，犬就能根据主人的口令，在主人伸出手的同时，迅速递上前肢进行握手。在握手的同时，主人要不断发出"你好"、"你好"夸奖犬，用高兴激发犬的激情。握手也是训犬人与犬进行感情交流的方式，犬很容易学会这个动作。有时犬高兴时，会主动递上前肢与你握手。

二、接物训练

宠物犬都喜欢玩接物游戏。对于非常灵活、敏捷的犬，接物训练很易学会，但有些犬则需要极大的耐心和信心，需要在反复的练习中学习和掌握接物的技巧。开始训练时，可以使用小块饼干或牛肉为诱饵，首先让犬正面坐，然后拿出饼干或牛肉干让它嗅闻一下，并向后退几步，面对犬并发出"接"的口令，同时把饼干向犬嘴的方向扔去。如饼干正好扔到它的鼻子上方，多数犬能用嘴接住，训犬人就让犬吃掉饼干予以奖励强化。如犬接不住，训犬人应迅速上前捡起落在地上的饼干，重新扔给它。只有犬在空中接住饼干，才可让其吃掉以强化训练。

几次练习后，犬就能明白你的动机是要求它在空中接住饼干，此时犬游戏的技巧就会迅速进步，很快就能熟练掌握。

当犬掌握上述能力后，训犬人就可以用球代替食物进行训练。此时，犬的动机并不在于是球还是饼干，而在于游戏。训犬人可让犬坐着或立着，拿出球对犬发出"接"的口令，并将球抛向上方。由于犬已掌握了该游戏的初步技巧，常常能轻松地接住。随后，训犬人叫犬来到身边并吐出球后给犬奖励。如此反复训练，犬的游戏欲望越来越高，接物技巧越来越熟练，并常常能跳起在空中接住球。如犬出现这种反应，主人应充分奖励，并在训练中鼓励犬跳起在空中接物，来培养犬掌握起跳的时机和接物的技巧，直到犬熟练掌握为止。接下来可使用飞碟进行训练，培养犬在跑动中起跳接物的能力。开始飞碟的速度应较慢，主人站在犬的右前方，向犬的前方掷出飞碟，如犬成功地跃身衔住，主人应充分奖励，激发犬的兴趣，如犬不能接住，应重复训练，直至成功。随着犬的能力提高，训犬人还可以变换方向，改变速度，来提高犬的接物能力（图6－19）。

图6－19　犬的接物训练

三、"起立"、"作揖"和"转圈"的训练

犬在起立的基础上学会用两个前肢作"起立"、"作揖"和"转圈"动作的表演，可以给人们带来很多快乐。在犬学会"坐下"和"卧下"后就可以进行这一表演的训练。

训犬人站在犬的正前方呼唤犬的名字，左手轻轻的向上提拉犬绳，同时向犬发出"起立"的口令和手势，右臂由腿侧向上抬起，掌心下正对着犬的眼睛上方，犬起立后要给予奖励，然后可以放下缰绳并与犬逐渐拉开一定的距离，使犬能在口令和手势的指挥下站立较长的时间。"作揖"是在犬可以站稳的基础上，用右手或双手抓住犬的两个前肢，上下摆动，同时对犬发出"谢谢"的口令，做对时立刻给予奖励。"转圈"是在"起立"的基础上，右手轻握前肢少许，帮助犬完成旋转动作，从一圈到多圈。

经过多次重复，从开始需要用手辅助到最后离开训犬人的手，三个动作犬可以一气呵成。

四、舞蹈训练

犬跳舞的游戏很富有观赏效果，这种游戏源于犬的本能动作，大多数宠物犬尤其是北京狮子犬等很易学会。如果犬已学会了"站立"科目，就可以开始训练舞蹈。

主人首先令犬站立，然后用双手握住犬的前肢，并发出"舞蹈"的口令，同时，用双手牵住犬前肢来回走动。开始，犬可能由于重心掌握不好，走得不稳，此时，主人应多给予鼓励。当犬来回走几次之后，就让犬放下前肢，并给犬以充分的表扬和奖励。

待训犬人经过多次辅助训练，犬的能力有了一定提高之后，就应逐渐放开手，鼓励犬

独自完成，并不停地重复口令"舞蹈"。开始不要时间太长，在意识到犬支持不住之前令其停止舞蹈，并给以奖励。最初只能让犬舞蹈几秒钟，随着犬舞蹈能力和体质的提高，可逐渐延长舞蹈时间，最终可达到5min以上。训练后期，在犬舞蹈的同时，可播放特殊的舞曲。如此经常练习，使犬听到舞曲就会做出优美的舞蹈。

五、钻火圈训练

犬进行火圈表演非常惊险刺激。但只要犬掌握了训练要领，表演对犬是没有任何危险的。

火圈由金属管制成，直径50cm，竖杆和底座用直径5cm的钢管。根据犬的身高、体长以及犬能跳的高度，决定火圈的高度。对小型犬，圈的高度大约40cm，火圈的直径大约50cm。对中型犬和大型犬，圈的高度大约90cm，火圈的直径大约100cm。如有必要，当然也可以适当大一些。在制造火圈时，为了防止翻倒，底座必须坚固（图6-20，图6-21）。

图6-20　犬的钻火圈训练

图6-21　犬钻多个火圈训练

开始训练时，先训练犬跳没有点火的铁圈。尽管犬注意铁圈，但通过铁圈一般没有困难。训练时最好在圈前放一个比圈底边低一些的踏板。

在犬已能多次都穿过铁圈时，即可拿开小踏板。训练犬通过没有小踏板辅助的铁圈，通常也不会有什么困难，如果遇到困难，仍可用小踏板进行辅助训练。

拿走小踏板后，犬若有恐惧感，还可以先放低铁圈的高度。可以让助训人在一旁手持铁圈调整高度，训练犬先通过较低的铁圈并充分奖励，以提高犬的信心。根据训练的进程逐渐升高铁圈的高度。

最后，在无需诱导的情况下，犬能轻松敏捷地通过铁圈时，就可用细长柔软的铜线在圈的中央部位一侧绑一块小布条。注意，千万不要使铜线的末端突出于外，且绑的布条要非常牢固。然后，在布条上洒上少量的汽油并点火。但是，要控制好燃烧的火焰，通常应比蜡烛的火焰要小一点。然后引导犬穿过铁圈，随着训练时间和熟练程度的增加，可以增加布条的长度，以便增大火焰。但这一过程必须是缓慢地、逐渐地进行，绝不能急于求成。一旦犬充满了信心，带着炫耀感通过火圈时，就可以在铁圈的左右上三边都绑上布条，洒上少量汽油点燃训练。训练后期也可用石棉布代替布条。

训练中注意事项：一是当火舌太大有可能损伤犬的时候，不能让犬表演；二是犬通过铁圈时，必须保证铁圈不能倒下（尤其是风大的时候）；三是犬通过火圈的方向，只能是顺风或逆风两个方向，防止灼伤犬。

六、与训犬人骑自行车表演的训练

与训犬人骑自行车表演的训练，是训犬人在骑自行车时，教犬跳到他的背上，并骑到肩上一起表演；结束时犬能从主人的左侧跳下的表演项目。虽然犬很灵敏，但表演还是有一定的难度，要求训练必须有韧性和耐力。另外，不是所有犬都具备表演这个科目的能力，最好选择跳跃能力强的中型犬。

开始训练时，让犬坐在一个牢固的桌子或类似于桌子的平台上，训犬人的背朝着犬，稍稍弯腰，并发出"上"的口令，小心地把犬移到背上，以便犬的前肢放在你的肩上，然后在背上来回走动。练习时，要多给犬以奖励而消除恐惧感。来回走动一段时间后，轻轻把犬放在台上，让其从左侧跳下，并充分给予奖励。

然后训练驮着犬来回走动，并示意犬骑到身上，当犬不需主人的辅助，能从桌子上跳到人的背上并能骑到主人的肩上时，就可以试着让犬从地上跳到主人的背上。开始主人仍需要弯下腰，以后可以逐渐直起来，驮着犬来回走动。一段时间后，犬在发出"上"的口令后就可以顺利地跳到主人的肩上。这一训练要坚持很长时间。

不要匆忙地训练或太急迫地把自行车引进本科目的训练。这段训练的主要目的是使犬从地上跳到你背上并骑到肩上，在你来回走动时感到舒服、自由。在这种能力非常自如时，才可以用自行车进行训练。

用于训练的自行车的座位应尽可能的低，而且没有后车架。训练时，犬坐在约5步远的地方，训犬人坐在自行车上，两脚支撑在地面上，背朝向犬，身体尽可能向前倾斜，并发出"上"的口令，让犬跳到背上坐几分钟，人、犬均保持不动，并用左手放在背上支撑犬的后半身，过几分钟左右让犬跳下。若犬能成功地跳到背上2～3次之后即可休息。

经过几天的训练后，确定犬跳到背上没有一点困难，而且已不需用手支撑后，就可以向前骑自行车。但是，最初不要骑得太快、太久，且保持直线行进。直至无论沿直线行进还是转圈，犬都能骑在肩上，就可以渐渐地增加骑行的距离和训练的时间。

七、谢幕训练

谢幕训练非常简单。犬在有条不紊地进行谢幕表演时，会与其他所有表演一样深深吸引观众，会给观众留下深刻印象。

这个节目需要两块正方形木板，每块边长100cm，并且顶部用铰链相连。为了把木板牢固地支好放在地面上，需要在板下安装一个类似黑板底座的架子。两块板均漆成白色，每面均写同样的谢词："演出结束、谢谢观看"。字要写得较大，以便在远处的观众均能看到。当衔去帷幕时，则显出谢词。

训练犬发现木板比较简单，尤其是犬"衔取"、"前来"训得很好时更为简单。首先，用一条毯子或别的较重的窗帘布遮盖在木板上并拴一个衔取物品，待使犬看到衔取物后发出"衔"的口令，放犬去衔物品，在犬衔去物品的同时，很自然地显出木板上的字。继续训练，让犬在没有衔取物品时也能衔取帷幕，使木板上的谢幕词显出；进一步在复杂环境下训练，使犬能从不同的角度发现木板并衔取帷幕。

第五节　其他工作犬的训练简介

通常我们把具有一定作业能力并能协助人类从事或完成相应实际工作的犬称为工作犬。工作犬包括警犬、猎犬、牧羊（畜）犬、救生犬、导盲犬等。要把犬变为工作犬，除犬自身的品种及素质之外，必须通过专业训练才能实现。由于工作犬种类繁多，本书只能对几种常用的犬种训练作简单介绍。

一、警用犬的训练

根据警用犬工作的性质特点，我们只介绍警用犬的扑咬、追踪两种技能的训练方法。

（一）扑咬

扑咬是指犬在训犬人的指挥下，迅速、敏捷、凶猛地锁定目标并实施攻击（扑咬）的能力。要求犬沉着、稳定、自信、部位准确（图6-22，图6-23）。

图6-22　犬的扑咬训练

图6-23　犬的扑咬训练

1. 训练方法

第一步是胆量训练。训犬人鼓励犬扑咬，并发出"袭"的口令，助训人在犬的面前来回经过时，不断地激怒犬，并有意识地让激怒的犬咬住护袖，同犬搏斗并僵持一段时间。当训犬人发出"放"口令后，助训人再适当逗引一下即结束训练。

第二步是追击扑咬训练。选择开阔和清静的场地，助训人戴好护具隐藏好。训犬人带犬到达预定位置，用左手握住犬带镊钩上方约 10cm 以控制犬。助训人边接近边挑衅犬，训犬人用"注意"、"袭"、"好"的口令提示和鼓励犬。当助训人到达犬的面前并转身逃跑时，训犬人应立即令犬攻击，同时将犬放出迅速跟进。当犬追上并咬住助训人后，应与犬搏斗片刻，然后停止不动。训犬人发出"放"的口令后，给予犬奖励并结束训练。如此反复训练多次，使犬比较熟练后，再进行追捕距离逐渐延伸、路线逐渐复杂和进行扑咬姿势多样化的训练。

第三步是拦阻扑咬训练。训犬人带犬随行，当助训人从隐蔽处或从正面行至与犬相遇时，突然向训犬人发动袭击。训犬人立刻发出口令，令犬进行拦阻扑咬。当犬能迅速咬住助训人时，训犬人应充分奖励犬。如果犬不能大胆拦阻，助训人应立即转身逃跑，吸引犬进行追击扑咬。经过几次训练后，就能顺利完成训练内容。

第四步是实战扑咬。助训人着便服无护具，犬戴上口笼，按第三步程序进行训练。当犬熟练后，逐渐增加扑咬环境和气候条件的难度或进行引诱、干扰状态的扑咬训练，进一步完善犬的扑咬能力。

2. 注意事项

扑咬训练初期不能与犬搏斗时间过长，否则犬的凶猛性提高过快，易养成犬不放口的毛病。

（二）追踪

追踪是指犬根据训犬人指定的嗅源气味，沿气味去寻找相同气味的人或物品的过程（图 6 – 24，图 6 – 25）。要求反应明显、上线迅速、把线稳定，嗅认积极、追踪兴奋、分辨力强、速度适宜，而且能在不同时间、气候和环境条件下完成任务。具体工作时应做到追踪 2 个物品、从 2 个角度、时间 2h、距离 2 000m 以上。

图 6 – 24 犬的嗅源训练

图 6 – 25 犬的追踪训练

犬具有前来、衔取等基础技能，并具有一定的环境适应能力之后，即可进行追踪训练。

1. 训练方法

选择一块土质松软或有矮草的场地，先让犬利用游散熟悉环境并排便，然后将犬拴好。用能引起强烈欲望的物品逗引犬，当犬欲获取物品时，训犬人应快速离开并在距犬 300～500cm 的地方，选一地点留下明显擦痕，从该地开始设 3 000～5 000cm 的迹线，将物品放在迹线终点的地上，然后再按原线返回，形成复线。训犬人带犬至起点处，令犬坐延缓，将犬绳更换成追踪绳。左手靠近镊钩的位置，右手食指指向地面嗅源，令犬嗅闻后发出"踪"的口令，并诱导犬开始追踪。犬在追踪途中，要及时以"好"的口令给予奖励，发出"踪"和"嗅"的口令鼓励犬继续追踪。当犬接近终点物品时，要注意控制犬的速度，尽量让犬主动发现并衔取物品，然后与犬适当争抢片刻，再将物品抛出并令犬衔回，最后给予食物奖励结束训练。

若干次训练以后，当犬养成嗅认迹线并积极地循线追踪时，就可取消用物品逗引犬和当着犬的面直接布线的方法，改为隐蔽布线，以消除犬的视觉印象作用，促进犬更好地发挥嗅觉功能。若能顺利地追踪复线，就可以改为单线或在终点藏物处加浓气味断开迹线。通过训练，如犬能根据指挥细致地嗅认嗅源，兴奋地低头嗅认并循线追踪，训练即告完成。

2. 注意事项

（1）犬在追踪过程中丢失迹线而寻找又遇到困难时，必须通过口令、手势等方式鼓励犬并提供适当帮助，使犬找到迹线并继续进行追踪。

（2）犬刚开始工作时应对犬适当控制，以利于准确嗅认嗅源气味。

（3）要随着犬能力的提高，训练逐渐多样化。

（4）迹线长度、角度，物品的种类、藏物的地点和方式应经常变换，以防止犬形成不良联系。

二、猎犬的训练

（一）猎犬的分类、选择和工作年龄

1. 猎犬的分类

猎犬的分类有多种方法，可以按犬体型大小、猎取目标动物的栖息环境和不同用途及猎取要求等分类，但通常多按猎犬的体型大小分类。猎犬按体型大小可以分为大型猎犬、中型猎犬和小型猎犬。大型猎犬一般身体强健，除了可猎中小型动物外，更适合猎大型兽类，如大丹犬、猎鹿犬、猎狼犬都属于大型猎犬。中小型猎犬如灰布特猎犬、巴赛特犬等多数用于猎中小型动物（少数品种也可用于猎大型兽类），如鹿、兔子、野鸡等。小型猎犬如腊肠犬、比格犬等适合于猎洞穴中动物，如狐、獾和兔等。

2. 猎犬的选择

选择猎犬首先要根据猎捕对象来选择犬的品种，并考虑嗅觉、视觉、奔跑力、耐力、胆量、咬合力等因素。优秀的猎犬应具备胆大、凶猛、嗅觉灵敏、视觉敏锐、奔跑迅速、衔取兴奋等特点。应选择齿呈剪形咬合、四肢平行、发育良好的犬作为猎犬。

3. 猎犬的工作年龄

由于狩猎对象不同，猎犬的工作年限有长有短，但通常是8月龄至6岁。北极犬可从8月龄至8岁，猎捕大型动物用的猎犬年龄以1～4岁为宜。

（二）猎犬基本能力训练

1. 衔取猎物训练

训练猎犬衔取猎物的方法和训练宠物犬衔取物体的方法大同小异。这个科目的训练目的是让犬养成寻找打死或受伤小型鸟兽并将其叼给猎人。

为了取得更好的训练效果，猎犬衔取猎物训练可从 3 月龄开始，将逗引物扔出 3～5m 远处，同时喊口令"衔"。小犬叼起物品到主人近前，主人用手接过物品，然后马上给幼犬各种奖励，并重复训练几次。当犬能很好地完成衔取动物后，就可到野外或猎场上去训练。

2. 寻找动物的训练

寻找训练要在衔取猎物训练的基础上进行。通常也从 3 月龄的犬开始，初期用手套、钥匙链、手帕等练习寻找。后期用将来准备狩猎的动物或用它们身体的一部分（蹄子、耳朵、皮）做犬寻找的对象。训练寻找可分三步进行。

第一步，在训练场先让犬嗅它要寻找的猎物的气味，然后当着犬面做出气味路线，然后令犬去寻找，但不要使所做猎物气味路线与人气味相混。通常犬能很快找到猎物。这样每天训练几次，正确完成动作要给以奖励。

第二步，当犬顺利完成上述训练后，做延长、弯曲的气味路线。当犬完成训练的效果越来越好时，可以渐渐解除用犬绳对犬的控制。在训练时要注意经常变换环境场地。

第三步，训犬人背着犬将猎物隐藏起来，再按上述方法训练。如果犬仍然能正确找到训犬人隐藏起来的、它没看到的猎物，训练就已经基本完成。

3. 熟悉枪声的训练

（1）不装子弹进行训练　训练时，先放开犬让其游散，当犬排完便后，把犬叫到自己身旁，当着犬的面把只有底火的子弹放入猎枪弹膛里，将枪平举或斜向天空，在扣引扳机前呼唤犬名字，以引起犬的注意，若犬在枪响后不恐惧时应及时给以各种奖励。每天训练 2 次，每次打 4～5 枪，训练 3～4 天。

（2）装子弹训练　方法与第一步相似。但举枪射击的同时，要利用助训员将猎物抛出去，通常犬能主动地奔向猎物，并将它衔回来。通过第二步训练，使射击与衔取训练结合起来。

（三）狩猎训练

1. 猎捕大型兽类猎犬的训练

大型猎物主要有野猪、各种鹿、黄羊、狍子及熊类等，以训练猎捕野猪犬为例。因为野猪非常凶猛，易伤猎犬，所以，猎捕野猪的猎犬应选用中、大型犬，如 1 岁以上的追逐犬、牧羊犬和北极犬等。

训练要选择野猪比较多的地方，给犬拴上犬绳领犬寻找野猪。发现野猪足迹后，用"嗅"命令犬嗅其足迹，如果犬判断是猪的新鲜足迹后，解开犬绳让其自由跟踪。犬追捕到野猪时，猎人要选择有利地形和时机开枪射击，杀死野猪后不许犬撕咬，更不允许犬随意吃肉，但应立即把内脏取出喂给犬。如果遇到体重在 150kg 以上的野猪尤其是雄性野猪时，应训练犬以围困为主，猎人应尽快赶到并击毙野猪，不要使犬受伤。也可以利用野猪标本训练。使标本呈站立姿势，在后腹部两侧和臀部挖洞，喂犬时将食物放入洞中让犬采食。这种训练可使犬避开野猪的头部，扑咬野猪后部要害之处。也可以通过让有丰富经验又无不良习惯的猎犬带新犬捕猎，新犬能很快学会狩猎。

2. 猎捕中小型兽类猎犬的训练

中小型动物主要有獾子、兔子、狐狸等。以猎兔犬的训练为例。猎兔犬的种类很多，要求嗅觉、视觉和听觉都非常灵敏，尤其是视觉起主要作用。灵猩、北极犬和某些牧羊犬等都是极好的品种。

猎兔犬的训练应从幼小时就带其在林中游散，首先训练随行、熟悉兔子的足迹气味，用2只犬同时猎兔训练效果最好。先是引导幼犬按兔子足迹进行寻找，然后训练扑捉兔子，先用1只受伤后仍然能跑但又跑不快的兔子，将它隐藏在草丛中，最好有助训人帮助，当犬找到此处，助训人再将它放开，让犬寻找到并追咬逃跑的兔，捕到兔后让犬玩耍一会，不能将兔子撕坏或吃掉。但可以把已被咬死的兔大腿割一条给犬吃。

实战训练应选择在秋季，在兔子比较多（也不能太多，否则犬易迷失追捕对象）的地方进行。通常猎人领2只犬到猎场上去寻找兔子。要选择嗅觉、视觉和听觉都很灵敏的犬，要求奔跑的速度要足以猎捕兔子，并能很好配合。训练初期猎人以"之"字形前进，最好边走边用手给犬指出前进方向，当犬能按主人的手势前进时要以"好"的口令奖励它；以后逐渐减少主人走"之"字形的距离，而让犬继续走"之"字形路线；最后，猎人沿直线前进，犬能主动走"之"字形寻找兔子。当犬反复失掉所找目标的路线且无法继续前进时，主人要帮助犬找到足迹线路。

猎人应当熟悉兔子的生活习性。兔子固定的活动路线是围着它的巢呈圆形绕圈活动，除非偶尔走出去找食。所以，当猎犬猎兔时，犬追赶惊起来的兔，猎人就等在兔子刚跑出来的地方。

训练猎兔犬也可用有经验的犬带训。

训练中一是要注意训练犬在追捕中匀速追捕和急转急停的能力；二是在犬追捕兔子时不能用开枪的方法召唤犬，可以用口笛或号角等。

3. 猎捕树栖动物猎犬的训练

树栖动物有很多，如松鼠、鼯鼠等，而喜欢上树的动物有青鼬（蜜狗）、豹猫和猞猁等。猎捕树栖动物最好选用北极犬。下面以猎捕松鼠为例，说明训练猎捕树栖动物猎犬的方法。

训练时应把松鼠做成一个标本，把犬带到有小树的训练场地，当着犬的面用标本在地面上做出痕迹路线20～30m。当迹线到达树后，用绳子把标本吊到树上，绳的另一端由助训人拉着，以便于使松鼠升起或降下。主人领犬到痕迹起点，命犬寻找，当犬能正确地找到痕迹时，主人用"好"的口令给以奖励。如果犬偏离路线时，将犬叫到起点重新寻找，直到找到有松鼠的树。这时助手把松鼠拉起来，让犬在树下面吠叫，等主人到后向树上射击，枪响后，助手迅速把标本降落到地面，让犬上前叼起它并送给主人。训练初期可以用1 500cm长的犬绳来控制犬进行训练。

实际狩猎训练，应在秋末冬初降雪之前进行。选择松鼠最喜欢栖息的红松林、云杉林或阔叶林。训练幼犬时要选择树木不太高的林地。最好用有经验的猎犬带新犬。通过模仿训练，新犬能很快学会如何寻找和捕捉松鼠的技巧。如新犬叼起松鼠撕咬、戏耍或吃松鼠必须立刻制止。但要用事先准备好的美食或抚摸犬的后额头和用"好"的口令等奖励它。

单独训练时，当犬遇到松鼠，多为先注视后捕咬。但犬的吠叫声会把松鼠赶出来逃到临近的树上去，这时犬站在树下吠叫，猎人必须及时赶到，在犬的后面抓准时机瞄准松鼠进行射击，使犬能亲自抓住松鼠，尝到狩猎成果。

4. 猎捕栖息洞穴中动物猎犬的训练

猎捕栖息洞穴中动物的猎犬应腿短、身体强健有力，能进入洞穴里进行搏斗为宜。适合的犬有德国腊肠犬、英国狸和猎獾犬（小型狸犬）等。

训练犬猎捕地下动物，应选择獾子和狐狸比较多的地区，在比较平坦的地方用砖或土坯在地面上筑成一条长 300cm 的穴道，把要产仔的母犬放在里面产仔。穴道中要暗，使仔犬从一开始就熟悉类似獾、狐的洞穴环境。当幼犬熟悉穴道环境后，再建一个弯成直角的穴道，穴道的另一端做成圆形的洞口，训练如何躲闪和进攻。当犬熟悉弯曲的穴道后，再用木板建造一个长 1 500cm、宽和高各为 20cm 的穴道。穴道的一端作为犬的进出口，在另一端作成一个小圆洞，其余部分全部封闭。

训练时，猎人把狐狸（獾）的头钉在木杆上伸进小圆洞里，并从圆洞外面来回移动逗引犬。使幼犬向着动物头吠叫并咬住不放。幼犬逐渐长大后带它到野外进行实猎训练，它们很快就能掌握怎样与动物搏斗、怎样猎杀猎物。

5. 猎捕陆栖禽类猎犬的训练

适宜猎捕陆栖禽类的犬品种较多，主要有赛特犬、西班尼犬、波音达犬和北极犬等。这类猎犬要求嗅觉特别好、奔跑速度适中，主要作用是寻找、衔取猎物或指出猎物位置。这里着重介绍指示环颈雉位置的训练方法。

环颈雉比较机警、善于隐蔽，但飞翔能力弱，主要栖息于农田附近。但在雪地上，通过留在地面上的痕迹也可以找到它。

训练指示犬的方法最常用的是杰克逊训练法。该训练方法的目的是要教会犬在猎物出现时卧倒。

首先在地面上挖 1 个陷阱，在陷阱中放 1 个带盖子的箱子，里面放 1 只鸽子。另外放 1 个笼子，里面装有要猎捕的动物。把犬拴上犬绳，绳子的另一端钉在地上，不至于使犬跑出去。

训练者打开箱盖，放飞鸽子，与此同时将装有环颈雉（或鹌鹑）的笼子沉入陷阱中去。当鸽子飞起来时，犬要向前追捕，到一定距离时让犬卧下，犬就可以嗅到陷阱里环颈雉的气味，并用头指给猎人其所在的位置。通过多次这样训练后，再把犬领到有环颈雉或鹌鹑的猎场中去，让犬进行实猎训练。当犬见到环颈雉后，距离 10m 左右卧下，并凝视环颈雉指示给猎人。猎人呈射击姿势，然后命犬去轰赶，当环颈雉飞起后，进行射杀。最后犬将猎物衔回放在主人手里。

三、牧畜犬的训练

牧畜犬除用于牧羊、牧牛外，还可用于牧鹅、牧鸭、牧鸡及牧家兔等。该种犬的训练宜从 6 月龄时开始。下面以牧羊犬为例，介绍牧畜犬的一般训练方法。

（一）基本能力培养

培养犬执行"坐"、"立"、"卧"、"前进"或"快"、"慢"、"留下"等口令的能力。训练方法参见本书有关章节。

（二）复杂能力训练

1. 出牧

出牧是犬围绕羊群绕圈来聚集羊群的能力，是其祖先狼协作狩猎技能的遗传行为。但这种能力因犬的品种和训练水平不同区别很大。如伯德牧羊犬采取圆形出牧，而新西兰牧羊犬则采用梨形出牧。

犬还没有完全熟练之前允许在羊群的一边出牧。但当犬具备了一边出牧、聚集羊群、驱赶羊群的能力后，就必须培养犬在羊群两侧出牧的能力。如果犬总是在右边出牧，可用篱笆或围栏限制羊群的右侧，迫使犬从右侧绕过篱笆到左边进行出牧和驱赶羊群。而且，犬出牧训练的距离要由近及远，逐渐扩大出牧范围。

2. 重出牧

重出牧是指训犬人用口令"回去"指挥犬重新去聚集羊只的过程。要求即使没有羊只目标，只有训犬人指示的方向时，犬也能去出牧。重出牧的训练必须在犬对"回去"的口令具有良好的反应之后进行，也可用手势和指挥棒协同训练。在重出牧的训练初期，训犬人指挥犬重出牧的方向必须能看到羊只。只有犬对重出牧非常熟悉和感兴趣时，才能培养犬聚集羊群出牧的技能。

3. 驱赶

驱赶可以采取下列方法进行训练。在一个用栅栏围得很好的狭路上挤满了羊群，犬很难走到羊群的前面。训犬人一边在羊群后面驱赶，一边用左、右手来指挥和鼓励犬驱赶羊群，并有意识地落在犬的后面。随着犬驱赶能力的提高，训犬人鼓励犬的次数减少、离犬的距离加大，直至犬能独立完成为止。甚至可让犬带着羊群返回训犬人的身边。

4. 分隔

训练时，训犬人与牧羊犬相对而立，将一小群羊夹于中间。随着羊群在人与犬之间的移动，训犬人手持加长的羊鞭向犬方向移动，同时对犬发出"来"的口令和手势，鼓励犬穿越羊群。训练有素的牧羊犬，能够全力执行。

四、导盲犬的训练

（一）导盲犬概述

导盲犬是盲人的一种特殊助视器和伙伴。调教导盲犬的目的是用犬为盲人或低视力患者提供帮助，使其行动安全而迅速。导盲犬在正常情况下会坚决执行盲人的命令，而特殊情况下可以不执行主人的命令，当不执行主人命令时，是为了帮助主人避开危险（图6－26）。

图6－26　犬导盲示意图

人类使用导盲犬已有近千年的历史。目前德国、美国、意大利、英国、丹麦、澳大利亚、日本等国及我国的大连市都有导盲犬调教机构。

1. 导盲犬的要求

导盲犬要聪明、健康、性情温和、性格稳重、视觉良好、听觉灵敏，具有良好的心理素质和判断力，体重在 20～35kg 为宜。此外，导盲犬还要具备拒食、帮助盲人乘车、传递物品、无视路人的干扰和不攻击路人及动物的能力。

2. 导盲犬的训练过程

导盲犬在 8 月龄时寄放在一般的家庭里抚养至 1 岁；然后进行服从调教、定向调教、与残疾人沟通调教、拒绝执行危险命令的调教；最后进行与残疾人的匹配调教。

3. 导盲犬的训练阶段

第一个阶段是基础能力训练，包括亲和关系的培养、服从性训练（随行能力和随行中的站立等），以及对环境的高度适应能力。第一阶段的训练可以参照本书犬的基础科目训练一章；第二个阶段是导盲专业科目的训练；第三个阶段是盲人亲自训练和使用。

（二）导盲犬专业科目训练

导盲专业科目的训练必须由专门的训练人、在特定的训练场所进行。训练场地应设置各种各样的障碍物，训练中，训犬人不但要随时随地不断变换障碍物的摆放位置，还要教育犬不得扑咬接近的各种人畜等。另外，导盲犬的训练需要一副特制的"U"形牵引犬套。犬套用直径 4mm 的金属弯杆制成，有长 100～110cm 的"U"形把柄，金属外要缝制柔软的皮革或布料，末端各制成一个扣环，用于固定在犬的脖圈上。

导盲犬的专业科目训练一般分 5 个步骤进行。

1. 抵制新异刺激和诱惑的训练

训练导盲犬前行时，助训员在固定路线上放些牛肉、骨头等食物，如犬欲吃食物应及时制止，并鼓励犬继续前进，直至对这些物品失去诱惑。另外，还应培养犬抵御各种音响（汽车喇叭声、机器轰鸣声、鞭炮声等）、各种动物等刺激的诱惑。以提高犬抗外界因素干扰的能力。

2. 无障碍平路训练，培养犬熟悉固定路线

（1）由训犬人对犬下达"走"的口令，在固定路线上由甲地到乙地行走，每天练习 3～4 次。调教最好在喂食前进行，每次由甲地到乙地后才给予食物奖励。经过多次反复练习，下达"走"的口令后，犬就可以在固定路线上由甲地到乙地。

（2）训练必须选择在无障碍的小路上进行。训犬人让犬在自己的左侧或稍靠前坐好，左手轻轻捏着犬套的"U"形把柄，右手持手杖或木棍，并向犬发出"靠"和"走"的口令，训犬人和犬一同并排缓行。初期的行走路线是直线，在犬能缓慢地与训犬人并排行进时，训犬员应发出"好"的口令给予奖励，训练结束应当给予抚拍或食物奖励。随着犬与训犬人伴行能力的提高，可将训练的行进路程增加到 1km 以上。

（3）当犬对无障碍的小路非常熟练之后，就要培养犬的转弯能力。在转弯训练时，训犬人要先放慢步速，向犬发出"右转"或"左转"的口令，同时左手朝所去的方向扭动把柄，自身也转过方向与犬一同缓行，当犬转过方向后，应给予口头奖励。直至犬完全能根据口令转弯为止。

在无障碍平路训练过程中，训犬人不得允许犬无缘无故的停滞，但训犬人可经常做

1～2次使犬意想不到的停止动作训练。在小路上熟练之后，可以将犬带至大路或公路上训练。但必须靠边缓行，使犬完全学会放慢行走速度，习惯与训犬人并排直行和转弯。

3. 有障碍预警训练

犬对路途障碍的预先警告是导盲犬训练中最重要的一环。可以免去盲人的难堪、伤害，甚至可以拯救盲人的生命（盲人弗兰克与导盲犬巴蒂）。

（1）培养犬在行进中对"停'、"走"的口令形成条件反射并能主动绕开障碍物　训犬人位于犬的后面用棍棒式牵引绳牵引犬。当犬横穿公路时，有意安排一辆汽车驶过（也可是行人、自行车、摩托车等），训犬人下达"停"的口令，使犬站立原地不动或坐下。待汽车通过后，再下"走"的口令，带领继续前进，同时用"好"给予奖励。反复练习后，犬就能对"停"和"走"的口令形成条件反射，学会引导人暂避横穿的车辆。迎面的车辆和行人犬会自然避让，无需多加练习。此外，在路线中可设一些各种小型的障碍物，调教犬通过或绕开通过。

（2）培养犬在不能越过的障碍物面前自动停下　可在路上安置一些犬不能跨过的物体（如长凳、箱子、石堆等），训犬人对犬发出"靠"、"走"的口令，与犬一起行进。在人与犬到达障碍物面前时，训犬员对犬发出"停"的口令并站住。如果犬停下来，就用手杖轻敲障碍物，同时发出"好"的口令和给犬抚拍奖励。然后，训犬人可领犬绕过障碍或由他人搬去障碍物，继续向前走。反复训练该科目，直到犬在不能越过的障碍物面前自动停下为止。

（3）培养犬在犬能通过而人不能通过的障碍物前停下　将障碍物设置成犬能通过而人不能通过的样式，如各种拦道杆，训练方法同上。如犬不停下，训犬人应立即停下并拉住犬，同时用手杖轻敲障碍物向犬示意，并绕过障碍或由他人搬去障碍物，继续向前走。这样反复训练，并逐渐减少到障碍物前发"停"的口令，直到犬引导训犬人到障碍物前主动停下为止。

（4）培养犬对障碍物的判断力　但以后的训练中要不断变化拦道杆的高度，培养犬准确的判断力。使犬在杆的高度200cm以下时，主动停下来预警，而当杆在200cm以上时，犬会继续引导人行进。

4. 行走特殊路面的训练

通常所讲的特殊路面包括上下楼梯、跨越沟壑或河流等等。

（1）上下楼梯的训练　训犬人与犬来到楼梯的台阶前，训犬人要发出"停"的口令，让犬停下以示预警。当犬停下后，训犬人用手杖轻敲台阶，表明已经感觉到。停止片刻后，训犬人再用手杖轻敲第一级台阶，并对犬发出"靠"、"走"的口令，与犬一同缓慢地上楼。在每一级台阶上，训犬人都要自己停住，同时也要让犬稍停片刻，等到上完台阶，训犬人应稍稍奖励（不能用食物）犬。如此反复训练，直到犬能在训犬人的指挥下，一级一级地缓缓引导人上楼梯。下楼梯的训练方法与上楼梯的训练方法相同，只是更要放慢速度。

（2）过高坡、壕沟和陡峭路堤的训练　在高坡、壕沟和陡峭的路堤前，训犬人应让犬停下来，并用手杖仔细地对高坡、壕沟和路堤轻轻敲击，以示揣测和研究，然后，与犬一道极缓慢地通过。这样多次重复后，使犬明白这种情况必须非常谨慎、缓慢地通过。

5. 横穿马路的训练

首先，犬必须习惯在正常的交通线路右侧行走或停立。训练时，训犬人与犬一起沿着右侧人行道前进，同时注意观察来往车辆。如没有车辆通过，训犬人应适时发出"左转"、"走"的口令，人与手柄也随之转向，一同与犬穿过马路，并给犬以表扬。如有车辆通过，训犬人应发出"左转"、"停"的口令，转向后要一同停在路旁，待车辆行驶过后，再发出"走"的口令，与犬一同穿越马路。如此反复训练，使犬学会根据有无车辆通过，决定是行走还是停立。

导盲犬投入工作后，训犬人也要定期地检查犬的状态，继续帮助盲人和导盲犬纠正错误的做法和行动。

五、救生犬的训练

救生犬主要用于自然灾害现场搜索与救援失踪人员，救生犬的工作直接关系到挽救人类的生命和财产安全，所以救生犬的工作意义重大。救生犬出现的历史可以追溯到公元950年以前。

用于救生训练的犬必须感觉灵敏、勇敢顽强、温顺灵活、耐力持久、搜索欲高、善于配合和合作，很多品种的犬都能训练成为救生犬。只要体型较大、嗅觉灵敏、有好奇心、有耐力并有很好的适应性即可。但是救援环境的不同也会有不同的要求。例如，水上救生犬不但要是游泳健将，还要求有很好的体能，所以，通常选用一些体型较大的如纽芬兰犬；而山地救生犬则需要很好的体能和适合在高寒气候下野外工作的能力，如圣伯纳犬。但是对人和其他犬会表现出攻击行为的犬不适合选作救生犬。

训练救生犬的训犬人首先要参加很多学习和训练。如使用卫星定位仪，红十字会紧急救护训练，使用地图和指南针，使用对讲机通话，野外生存，搜索与跟踪，安全地乘降直升飞机等。

救生犬的训练通常要用 1.5～3 年的时间，训练分为服从能力训练和使用能力训练两大部分，训练科目包括跟踪、区域搜索、尸体痕迹收寻、水上搜索、雪崩搜索、自然灾害搜索、搭乘直升飞机等各种交通工具等。而且救生犬每工作 30min 应该休息 10min，这样才能保证工作质量。

服从能力培养包括接近和接纳陌生人，在人群中平静行走的测试与训练以及紧急停止训练等内容，因为在犬的基础训练中已经叙述过服从能力的训练，本节主要介绍在 4 种不同救生环境下，救生犬的使用能力训练。

（一）雪地救生犬的训练

搜寻能力的训练应选择一开阔的冰雪山地，训犬人先用食物或物品逗引犬，待其兴奋后，助训员当着犬面，拿走食物或物品隐藏起来。然后训犬人对犬发出"搜"的口令，指挥犬对雪地进行搜索，当搜寻到助训员后，助训员立即将食物拿给犬吃。完成训练后，训犬人和助训员都应热情地鼓励和奖励犬，使犬形成找到助训员就能获得美味食物和获得训犬人与助训员奖励的条件反射。这样反复训练，使犬的搜寻积极性越来越高，兴趣也越来越大。随着犬搜寻的能力提高，助训员隐蔽的难度也相应提高，从稍作隐蔽到全身隐蔽，最后完全埋在用于训练的雪洞里，而且，随着犬搜寻、挖掘能力的提高，覆盖的雪要越来越厚。但用犬挖掘最多只能持续 30s，大量的挖掘工作要由训犬人来做。当"遇难者"获救后，训犬人和"遇难者"都要奖励犬。当犬能根据口令积极地搜寻、发现"遇难者"又能主动挖掘时，再逐渐增大搜寻范围和难度。

当犬具备上述救生能力时，就可进行小规模的"雪崩"模拟训练，即助训员呆在洞内，然后被雪掩盖，需要犬经过仔细搜寻才能发现。犬发现助训员后，训犬人和犬要迅速协同挖掘，使助训员尽快获救。如果犬不能尽快发现，训犬人要有意识地引导犬发现，以防助训员出现意外。

（二）碎石和废墟中救生犬的训练

用于碎石和废墟中救生犬的训练方法基本与雪地救生犬训练相同，只是训练场地应选择在倒塌的建筑物或其他碎石乱砖中。犬发现掩埋的活人后，应以吠叫表示，并培养犬在人不能进出的情况下携带并能将救援物品（如食物、氧气、水等）送到"遇难者"处的能力。

（三）海上救生犬的训练

海上救生犬以纽芬兰犬最好，该犬高大强壮，温顺、善游泳，只需稍加训练就可用于海上救生。救生犬的背上安装专用的橡皮手把或救生圈，以便溺水者抓住，然后犬带溺水者游向海岸，将其救上岸来。

训练主要是培养犬对游泳的口令、手势和"溺水者"的呼救声形成条件反射。开始，助训员扮成"溺水者"，在水中发出挣扎呼救声，训犬人对犬发出"游"的口令，并挥手指向"溺水者"。随即与犬一起游向助训员，待助训员抓往手把或救生圈时，再令犬游向岸边。当犬完成这一练习时，助训员和训犬人均应对犬加以奖励。多次练习后救生犬就可对"游"的口令、手势和呼救声形成条件反射。

犬能根据训犬人口令、手势游向助训员后，就要进一步培养犬独立地游向助训员的能力。开始训练的距离应短些，奖励应充分、热情，随着犬救援能力的提高和兴趣的增加，逐渐增加游泳的距离。训练中，要经常更换"溺水者"和训练场所，以提高犬的救援能力。

当犬具备上述能力后，可以到海边浴场进行实地救生训练。训练时，多名助训员扮成泳客，其中有一名助训员扮成"溺水者"在水中挣扎并发出呼救声，训犬人指挥犬游向"溺水者"，而不能游向其他泳客。经过多次训练，待犬对训犬人的指令和求救者的呼救形成牢固的条件反射后即可。

（四）火灾救生犬的训练

用于火灾中救生的犬称为"火犬"。火犬主要凭借特有的嗅觉和辨别方向的能力，帮助消防队员迅速搜寻出火灾现场里躲藏的人（特别是儿童）或熏昏的人。用于火灾中的救生犬，必须胆大、温顺、勇敢、勤劳、不怕火。如德国牧羊犬、加拿大的拉布拉多犬和比利时牧羊犬都是培养火中救生犬的优良品种。

火灾救生犬的训练分两个阶段进行。

1. 基础能力的培养

火灾中救生犬的基础能力主要是登高、越障、衔取重物品、穿火、淋水、淋泡沫、穿戴防火背带、拖拉人体、吠叫报警等基础能力训练。

2. 实战训练

主要培养犬反复进出燃烧着的建筑物内，搜寻隐藏着或熏昏的目标能力。

训练初期，用烟雾弥漫整个建筑物，训犬人携犬一同进入搜寻。发现"对象"时，训犬人指示犬吠叫报警，训犬人与其他人（助训员）及时将"对象"抢救出建筑物，并给犬奖励。如犬发现"对象"所处的场所人不能进入，训犬人应鼓励犬进去，衔住"昏迷者"并将其拉出交给训犬人，然后训犬人将其抱出建筑物，并充分奖励犬。如此经常训练，以培养和提高犬搜寻的积极性和兴奋性。同时，"对象"的隐藏也要越来越深，并增加拉出的难度。同时，训犬人要逐渐鼓励犬单独行动，直至犬能独立熟练地完成为止。

第二阶段要在此基础上，将建筑物内的非必经之路依次设置燃烧的火焰进行训练，开始火焰小，然后逐渐加大火焰，偶尔也在必经之路设置。训练过程中，只要犬勇敢地通过火焰冲进建筑物、积极搜寻、果断报警或拼命拉"对象"出来，训犬人都要给予鼓励和奖励。最终要将训练场所布置与火灾现场完全一样进行训练。

第六节　犬的问题行为及纠正方法

一、犬的问题行为

作为动物，生活在人们身边的宠物犬，在日常行为中会表现出跟人们的日常行为规范格格不入的某些动物本性行为，这些行为常常会被人视为"不良行为"或行为上的"恶习"而遭到排斥。这些"不良行为"或"恶习"又被称为问题行为。有些人不喜欢宠物犬，很多宠物犬被遗弃，究其原因也常常与犬存在的问题行为而主人又无法改正造成的。

要克服和纠正犬行为上的恶习，首先要对犬的问题行为有所认识。所谓犬的问题行为，从人类的认识角度看，泛指犬对主人居家生活造成困扰的一切不良行为习惯。从动物行为学角度来看，这些"不良行为"有些却是犬的正常行为。尽管纠正这些行为会使犬变得不像犬，但这却是宠物犬能够与人类社会相融的基本前提。因此我们必须训练动物在很多方面表现的让人接受。

二、犬常见的问题行为及表现

犬常见的问题行为有分离焦虑、恐惧攻击和领袖征候群等，但是，宠物犬最突出的、最经常发生的是领袖征候群。

1. 领袖征候群的主要原因及表现

犬把全家当成一个共同生活的族群，有些自主性、支配性较强的犬，就会挑战主人的权威，想成为家中的领袖，于是便产生了一些问题行为。动物行为学者称这些犬患了领袖征候群。领袖征候群的一般表现及所代表的行为语言见下表：

	领袖征候群的表现	代表的行为语言
1	外出散步时喜欢强拉着绳子，走在主人的前面	狩猎时走在最前面，当族群中带头的领袖
2	被关在家中时会乱叫，不理会主人的制止	有当领袖的欲望，不愿行动自由被人限制
3	单独留在家中会乱咬东西，乱大小便，狂吠	认为自己是领袖，无法一起外出时，会焦虑不安，并进而出现各种破坏行为
4	不服从主人的命令	不愿接受族群中地位较低者的指挥
5	常常扑向主人	它认为与主人的地位平等
6	抱着主人大腿作出交配的动作	试着挑战主人的领袖地位，与性欲无关
7	不肯在主人面前仰躺露出腹部	腹部是犬最脆弱的部位，仰躺露出腹部是代表臣服、顺从的意思
8	当主人管教或训练时，会露出牙齿反抗或攻击主人	自认是领袖，不愿接受主人的管教

2. 要克服和纠正犬行为上的恶习

可以使用禁止法，但应注意以下原则：

第一，制止犬"做坏事"、"错事"，要把握准时机，要及时、果断。

第二，制止犬的不良行为时，主人的态度必须严肃。

第三，对于制止有效，但反映迟缓的犬，可以配合机械刺激来加强记忆。

三、典型问题行为的纠正方法

困扰养犬人及对人与犬的生活造成不良影响的犬的问题行为很多，如乱咬东西、异嗜癖、无故吠叫、扑人、舔吻、攻击人畜、散步时拖着主人走、犬群内支配性攻击等。纠正以上每一个问题都应采用正确的方法。

（一）犬乱咬东西问题的纠正方法

犬乱咬东西的行为会给家居造成很大的破坏。对于幼犬来说，刨掘、啃咬或搔挠物体是一种正常的游戏行为。因为幼犬处在长牙期，会由于牙根痒而诱发这类行为的出现。随年龄的增长这种行为会逐渐消失。成年犬的这类行为却是异常行为。

1. 引发原因

产生这种异常行为的原因很多，但主要与犬的情绪状态有关。如孤独、烦恼及环境噪声，主人莫名的责骂，与主人分离或吸引主人注意等。另外，有个别犬可能已形成恶癖，不分时间、场合都可能出现这种破坏性行为。这类行为的表现方式也多种多样，有的犬可能只是对某一种物品或在某一地点出现这种行为，而有的犬可能没有什么固定目标。

2. 纠正方法

纠正时幼犬和成犬要采用不同的办法。对于幼犬，可采用给它充足的供其啃咬的玩具，并增加陪伴犬的时间等办法解决。这样做不仅可以满足它啃咬的需要，而且可以使犬情绪稳定有安全感；对于成犬，可采用两种方法，一种方法是移开和惊吓。要把犬经常破坏的目标物品移走，或在该物品旁放置一个倒放的捕鼠器，一旦犬啃咬，捕鼠器就会弹跳而将犬吓跑，多次以后，犬就不敢啃咬该物品。另一种方法是训练。给犬系上犬绳，牵犬到喜欢啃咬或叼衔的物品附近，放松牵犬绳让犬自由游玩，当犬要啃咬和叼衔这些物品时，立即发出"不"的口令。同时用手轻击犬嘴或急扯牵犬绳予以制止。如犬不啃咬物品，以"好"的口令和抚摸犬头颈等方式予以奖励。这样反复训练多次之后，犬会逐步改变这种错误行为，不再乱啃乱衔物品。

（二）异嗜癖问题及纠正方法

异嗜癖是指犬有意识地摄入一些非食物性物质，例如碎石、泥土、橡皮、粪便等（母犬在哺育仔犬时，吞食仔犬的粪便是一种正常的行为，目的是保持犬窝的清洁和回收部分营养）。异嗜癖不但极不卫生，还可能引发胃肠疾病。

1. 产生的原因

产生这种行为的主要原因是机体缺乏某种营养物质，如维生素、无机盐等。

2. 矫正方法

由缺乏营养物质造成的异嗜行为，可通过补充营养物质来纠正；非营养性异嗜，可采取惩罚的方法矫正。

直接惩罚法是将异嗜物拿到犬的面前，当犬摄食时，立即大声斥责和击打，并将该物拿走。过一段时间，再将异嗜物移至犬面前，如仍要摄食，要再予惩罚，直至犬不再摄食为止。

有的犬慑于主人的惩罚，主人在时不敢摄取，主人不在时可能又恢复原状。这时要采用间接惩罚法，如在异嗜物上涂撒辣椒粉等刺激性强而对犬无害的物品，使犬摄入后感到辛辣难受，而不敢再吃；或用喷水枪纠正，即主人拿几支装满水的喷水枪，藏在隐蔽处，发现犬欲摄入异嗜物时，立即向其喷水，使犬因受到惊吓而逃开。这样反复几次以后，犬就会克服掉异嗜癖。但必须注意不要让犬看见喷水的动作，防止让犬将喷水与主人的惩罚联系在一起，而应当让犬以为是它的摄食异嗜物的行为直接引起了喷水。

（三）无故吠叫问题及纠正方法

吠叫是犬的一种本能。犬用吠叫来表示兴奋、招呼、警告、恐惧、痛苦不安或是感到厌倦等情绪。

1. 产生的原因

犬吠叫的原因很多，如犬在寂寞无聊的时候，吠叫有时是发自对他人的警戒心，有时是想去散步时对主人的催促，还有的是发自对大的或陌生声音的一种恐惧心理等。此外，老犬还会因睡眠不好、过分敏感（感觉机能紊乱）而吠叫，当然有些犬也会莫明其妙地吠叫。吠叫是城市宠物饲养中最头痛的问题之一，所以，必须对犬的吠叫进行训练。虽然训练方法有许多种，但禁止犬无故吠叫是犬所有训练中难度最大的。

2. 犬无故吠叫的纠正方法

（1）呼唤吸引　每当它刚开始吠叫的时候，就喊它的名字，以此吸引它的注意力。要让犬觉得注意主人比吠叫更加有意思。切忌在犬大声地吠叫时，主人跑过来训斥它的行为。对于在室外饲养的犬，这样做会使它产生一种印象，只要一吠叫主人就会来到跟前。

与被训斥相比，主人能到自己的跟前来会令它更愉快。因此，它会叫得更起劲。对于在室内饲养的犬，如果在无故不停地吠叫时被主人训斥，犬会因为不明白被训斥的原因而继续吠叫。

（2）动作警告　犬无故吠叫时要给予动作警告。①向上提牵引绳，给犬严厉的警告；②抬起爱犬的下巴警告。

（3）惩罚与奖励　当犬吠叫的时候，边大声地制止它，边用水枪射它的脸来惩罚。受训过后，犬如能安静下来，要及时夸奖。无论惩罚还是夸奖都要及时，要让犬明白怎样做才会受罚，怎样做才会受到夸奖。

另外，要研究分析犬吠叫的原因，针对犬吠叫的原因寻找制止的办法。例如犬对着窗外的行人或车辆乱叫时，可以在散步的时候，故意带它到人多的地方去，让它习惯这种环境等。

总之，训练必须从幼犬开始，而且要查明吠叫的原因、采取适当的方法。纠正犬吠叫要持之以恒，否则会让犬认为是在玩游戏，因此叫得就更厉害了。

（四）扑人问题及纠正方法

犬有在见到主人或其他陌生人时，扑向人的习惯。小型犬的这种行为非常可爱，但对于中、大型犬来说，就有可能出现人被扑倒的危险。因此，要从幼年时期开始矫正犬扑人的习惯，避免犬长成后由于扑人产生意外和烦恼。

正常情况下，当幼犬要扑过来时，主人应该蹲下，与它的视线保持水平，然后抚摸它一番。更好的做法是多花时间与犬游戏，让犬尽兴。如果这种方法无效，犬还继续扑人，就应采取措施进行纠正。

纠正方法主要有：

1. 当犬扑过来时，稍用点力握住犬的两只前脚，使犬稍感疼痛。
2. 当犬扑过来时，同时向前迈一步，把它顶倒在地上。
3. 当犬扑过来时，悄悄地轻踩它的后脚。

但是，这些方法只是为让犬感到不适而已，并不是要虐待它，因此，要掌握适度，禁止动作过于粗暴。在训练过程中，切忌训斥和发怒。如果犬已经训练完"坐下"命令时，当犬要扑上来时，马上命令它坐下之后立即给予抚摸奖励。

（五）舔吻问题及纠正方法

犬舔吻人是犬对人热情的自然表现。表示犬对人的驯服、欢迎和爱意。但是，见人就舔吻，很容易引起人们的反感，尤其是女性朋友。所以，要适当纠正犬的这种行为。

首先，制止爱犬随意舔吻人必须从小开始，幼犬阶段就尽量不让它过分舔吻。如果幼犬舔你的脸和手的时候，你应背过脸和手不让犬儿继续舔，并轻声呵斥它。

其次，当犬热情地扑入你的怀抱并发狂舔吻时，你应该先推开犬，让犬冷静下来，然后才抚摸它。如果犬执意继续舔吻，可以拉住颈圈把它扯开。当犬停止舔吻行为时，可轻拍或抚摸犬体，也可用夸奖语调鼓励，必要时还可以奖励食物、玩具等。

第三，当犬不停舔吻时，可用平时的训练命令如"坐"、"别动"、"趴下"、"不"等。犬如果服从了命令，立即适当给予奖励，让犬形成不舔吻主人时有奖励的条件反射。

（六）攻击人畜问题及纠正方法

犬对人、畜的攻击往往是由于犬觉察受到威胁，而采用进攻的方式来保卫自身的安全。如有些犬是由于在成长期间遭遇过可怕的经历，形成恐惧心理而产生攻击性的行为。也有些犬是由于自信心过强，想展示一下自己的进攻能力，并采用攻击的手段来使人畜远离它的领地等。

在犬的基础科目训练结束后，可将犬带到有车辆、行人、畜禽活动的场所，将犬绳放松，让犬自由活动，并严密监视其行动。如犬有扑咬人、畜的表现时，应立即以威胁音调发出"不"的口令，并伴以猛拉犬绳的机械刺激。当它停止不良行为时就用"好"和食物加以奖励，使犬形成不许随意攻击人、畜的条件反射。

（七）散步时拖着人走的问题及纠正方法

我们有时会见到人与犬散步时犬不听主人的命令而自顾自向前冲的现象。出现这种情况是主人在训练幼犬时方法错误，使犬误认为地位比主人高的结果。

纠正方法：可以给犬佩戴制止颈圈，这样犬往前冲时颈圈会自动勒紧脖子，对犬适度控制。但该种颈圈只是一种训练器材，使用时必须遵照使用说明，注意：曾患气管塌陷、心脏疾病的犬禁用。

（八）犬群内支配性攻击行为问题及纠正方法

在一个家庭中同时养有两只或更多的犬时，有时会有这样一种怪现象：当主人出现时，犬之间会发生凶猛的争斗，而当主人离开后却又相安无事。这种问题产生的根本原因是由于主人对待它们的方式不当。由于犬的占有欲，犬群中每一只犬都想得到主人更多的关心与爱抚，而处于支配地位的犬又总是通过威胁或攻击其他犬的方式来强化它的支配地位。如果主人不理解犬的这种心理特点，就会为替其他犬打抱不平而惩罚处于支配地位的犬的霸道行为，从而使其他犬认为这时它们可以得到主人的袒护。于是，每当主人出现时，它们就试图通过攻击来夺取支配权。而主人不在时，又会重新屈从于支配犬之下。

犬接受支配和服从是一种本能的角色认同，不可人为地破坏这种关系。纠正的方法是认同和强化犬群内支配与屈从的等级关系。首先要在不被犬注意的情况下，观察哪一只是处于支配地位的犬，然后主人在与犬群接触时，要给支配犬应有的尊重与特权。如给予它更多的关心，带犬出去散步时，让它首先出门并始终走在前面等。如果发现其他犬不服从，主人要对它们加以惩罚。这样就强化了犬群内支配与服从的等级关系。如果发现主人不在时犬群内有争斗，说明犬群内等级关系尚未建立或没有确定，主人要帮助犬群建立起这种关系。

犬是可塑性非常强的动物。问题产生的原因，大都在于人而不在于犬。犬的许多问题行为，都是因为人与犬之间，没有建立正确的关系所致。通过科学合理的训练，完全可以纠正恶习，养成正确的行为，成为合格可爱的宠物犬。

（杨志东）

【复习思考题】

1. 宠物犬的生活训练主要有哪些？如何进行呼名训练？
2. 犬基础课目训练主要有哪几项？如何进行前来训练？
3. 随行和缓行有何异同？举例说明基础科目训练在工作犬训练中的作用。
4. 坐、立、卧、行项目的训练有什么关系？训练中的注意事项有哪些？
5. 日常生活中宠物犬的问题行为主要有哪些？如何纠正犬的无故吠叫？

第七章　猫的行为

第一节　家猫概述

一、家猫的历史

家猫是由野生猫经过人类长期的饲养驯化而来，是猫科动物中体型最小的动物，猫主要靠猎食生活。猫具有柔软低矮的身体、有助于平衡的长尾以及锐利的牙齿和锋利的爪子。因为猫的瞳孔大小能依光线的强弱调整，所以，多在夜间活动。猫属于哺乳纲、食肉目、猫科、猫属。世界上第一只被人驯养的猫出现在中东。但研究表明，大部分家猫品种是由非洲野猫驯化而来的。有记载的养猫史始于公元前 3 000 年的古埃及，当时人们主要是用猫来控制鼠害，以后猫才渐渐成为受家庭喜爱的宠物。因为猫的行为小心、诡秘，夜间也能明视物体，所以，古埃及人把猫尊奉为月亮女神巴斯特的化身。

二、养猫现状

家猫品种很多，性格、体征也各有不同，由于猫体形优美、动作敏捷、活泼可爱、便于饲养，已成为十分受人类宠爱的伴侣动物，尤其是一些发达国家的中老年人更喜爱养猫。除人们利用生物防治的传统方法养猫捕鼠外，更多的情况是猫已成为现代人生活的伙伴。目前，国外养猫者多有两种极端倾向，一是以饲养纯种猫为时尚，即使非常漂亮的杂种猫也不大受欢迎；二是喜养形态特别的猫，形态越怪越珍贵。我国由于长期受"犬是忠臣，猫是奸臣"说法的影响，养猫的人远远少于养犬的人。但是，目前宠物猫以其身体细腻柔软、手感好、鸣叫缠绵、神情温柔、举止千娇百媚等许多优点，正逐步进入国人的许多家庭，不少地区还自发地形成了猫的交易市场。

相信随着人民生活水平的进一步提高，以及人们对猫作为伴侣动物诸多特点的深入了解，关心、喜爱和饲养猫作宠物的人将越来越多。

三、猫的生理特点

1. 猫的听觉发达

猫的耳朵像塔一样地竖立着，时刻全神贯注地搜寻周围的声音。猫耳廓能作迎向声波的运动，可辨明微小声响的方位和距离。猫的鼓膜发达，不但能听到清晰的声音，即使在噪声中，亦能辨别距离 15～20m 外的各种不同声音。猫的听力比人的听力高 2 倍以上，甚至比犬的听觉还要灵敏。

2. 猫的嗅觉和味觉很灵敏

和其他哺乳动物一样，嗅觉主要是嗅闻挥发性物质的气味，味觉主要是在吃食或舔食时，检查和辨认溶解于水或唾液中的食物味道。嗅觉和味觉联系紧密，相互依靠。猫共有三种化学感受器，分别是嗅觉感受器、味觉感受器和混合感受器。

3. 猫白天的视力最好

虽然猫的祖先是夜行的，而且眼睛的瞳孔还可以随着光线的强弱自动地放大或缩小，但仍然以白天的视力最好。因为在完全没有光线的地方或黑暗的夜里，猫眼睛也看不见东西。它的视觉特点是，当有微弱光线时，它们的瞳孔便能极大地散开，眼睛立即将光线放大 40～50 倍，从而达到可在夜间看见东西的目的。这种奇妙的光线放大方法，对于数千年前习惯于夜行的猫的祖先是非常重要的生理特征。

4. 猫的肢体结实

猫的后肢比前肢长，每只脚下有一个大的肉垫，前脚有 5 趾、5 爪，后脚有 4 趾、4 爪，每一脚趾下又有一个小的趾肉垫。脚底和趾下的柔软肉垫起着良好的缓冲和防滑作用，并善于跳跃，更使猫可以无声地接近和袭击猎物。猫的爪由角质组成，呈三角沟形。出生后 3～4 个月龄的生长猫，其爪还不能缩回或不能完全缩回，成年猫的利爪能随意伸出或缩回。平时爪在趾球套内，只有在采取攻击行动时才伸出套外。利爪是猫的祖先赖以生存的必备条件，是它们捕捉猎物或与其他动物或同类搏斗时的武器。遇到强敌时，可用利爪攀登树木、木桩或其他物体，迅速逃掉。猫必须经常磨爪，一是阻止其快速增长，二是保持其锐利状态，这就是猫为什么用爪抓木板、抓树皮、抓被褥、抓沙发及床单等的原因。

5. 除鼻端外猫全身都有腺体

猫的体腺分为两种，一种叫内分泌腺，这种腺体有一开口于毛囊的腺体孔，产生乳样液体，它的味道能吸引异性猫。如颌部、颞部和尾根部等分泌的一种特殊味道液体利于猫与猫之间的社交活动（如划定活动范围，或涂擦在周围某物上为其他猫留下它的记号等）。另外一种叫外分泌腺，产生汗液，不过这种汗腺仅在脚垫上有。当猫格斗或发热时，才分泌汗液，产生汗液有微弱的散热降温作用。但猫散发体内热量主要的形式是通过喘气或舔理被毛时的唾液蒸发两个渠道实施。

第二节 猫的习性

经过数千年的进化，猫形成了许多独特的身体特征和行为规律。它的典型行为特点是：聪明、性格孤独、自私而且易嫉妒。了解这些习性，将有助于我们更好地对猫进行饲养、调教和管理。

一、猫的性格特点

1. 聪明、智商高

由于猫的大脑半球发育良好，大脑皮层发育较完善，所以猫能很快适应生活环境，并能利用生活设备，如正确使用便盆，打开与关闭饮水器、辨别人类的好恶等。成年猫记忆力极强，如去医院打过一次针后，再去医院就十分紧张；再如把猫带到几十千米以外的陌生地方，猫可以轻易独自返家等。另外猫还能预感某些自然现象，如地震及其他某些自然灾害将要发生等等。但5月龄前的小猫大脑尚未发育完善，必须依赖于母猫和主人的帮助。

2. 孤独、不喜群居

在与主人关系方面，在社会性方面猫与犬有着很大的不同。犬见到主人后，摇尾晃脑，非常热情。猫则多半是打个呵欠，伸伸懒腰，闭起眼睛接着睡。若横着身子在你腿上蹭几下，算是对你最友好的表示了。野猫在自然界中是孤往独来，以个体活动为主的，很少三五成群地在一起栖息和结伴生活，只在繁殖期，公母猫才聚在一起，这是猫在长期进化过程中形成的特点。家猫的环境虽然改变了，但仍秉承其祖先喜欢独立而不受约束的性格特征，常表现为多疑和孤独，并喜欢在居住环境区域内建立属于自己的活动领地，尤其不欢迎其他同类闯入。例如，当一个家庭中养了几只猫时，每只猫常根据家庭环境划分自己的领地，互不交往，更不在一起进食、排便，甚至有时为了争夺领地、食物、玩具还会发生争斗，即使母猫生产后，也多独立哺育幼猫而不太依赖主人。猫的习性决定了猫较强的独立性，孤独而自由的生活和喜欢外出活动的习惯。另外，猫不喜欢也不接受主人强迫的事情。

3. 自私、易嫉妒

猫自私，是自然选择的结果。常常表现出强烈的占有欲，如对食物、领地以及对主人的宠爱等。在与主人生活的过程中，它会在主人家庭与其周围建立起一个属于自己的领地范围，不允许其他猫进入，对入侵者会立即发起攻击。吃食的时候，如果有其他的猫或别的动物在场，猫会表现出强烈的敌意，或叼着食物逃走或按住食物做出警备姿势，有时还发出"呜呜"的威吓声。

猫的嫉妒心对同类和其他动物都有强烈的表现。比如：您抱起两只猫中的一只，另一只猫立刻会发出"呜呜"的威胁声，而怀中的猫也会不甘示弱，想尽办法阻止另一只猫接近主人。另外，当主人带另一只猫、犬或鸟回家时，原来的猫会突然失踪，有时甚至会死去。更严重的是有时主人对猫仔过多的亲昵表现，也会引起母猫的愤愤不平。但嫉妒心强也是猫重视主人对它的情感与态度的表现，我们可以充分加以利用这一特点，培养人与猫的亲密感情。

在人的居家环境中生活时间很长的猫，不但会嫉妒同类，有时还会对家庭中小孩的出现与主人对新生儿的爱抚表现出嫉妒，并发泄这种情感。

4. 猫的忠贞与专一性是可培养的

犬对主人是忠贞不渝的，而猫的本性是不认特定主人的，哪里有食物和适于自己生活的环境，就在哪里生活定居。但是，随着人们居住环境的变化和生活水平的不断提高，野生状态的或是专为灭鼠而养的猫，在家庭中饲养一段时间后，在主人的关怀、训练和调教下，孤独习性也是可以改变的，并能最终与主人建立感情。但对刚刚捕捉未经驯化或不熟悉的猫，应提高警惕，防止伤人。目前，饲养的多数纯种玩赏猫与主人关系密切，甚至可以达到与主人形影不离的地步。

5. 性格倔强，自尊心强

猫的性格十分倔强。对待主人的指令，即使已经理解，但只要不合其意，猫就不会去做。主人指定它去的地点（采食、休息、睡眠等）它往往不去，主人不许它去的地方（冰箱、电视机、玻璃家具的上面等）它偏要去。

猫的自尊心特强。猫常拒绝主人的爱抚，在主人强行抱入怀中爱抚时，往往从主人怀中挣脱逃遁。经常有这样的现象：猫与客人嬉戏，抓破了客人的衣服，客人将其赶出家后，它会一直到客人走后才肯回家；以后每当有客人来时，它就避开。当赶它的客人再次出现时，它就以不友好的态度躲在椅子或其他物品下面，并表现出狰狞的凶相。所以，调教猫必须要有足够的耐心和爱心。

6. 猫警惕性高

因为猫天生喜欢独来独往，所以有很强的戒备心。比如猫在睡觉时，总爱把耳朵挤在前肢下面，这样，既可以保护耳朵，又可以把耳朵贴在地面上，以此保持高度的警觉。一旦听到动静，就可以立刻采取必要的行动。猫在休息和睡眠状态下也处于高度警觉状态。处于睡梦中的猫常常是一旦听到轻微响动，会立即睁大眼睛，四处张望，全身紧张，做出随时反击的准备。当判断无任何危险时，才重新安然闭眼睡觉。猫用身体去蹭主人或蹭它所熟悉的猫的目的是要把自己的气味留在对方身上，以后再嗅到就会认为是安全的，这也是猫警惕性高的表现。遇到不认识的猫，要先嗅它的鼻尖和尾巴上的气味。但多是在未嗅完前就已经发生争斗了。

7. 猫喜欢玩耍

猫喜欢玩耍，特别是幼龄猫。一般仔猫出生后 3d 就能开始玩耍，玩耍的对象可以是母猫，可以是同窝的兄弟姐妹，可以是主人，也可以是其他物品或玩具。猫与猫之间的玩耍是一个互相学习、交流或传艺的过程。小猫在独自玩耍的时候，被吹动的树叶、虫子、乒乓球、毛线团、绳子、竹筒、篮子、纸篓、纸袋等都可以作为玩耍的对象。猫对球状的、嬉戏中能发出声音的玩具更感兴趣。猫玩球时常用力前冲，扑向小球，或用前爪扑打玩弄小球。对一个小球，猫常常能玩上很长时间。有时，空中无物，猫也会跳上跳下，向空中扑来扑去，这是猫在幻想捕捉食物，或是在训练捕食的本领。调教好的小猫还喜欢与主人嬉戏、撒娇，或抱腿、或舔手，十分惹人喜爱。

对于贪玩的幼猫仔猫，只要不发生危险，主人尽量不要去制止，否则会影响某些技能的掌握，而且长期抑制还会引起情绪抑郁并出现反常行为。所以主人应力所能及地创造条件（利用、制造或购买猫玩具等）尽情让猫嬉戏、玩耍，这样不但可以提高猫的本领，也可以使猫更健康地成长。

8. 猫感情丰富

猫感情很丰富。虽然猫不会笑，不会哭，但它能以声音和身体语言来表达自己的喜、怒、哀、乐，还会用耳、眼、嘴、尾巴和肢体等来表达自己不同的情感。因为它有很丰富的情感，所以也很容易与主人建立感情。如猫的两耳直立向后摆，耳尖向里弯，瞳孔缩成一条缝，胡须向前竖起时，是发怒的表现；耳朵扬起，胡须放松，瞳孔没有变化，尾尖抽动，这是高兴、满足的表现；用舌头舔嘴，这是要吃食了；尾巴向上竖起，这是安全、得意的表现；尾巴耷拉下来，这是不安或生病的表现；用脚、头、颈向上磨，这是对主人亲昵、撒娇的表现；瞳孔放大、两耳平伸、胡须向两边竖起、尾巴拍打地面、两前肢伏地、随时准备跃起，是即将发生争斗的表现；两眼微闭、尾巴温和地晃动，这是它想得到主人的爱抚。此外，与主人建立起感情的猫在主人回家时，它会欢快地跑来迎接；在主人坐着休息时，它会主动依偎主人，并要主人搂抱、爱抚。但猫并不是一味地讨好主人，只有当主人对它爱惜、温存时，它才会以友善回报，若对它不友好甚至虐待，它就会采取立即逃避、不合作的态度，有时还会进行反击或离家出走。所以，要想和猫建立感情，并得到它的信任，就必须以善相待，温和耐心。

二、猫的生理习性

1. 昼伏夜出

野猫有昼伏夜出的习性，常常夜间外出猎食、求偶和交配，这是由它的视觉和听觉器官的特点决定的。首先，猫的视觉很有特点。猫眼睛的瞳孔在黑暗的地方，能放大如满月的形状。即使在夜间昏暗的条件下也可以看清目标。其次，猫的听觉也非常灵敏。在日常生活中，猫主要依靠听觉来观察周围动静；夜间，也主要是靠听觉来探知老鼠及敌害隐蔽和活动的地点。家猫在一定程度上仍保持着野猫的这一昼伏夜出的习性。

2. 喜食肉类

猫在野生状态下以食肉为主，家养后仍爱吃老鼠、鱼、鸟类和青蛙等动物食物，并且可以连毛吞下而不会发生消化障碍，这是由猫消化系统的解剖生理特点决定的。猫的犬齿十分发达，爪子也很锐利，善于捕捉小动物，包括鼠类、鸟类、鱼类及较大的昆虫都是它捕猎的对象。猫的食肉特征虽然很明显，但漫长的家养驯化使家猫的消化道逐渐变长，这反映了消化道对采食较少肉类和摄入较多植物性食物的适应，因为纤维素较难分解，需要在较长的肠道以增加食物停留的时间。虽然猫也吃粮食类熟食，也可从馒头、米饭、面条等食物中获得一定的营养，但是，在日常的饲料配制中，还是应该有较高比例的肉类食物，不可长期地只喂素食。特别是室内喂养的猫，由于猫本身无法猎食，主人更需要注意这一点。

3. 喜爱清洁

猫非常讲卫生、爱清洁，经常用爪子和舌头清洁身体。如经常洗脸与梳理毛发，在比较固定的地方大小便，而且大便后将粪便盖好或埋好等。猫之所以成为人的伴侣动物（宠物），原因之一就是猫爱清洁。猫爱清洁的种种行为，同样是在长期的进化中形成的，是生存和生理方面的需要，这与人类的打扮行为及卫生习惯有着本质的区别。猫在吃食、玩耍、运动或睡醒以后等许多状态下都会去梳理被毛，是因为通过舌头舔被毛，可以刺激皮肤毛囊中皮脂腺的分泌，使毛发更加润滑而富有光泽，不易沾水。再者，猫的汗腺不发达，不能通过排汗蒸发大量的水分，若在炎热季节或剧烈运动以后，体内会产生大量的热，而导致体温升高，为了保持体温的恒定，必须将多余的热量排出体外，所以，猫就用舌头将唾液涂抹到被毛上，将被毛打湿，借助唾液里水分的蒸发而带走热量，起到降温解暑的作用。有时通过抓咬皮毛还能消灭被毛中的寄生虫（跳蚤、毛虱等），防止皮肤感染寄生虫，以保持身体健康。另外，在脱毛季节经常梳理还可以促进皮肤血液循环，刺激新毛生长。

猫便后掩盖粪便的行为，也是其野生祖先生存的本能之一。将粪便掩盖起来（掩盖气味），目的是为了防止天敌发现它们的踪迹。驯养的家猫虽不必如此小心地留心天敌的追踪，但仍保留了这种爱清洁的行为习惯。

4. 贪睡

睡眠是动物不能缺少的重要行为，睡眠能解除机体和大脑的疲劳，能为下次的活动蓄积力量和精力。猫确实贪睡，猫的睡眠时间，大约是人睡眠时间的 2 倍，甚至在民间传说中，猫因贪睡而耽误了进入"十二属相"的机会。在猫的一天中有超过半天以上的时间是处于睡觉状态，即一天有 14～15h 是在睡眠中度过，个别猫甚至要睡 20h 以上，所以，人们习惯称猫为"懒猫"。但猫的睡眠是分多次的、地点是变化的和有选择的，有时甚至是假睡。

猫一般每天睡好多次，每次不超过 1h，这是因为猫本来就是狩猎动物。为了能敏锐地感觉到猎物和天敌等外界的一切动静，它不可能睡得很沉。只要有点声响，猫的耳朵就会动，有人或其他动物走近的话，就会立刻腾身而起，所以，猫在夜里的任何时候都可以起来。事实上，猫的每个睡眠单位（段）分为深睡和浅睡两段。深睡时，肌肉松弛，对环境中声音的反应差，一般持续 6～7min，接下来会有 20～30min 的浅睡阶段，此时，猫睡眠轻，易被声音吵醒。猫的深睡与浅睡是交替出现的。猫的睡眠中有 3/4 是浅睡，即打盹儿。所以，看上去一天 16h 猫都在睡觉，其实熟睡的时间只有 4h。

虽然在沙发上、床上、家具顶上或窗台上许多场所都能发现睡觉的猫，实际上猫对睡觉地点的选择是十分精心的，它们总是选择最舒适、最安全的地方。比如夏天，猫选择窗台、棚下等通风、凉快的地方；冬天，猫选择靠近取暖炉等暖和的地方。值得注意的是，母猫和小猫有时会选择舒适的场所挤在一起睡，应避免拥挤使小猫发生窒息。另外，猫为了寻找适宜的地方睡经常会把家具、用品踏翻或损坏等。猫的睡觉地点总会随着太阳光的移动而发生多次移动。

虽然猫都好睡，但通常小猫和老猫的睡眠时间比壮年猫长，天气温暖时比寒冷季节的睡眠长，吃饱后比饥饿时睡眠长，发情期睡眠时间最短。

长期与人生活在一起的猫，晚上睡眠的时间比白天长，深睡的时间也在延长。这足以证明，猫已经适应了人类的生活规律，对人产生了依赖。

5. 捕猎

捕获猎物是猫的本能和生存的重要技能。不能捕获食物，野生状态下的猫就无法生存。自然状态下，猫的捕猎行为大致可分成四个阶段：一是隐蔽且安静地等待猎物的出现；二是在猎物、距离等条件适宜时，立即发起攻击；三是牙齿与利爪并用实现致命的一击；最后则是吃掉猎物。野生状态下的猫，时刻准备着捕猎行动，一旦开始，就会依次按着程序完成捕猎过程。在非自然状态下（如家养状态下）作为本能，猫仍然会经常经历捕猎的本能过程。利用这些原理，我们就能合理地解释家养猫的捕猎习性，如饱食后的猫，仍有捕捉猎物的行为，因为它会把猎物当玩具玩。了解这一原理，我们就不必刻意地试图根除猫的捕猎行为，而是要设法利用这种本能并同时避免这种行为带来的不良后果。如对于带着猎物回家的猫（有时是想获得主人的奖赏）不要惩罚。你可以在猫的项圈上放一个铃铛，当它走近猎物时，铃声会帮助猎物提前逃走。

6. 区域性强

在自然状态下生活的猫，会用气味、用声音、搔抓和其他信号划分边界。家养猫的领地集中在自己的家园周围，它们喜欢到室外建立一块与邻家猫儿有联系的区域，这一点雄猫表现得比雌猫更明显。雄猫常会建立一块比雌猫大 10 倍以上的领地。猫领地的形状并不总是以家庭现有形状为合法界限，且常常不规则，有时也会有重叠，重叠处常常是猫儿群集的地方。一只猫一旦占据了一个区域，它的领地也就固定下来。

如果一只比它弱的猫进入领地，它就会通过攻击将其驱逐出去；如果一只比它更强壮的猫儿闯进来，它也会进行抵抗，但结果是边界的重新划分。

如果同一个房间里有两只或更多只的猫，区域性表现的更强，它们在房间内画地为牢。当然也有重合的地方，如厨房——它们都会到那儿就餐。

7. 适应性较强，但对冷、热都敏感

地球上凡是有人类居住的地方，几乎都有猫的存在。成年的猫，每年通过春夏和秋冬的两次季节性换毛以适应气候的变化。但是，猫身上汗腺较少（只在脚垫上有少量的汗腺），所以，体热调节相对较难。家养状态的猫，在夏天喜欢呆在通风、凉快的地方休息；在寒冷的冬天，则喜欢钻被窝、钻灶膛取暖。去势后的猫则更加怕冷。实践证明，猫最适合的温度为 18～20℃，相对湿度为 50% 左右。

第三节　人与猫之间的关系

经过长达数百万年的进化，猫的行为方式已经根深蒂固，在大多数情况下，猫对人类的行为反应都能在猫的同类社会里找到依据。如果我们想和猫建立坚实的友谊，就必须了解它们的思维方式和交流方式。猫和人的关系并不像看上去那样，有简单明确的解释。当一只猫凝视着它的主人时，没人知道它的企图。试图概括出人和猫的关系难度很大，甚至是不可能的，因为每种解释都会有例外。然而有一点可以肯定，那就是猫能与人建立亲密的关系。猫可以与人建立亲密的关系基于以下两种说法：

一种说法是，猫把主人看成家庭的一员，或者说把人类看成了自己的同类，但谁扮演什么角色则无定数。

另一种说法是，猫的观察力十分敏锐，总是密切注视着周围发生的一切，猫知道我们不是它的同类，从领域行为的角度讲，人不会和猫发生冲突。也就是说猫不会试图把人赶出自己定的领域，甚至可以对人的侵入漠然视之，这是猫可以与人相处的基础。

但事实上，猫更愿意把它们的主人当成自己的私有财产，而且，多数情况下猫和人之间的关系往往比与同类之间更亲密。这可能是由于人的喂养和呵护，使家养猫在人类面前一直在扮演着幼猫的角色所致。也就是说，虽然猫已经成年，但对待主人时其心理还停留在幼年阶段。这一观点可以找到很多论据，如猫在人面前的许多表现是在模仿幼仔。例如呼噜呼噜的哼声，朝人的怀里拱，和人嬉戏玩耍，喵喵叫向人乞食等等。值得注意的是人和猫的大小比例与母猫和幼仔的比例相当；当我们爱抚猫的时候，人的手相当于母猫的舌头。猫在幼年时喜欢和母亲挤在一起，如果它把人当成母亲，那么猫喜欢蜷在人的膝头就是顺理成章的事了。有的猫甚至会长途跋涉数百千米，只为回到主人身边，这也能解释成幼年行为。但也可能正好相反，有时猫把人看做自己的孩子。猫会把猎到的小动物带回家给主人，并像召唤孩子一样召唤主人。有时猫也会把人当成同龄的伙伴，和人睡在一起，玩在一起。

和猫建立起感情和信任的关系，并不是一朝一夕的事，这需要耐心、坚持和温柔的体贴。建立这种关系能带来很多益处，既能让你的猫保持健康快乐，也能有效地预防一些不良习惯的养成；猫渴望人的陪伴和交往，并会报之以感情和信任。同时这种信任关系更是调教好猫必不可少的前提。只有在互相信任的关系已经确立的情况下，猫才会服从你的命令。和猫建立起感情和信任的关系必须做到以下几个方面。

一、赢得信任

猫和犬有着完全不同的遗传设定，命令一只犬比命令一只猫要容易得多，因为猫没有服从首领的概念。所以从训练的角度讲，人和猫建立感情联系需要付出更多的时间和努力。赢得信任是建立良好关系的第一步，但要完成这个步骤甚至无法预知需要的时间和能达到的效果，赢得信任取决于多种因素，但最重要的因素还是猫本身的资质和训练者的耐心和手段。因为没有两只猫是完全一样的，它们各有各的秉性，而且猫在幼年时期的经历会影响到猫的秉性。一只猫如果有很好的幼年经历，通常训练起来会更容易，和人的联系也更紧密，如果猫在幼年时期对人有不良印象，要赢得它的信任就会有一些难度。但只要投入足够的时间和耐心，不但家猫，就是野猫也可以被驯化。

二、建立感情

想与猫建立感情就必须做到以下几点。

1. 前后一致

如果你的态度总是保持前后一致，猫会认为你是可以信赖的。例如要清楚地让猫知道什么可以做，什么不可以做，并保持这一态度不变。假如你昨天允许它上餐桌而今天又严厉制止，它也许会被搞糊涂。而且，频繁的改变会伤害到猫的自信心，会使猫变得焦虑、犹豫，甚至变得富于攻击性。

最好每天在固定的时间段和猫玩耍。猫有自己的活动时间表和固定的活动线路，最好按照它的时间为它定期梳洗打扮和进行有规律的行动。

和猫在一起待多长时间或什么时候在一起并不紧要，也可以想办法训练，让猫的活动适应你的时间安排，因为通常猫会根据你的训练规律做出调整。但要注意猫在黎明和傍晚一般比较活跃。

2. 真挚的爱心

猫是一种很敏感的动物，洞察力很强，能够通过观察主人的眼睛感知某些细微的生理变化，如情绪改变时释放出的化学信号等，区分安全的动作和判断宠爱它的人。

（1）和颜悦色　首先是要尊重猫，只有这样才能培养出最深的感情。绝对禁忌打骂，也不要冲它大声叫喊；其次是要牢记，除了修指甲、喂药或是洗澡，不要把猫抓着不动；三是不要作弄猫来取乐，猫有自尊心也很敏感，它甚至能听得出嘲笑，经常的嘲笑会破坏它对主人的信任。

（2）耐心 耐心对训猫来说是最重要的，也许你很希望猫能乖乖地坐在你的膝上，可如果它还没有这样的习惯，强迫只能使它越离越远。多给它一点时间，把主动权交到它手里，等它认为可以了，自然会到你的身边来。当然也有一些猫天生不喜欢和人挤在一起。

3. 陪猫玩耍

玩是感情交流的重要渠道，成年猫也需要玩耍。玩耍不仅是猫的自娱自乐，更为重要的是人与猫之间的嬉戏互动。

首先，一定程度的嬉戏能使猫保持身心健康。目前肥胖症正逐渐成为家养宠物的一大健康问题。适宜的玩耍是猫活动身体的好办法，能帮它释放出多余的热量，避免肥胖，而且能促进血液循环，从而促进骨骼和肌肉的生长。从另一个角度讲，精力太旺盛的猫爱惹事生非，如乱抓乱扒、向其他猫寻衅生事等。而玩耍则有助于释放剩余精力，减少麻烦。玩耍在维持多猫家庭的和平共处局面中尤其重要。

为了安全，主人通常不允许自己的猫到户外玩，但缺乏户外活动常导致猫烦闷、抑郁。对长期禁锢在室内的猫来说，户外玩耍相当于一种释放，能缓解烦闷情绪，促进内啡肽的分泌，保持身心愉悦。猫还会把愉悦的感觉同人联系起来，从而对陪它玩耍的人更加依赖。所以一定要正确处理这种关系。

第四节 猫常见的行为

猫常见的行为有很多种，在生活中随着环境的改变而变化的动作、眼神、叫声等肢体语言，以及和进化密切相关的、变化较小的习惯动作等都可以称作猫的行为。

一、猫的情绪变化与行为

猫有许多情绪变化反应在行为、身体、语言上。通过观察猫的行为举止、身体语言，我们可以分析猫的情绪，从而了解猫的内心世界。

1. 高兴

表现为吃饱之后擦过嘴，舔过脚掌，坐定，摇尾巴。表示高兴、非常满足。

2. 信赖

表现为四脚朝天，在地上翻滚。表示完全信赖你，觉得你对它来说是十分安全。

3. 好奇

表现为用后脚站起来，耳朵朝前倾，尾巴垂下，末端轻轻地摇。表示好奇。表现有多种可能：也许逃走，也许进一步恐吓，甚至实施攻击。

4. 生气

表现为全身压低，尾巴卷起来，双耳后压，张嘴，露出犬齿，并且出声；生气的再进一步就是准备攻击，表现出为前低后高，尾巴平伸，双耳朝前倾，爪子全露出来。

5. 警戒

表现为双耳平放，身体拱起，尾巴挺直向上，全身的毛竖起。

6. 迷惑和烦恼

表现为身体低低的站着，尾巴垂下，慢慢的摇动。

7. 投降

表现为耳朵垂下，尾巴卷进身子，胡须也下垂，身体缩成一团，表示服输。

8. 平静无事

表现为耳朵自然向上伸，胡须自然垂下，瞳孔细直。

9. 警觉

眼睛圆睁，耳朵完全朝上，前胡须上扬，尾巴迅速的摆动。此时也许逃走，也许进一步恐吓，甚至实施攻击。

10. 不安、恐惧

表现为双耳朝向两侧，眼睛椭圆，瞳孔稍微放大。

11. 警告、威胁

表现为双耳压低，眼睛变细，不发声。

12. 严重警告

表现为双耳压平，胡须上扬，脸压扁，眼睛更细。

13. 攻击

表现为双耳后压，胡须上扬，吼声出现，张牙露齿。

14. 惊喜

表现为瞳孔圆圆，耳朵竖直，口微开。这是常常在闻到厨房里有香喷喷的鱼、肉等喜欢的食物时的反应。

15. 发出呼噜呼噜声

在猫伸展四肢，很懒散的时候、主人抱着它抚摸它的下巴、半夜上床睡觉时会发出，此时表示安全和舒适。而在它生病或痛苦时，也会发出呼噜声，此时则表示痛苦。有时呼噜声也可表示友好。

16. 发出喵喵声

低沉而温柔时表示打招呼或表示欢迎、心情好。而大声一些时，可能是抱怨或有所乞求。而"咪－噢"，"咪－哇"声是表示困惑或有所求时发出。

17. 嘶叫

嘴巴张开，舌头卷成圆筒状，发出高亢的嘶叫声，并且有热气同时呼出。这时多用来表示恐惧，发怒，甚至威胁对方止步。

养猫人首先要细心观察猫的各种身体语言，正确地判断猫的情绪，了解猫的行为特点。只有养猫者先与猫建立信任，善待猫，与猫和平相处，才能获得猫的认同与"友谊"，而让猫盲目服从主人是不现实的。

二、猫磨爪

猫之所以用爪抓木板、树皮、被褥、沙发及床单等是因为磨爪是猫的习性。对猫来说，爪子是它最强大的武器，因此必须时常磨掉老化的角质而使其保持锋利无比的状态。此外，磨爪也是为了显示自已的实力。在猫的前脚内部有臭腺，磨爪也是为让脚带有自己的气味。因此，让它停止磨爪是不可能的。但家养时如让它随便磨爪，家中的沙发、窗帘、椅子、地毯、木地板、墙壁等都会变得破烂不堪。而且猫一旦确定了磨爪地点，就会经常去那儿磨爪，损失将更惨重了。

在对猫的教育中，磨爪是最难解决的事。因此在幼猫期，在家具被糟踏之前就要尽早地开始磨爪教育。设定专门磨爪地点，并经常反复带它到专门磨爪的地方去磨爪，是唯一可以解决问题的途径。首先，要准备专用的磨爪工具。市场上卖的磨爪工具种类很多，也可以自己在木板上缠上布条充当，可以多准备几块，放在猫喜欢去的地方；其次，如果发现猫开始在家具上磨爪，要立刻制止说"不行"，并带它到有专用磨爪工具处。主人可以抓住它的前脚磨爪。刚开始的时候，猫可能会吵闹，但是几回下来它就会耐心磨爪。当它能主动地在指定地点磨爪时就该表扬它；第三，也可以在不希望它磨爪的地方喷上臭剂或撒上猫讨厌的醋辅助训练，但不能依赖这种喷洒臭味剂的方法，而应耐心教育为主。

三、与其他宠物相处

猫非常喜欢金鱼、小鸟、仓鼠这些活动的动物。即使原本没有吃的打算，但当它看到游动的金鱼，扇动翅膀的小鸟，也会引起兴趣。因此，当猫刚开始靠近鱼缸、鸟笼时就该斥责它。听话的猫被训斥几次后就不会再靠近，即使仍紧盯着看，也不会有动作。但是，多数猫即使被训斥几次，也不会放弃这种有趣的玩耍。当主人瞪大眼看着它时它会听话，但主人稍稍把目光移开，它就可能马上又飞奔过去。

为了防止猫袭击小宠物，最好的办法是将鸟笼放在高处或建一个猫不能进去的房间。例如在鱼缸外罩上金属网，将鸟笼挂在天花板上。对于成年的猫来说，教育它不袭击小动物很困难。而教育幼猫就比较容易，所以，应在幼猫时期开始教育。

四、猫的攻击行为

在长期的家养驯化过程中，猫虽然对人失去了攻击行为，但对其他动物的攻击行为仍然存在。正常情况下，猫会表现出3种攻击性行为，即雄性间争斗行为、恐惧性攻击行为和宠爱性攻击行为。

雄性间争斗行为，是指公猫在一起相互争斗，彼此用前爪抓破或用嘴咬伤对方。这种行为一般在性成熟后（1岁左右）表现较为明显，而90%的成年猫在去势后几天或几个月后，相互间的争斗行为便可消除。

恐惧性攻击行为，是指当猫受到威胁时，或产生恐惧感时会出现抓伤或咬伤其他动物和人的现象。对于这种异常行为，采取的办法是查明并消除引发这种行为的各种刺激因素。如猫的恐惧感是由于见到陌生人的缘故，那么，通过主人经常带领陌生人与猫的接触，并对猫进行友善的爱抚，猫就会逐渐地适应，消除恐惧感，从而消除这种不良行为。

宠爱性攻击性行为，是指养猫者特别宠爱的公猫突然攻击主人，由于主人毫无戒备，会将主人抓伤。对此类行为攻击性比较强的猫，必须注意平时养成良好习惯，避免过度宠爱。要树立自己的尊严，使它轻易不敢袭击主人。

（付志新）

【复习思考题】

1. 人为什么会把猫当作宠物？
2. 猫磨爪的主要原因是什么？
3. 简述猫的生理特点和习性。
4. 猫有哪些突出的性格特点？
5. 人与猫建立感情需要做到哪几点？

第八章　猫的训练

作为伴侣动物，猫长期和人生活在一起，对其进行基本的训练十分必要。但猫是一种在性格上比较矛盾的动物。它们既聪明又胆小，既孤独又感情丰富、既有很强的自尊心又天生易嫉妒、既有温柔可爱的外表又异常倔强且极富攻击性、既易与人接触又不愿意受人的摆布。所以，自古以来，猫虽然以它美丽的姿容、聪明伶俐的天资深受人们的宠爱，但对于现在专供人们观赏、消遣的宠物猫来说，训练的难度要比犬大得多。训练猫听主人的话很容易，但训练猫做一些复杂的动作就比较困难。因为猫不管与主人多熟，只要发现它感兴趣的声音或事情，不管主人如何阻拦，它也会立即逃离主人，加之猫胆小，警觉性极高，对强光和训练中各种刺激易产生恐惧，所以，训练猫最好是从幼猫开始，在极富耐心的基础上并结合科学的训练方法才能调教出本领出众、惹人喜爱的猫。也只有一只训练有素的猫，才能真正为您的生活带来乐趣。

第一节　训练猫的生理基础

从猫的行为特点中我们得知，猫天资聪明、生性好动、喜欢嬉戏、好奇心强，对绳子、虫子、线团、风吹动的树叶等都有着浓厚的兴趣，常常将这些东西摆弄和玩耍一番。平时在主人的逗引下，也可本能地做出滚转、四肢朝天、直立等各种有趣的动作。然而，要训练猫做一些较复杂的动作必须掌握猫训练的生理基础，因为猫完成所有行为生理基础都是神经系统的反射。

一、猫的神经反射活动

猫的神经系统的反射活动是实现其行为的生理基础。这种反射是神经系统对刺激有规律的应答反应。简单地说，就是机体的感受器受到某种刺激后，通过神经系统的活动，使机体发生反应的过程。

猫之所以能以各种行为来应答外界刺激，是由于它具有敏锐的感受器，如听觉、视觉、嗅觉、味觉及皮肤感受器等，这些感受器分别感受相应的声、光、化学、温度、机械刺激，然后把这些刺激的能量转变为神经兴奋，兴奋沿着传入神经传入到大脑，通过复杂的整合之后大脑立即做出反应，并通过传出神经到达效应器，做出相应的动作。

二、猫神经反射的类型

神经反射活动的表现形式因中枢部位不同而不同。可分为条件反射和非条件反射。猫的一切神经活动都是由非条件反射或条件反射来完成的。

1. 条件反射

条件反射是猫后天获得的，是在生命过程中周围环境的无数次刺激在猫的大脑皮层内所形成的暂时性的神经联系。条件反射的形成，是由于不同的刺激在大脑皮层各种兴奋点之间建立了神经联系的结果。比如，训练猫完成"过来"的动作。可以使用三种刺激，即"过来"的口令，是声音的刺激；挥手的动作，是视觉刺激；迫使猫向主人走来，是运动刺激，这三种刺激会在大脑的不同区域产生三个兴奋点。在没有形成条件反射时，这三个兴奋点之间没有任何联系，无论喊多大声音，多么用力地挥手，猫都不会过来。但是，如果我们把这三个刺激结合起来，同时或按一定顺序作用于猫，重复若干次以后，猫大脑皮层中这三个兴奋点就会发生功能上的联系。以后，只要刺激其中的一个兴奋点，其他两点也会随着兴奋起来。如只发出"过来"口令，而不必挥手，猫也会顺从地走过来，这就是形成了条件反射。利用猫能形成条件反射这一特性，可以对猫进行各种训练。每一个训练项目，就是一种条件反射。能引起条件反射的刺激叫条件刺激，如口令、挥手等。猫的各种技能的训练，就是根据训练者的意向使猫形成条件反射。在条件反射中，还有两种特殊形式，即厌恶条件反射和操作式条件反射。前者指某些刺激作用于猫以后，猫对之产生厌恶感的条件反射，多用于纠正猫的异常表现或异常行为；后者是指某一反射总是伴随着奖赏而出现，由于奖赏的作用，这一反射便被加强和巩固下来。训练猫做某一动作大多要利用操作式条件反射的原理。

2. 非条件反射

所谓非条件反射是先天遗传的，是与生俱来的，即人们所说的本能。如小猫生下来就会吃奶、呼吸等。非条件反射包括食物性反射、防御性反射、猫捕老鼠的猎取反射和维持身体平衡的姿势反射等。在训练猫的过程中，就是以猫的非条件反射为基础，施加有效的影响手段，使猫形成训练者所需要的能力，而这些能力，就是猫在非条件反射的基础上形成的条件反射。

第二节　训练的刺激方法

刺激方法是猫训练中使用的最基本的手段。按其性质分为非条件刺激和条件刺激两大类。非条件刺激包括机械刺激和食物刺激；条件刺激主要指口令和手势。

一、非条件刺激

引起非条件反射的刺激叫做非条件刺激。在猫的训练过程中，应用较多的非条件刺激是机械刺激和食物刺激。

1. 机械刺激

机械刺激主要是指训练者对猫所施加的机械作用，包括拍打、按压、抚摸、用手指弹头等。其中，除抚摸作为奖励手段外，其他均属于强制手段。在机械刺激的作用下会使猫做出相应的动作，纠正错误。如果运用得当，还能使条件反射得到巩固。这种方法的缺点是过强地给猫机械刺激易引起猫神经紧张，对训练产生抑制。因此，在训练中既要防止对猫使用超强刺激，又要避免刺激过轻或不敢使用刺激。因为超强刺激容易使猫害怕主人或逃离训练现场，而刺激太轻会妨碍条件反射的形成和巩固。一般宜采用中等强度的机械刺激。

2. 食物刺激

食物刺激是一种奖励手段，效果较好。应用食物刺激是为了强化"条件"性活动。所用食物必须是猫喜欢吃的，只有当猫对食物发生了兴趣，才会收到良好的效果。训练开始阶段，每完成一次动作，就要奖赏一次，以后可逐渐减少。在实际训练中，机械刺激和食物刺激结合起来应用，效果更佳。用机械刺激来迫使猫做出一定的动作，而食物可用来进行奖励，以强化猫的正确动作。

二、条件性刺激

能引起条件反射的刺激叫条件性刺激。在猫的训练过程中，作为条件性刺激使用的有声音（口令）、视觉（手势）、气味等。

1. 口令

口令是最常用的一种条件刺激，是声音的综合体。在训练中，口令应与相应的非条件刺激结合使用，才能使猫对口令形成条件反射。猫具有敏锐的听觉，能正确区别同一口令的不同音调，并形成条件反射。口令不是简单的刺激，而是一种综合性的刺激，训练中的口令音调分普通音调、命令音调、威胁音调、奖励音调。普通音调的音量中等，但带有严格要求的意思；命令音调口令执拗、坚定，命令猫做出某动作；威胁音调的声音严厉，用来迫使猫做出动作和制止猫的不良行为；奖励音调的声调温和，用来奖励猫所做出的准确动作。在进行训练时要正确使用音调，一般多用普通音调、命令音调，应慎用威胁音调，及时使用奖励音调。

口令应该简短、明确、标准，不应该歪曲和改变。例如：将"不可以"变成"把东西拿过来"。此外，各种音调的使用要根据不同猫的具体情况而定。例如，有的猫对威胁性口令会产生被动性防御反应，这样的猫很难建立起条件反射，在这种情况下可以用稍微提高的命令性音调来代替威胁音调的使用。

2. 手势

手势是训练员用手做出一定姿势和形态来指挥猫的一种条件刺激。训练所用的手势没有统一的、固定的规定，要靠训练者自己编排。但在编排和运用手势时，应注意各种手势的独立性和易辨性，每种手势要定型，运用要准确，并与日常惯用动作有明显区别。固定手势的运用，应使猫看出该做什么事情或动作。如手势向上抬，表示"跳"；手势向内挥动，表示"来"。每次训练时千万不要全家一起做或每人采取不同的手势。防止把猫弄糊涂。一般情况下，猫对手势的条件反射是结合非条件刺激或在猫已经对口令形成条件反射的基础上建立起来的。

第三节 训练的基本方法

猫的训练是应用各种方法综合实现的。所谓训练方法是指各种方法与手段的综合。猫训练的基本方法主要有4种，即强迫、诱导、奖励和惩罚。通过各种训练方法使猫建立起条件反射。

一、强迫

强迫即指使用机械刺激和威胁性口令迫使猫准确而顺利地完成动作的一种手段。例如训练猫做"躺下"的动作，训练者在发出"躺下"口令时，如果不能使猫顺利执行口令，这时必须使用威胁音调的口令，同时结合适宜的机械刺激，将猫按倒，迫使猫躺下，这样重复若干次后，猫就能根据口令形成躺下的条件反射。

二、诱导

诱导是指用美味可口的食物结合训练者的动作等来诱导猫做出相应动作的一种手段。如在发出"来"口令的同时，训练者拿着猫喜欢的食物在它面前晃动，但不给猫吃，一边后退，一边不断地发出"来"的口令。这样，猫就会因食物的引诱而跟过来，很快就形成条件反射。诱导的方法对小猫最为合适。

三、奖励

奖励指为了强化猫的正确动作或巩固已初步形成的条件反射而采取的手段。奖励的方式包括食物、爱抚和夸奖等。奖励和强迫必须结合使用才有效，开始时每次强迫猫做出正确动作后，要立即给予奖励。随着训练的深入，在完成一系列复杂的动作之后，再奖励。这样才能充分发挥奖励的效能。

四、惩罚

惩罚是为了阻止猫的错误动作或异常行为而使用的手段，包括训斥、轻叩头颈部位等。惩罚的程度应根据具体情况和猫的性格而定，不能重打猫的头部和强拉它的尾巴，防止使其受到过度的惊吓。注意训练中应尽量少用惩罚手段，以免猫对训练产生恐惧和厌倦。

第四节 基本动作训练

对猫的调教要从幼猫开始，而且愈早愈好。同时应根据猫的不同个性掌握调教原则。

如脾气大、不易就范的猫要严格管理；脾气柔顺乖娇听话的猫，要多加爱抚。当然，猫的性格也不是一成不变的，要根据不同情况，灵活掌握。猫的基本训练内容包括以下几个方面。

一、"建立友情"的训练

良好友善的关系是猫对主人信任和依恋的基础，是管理和训练猫的重要条件。虽然猫不像犬那样先天具有对主人忠诚且易于驯服的特性，但猫对主人的信任与依恋关系的建立可通过在日常的饲养管理和散步、嬉戏中逐步进行培养。

人与猫友善的关系，要从与猫接触的第一天开始进行训练培养，并在日常接触和训练的过程中不断地加以巩固。在训练的过程中要特别注意使用条件性刺激和非条件性刺激。

猫与主人良好关系的标志：

1. 主人一出现，猫就来到主人的脚下、身旁，用头、身体蹭主人。这是对主人亲热的表现，它是想把身上的特殊气味蹭在主人的身上，表示它想把主人占为己有。

2. 胡须翘起，尾巴直直地翘起，跑到主人身边，或依偎在主人的身旁。当呼唤其名字时，尾巴稍稍摆动作为回答，这一点与犬不同，犬见了主人，则尾巴不停地摆动表示欢迎，若猫出现这种情况则是不喜欢的信号。

3. 猫见主人出现，突然四爪朝天，在主人眼前翻身，露出整个腹部。这是表示无所防卫，猫对你完全信任。

4. 用鼻子在主人身上碰碰或不断地摩擦，或用舌头舔舔。这是猫的社交手法，就和人类握手打招呼一样，也是与对方友好的象征。

二、散步

有的品种猫可以带出去散步，如波斯猫和暹罗猫等。训练猫外出散步，最好从幼猫开始。首先训练猫戴上颈圈和牵引绳，让猫先在自己家门口溜达，然后把它向更远的地方牵引，让它逐步适应这种散步。一旦猫适应了，即可带它到街上或公园里散步。如果猫不愿意，不要强迫，可多试几次，循序渐进，总有一天，你可以牵着你的猫在街上散步。

三、呼叫猫名的训练

呼叫猫名是引起猫注意力所必须的声音信号。猫名应选择除人名、民族、城市及国家等名称以外的简短而响亮的字。

训练猫的第一步，就是让它记住自己的名字并做到"呼之即来"。从猫进家的第一天起，就要让它记住自己的名字。最有效的办法是，在吃饭前叫猫的名字，它只要明白叫名字就有吃的，自然就记住了叫自己名字的发音。这样一来，吃饭以外的场合，叫猫时它就"喵"或者回头张望或者摇尾以示回答。这样便于您进行其他方面的训练。明白了自己的名字，迷路时它也会闻声而来。平常，很多主人都喜欢跟猫说话，这种时候，在"来，咪咪"的后面再加上它的名字效果会更好。

四、猫固定大小便的训练

猫喜欢清洁，一般情况下不会随地大小便。小猫从小受到母猫的影响，也会到固定地方排便。因此，正常的健康猫不会随地大小便。但是，如果家中没有提供合适的地方和器具给猫大小便，刚买回或带回的小猫就会躲到一些隐蔽、安静的角落里大小便，这些地方则常不易清扫到，致使整个房间弥漫一股难闻的臭味。猫的这种习惯一旦形成，再改就困难了。

训练猫在固定地点大小便，首先要选择一个安静、光线较暗和猫容易找到的地方，再准备一个塑料的便盆，在盆内装些沙土、木屑或炉灰等吸水性较强的铺垫物，铺垫物要有一定的厚度（一般为3～4cm），便于猫掩埋粪尿。另外，最好事先在便盆铺垫物中加一些猫自身的粪尿或粪尿污染物，猫闻到自身的粪尿气味后，会主动到便盆内排便。与此同时，应将猫原来排便的地方用洗涤剂、除臭剂仔细清洗，彻底清扫干净，以消除猫遗留的粪尿气味。这样才能避免猫以后再到原来排便的地方排便，而是到有其粪尿气味的、放在指定地点的便盆内排便。经过几次耐心训练后，猫就会养成在指定地点大小便的习惯。但猫爱清洁，便盆须经常清洗，垫料也需要经常更换，因为猫粪便发出的气味特别难闻。因此，在城市中养猫，一定要训练猫在指定地点的便盆内排便。

训练猫在指定地点的便盆内排便过程中，要注意观察猫的行为，猫焦急不安、转圈活动，是一种要排便的行为。出现这种活动时就要把猫引到便盆处，让其先闻盆内沙子的味道，这样它就会在便盆里排便，调教数次后即可养成主动去指定地点排泄的习惯。当发现猫将便排在其他地方时应避免训斥、体罚，而是应当将小猫的头轻轻地压到粪便处，指给它看，并说"不"或"不可以"。同时带猫去指定的排泄地点去嗅闻。这样重复数次，就可以改掉其随地排便的不良行为。

五、猫不吃死鼠的训练

死老鼠通常是被毒死的，猫吃后易发生继发性中毒。此外，一般死老鼠常会腐败变质或感染致病菌，猫吃了以后易患病或中毒死亡。为防止猫吃死老鼠中毒，一是不能让猫到处乱跑；二是定时把猫喂饱；三训练猫不吃死老鼠。

训练猫不吃死老鼠的方法是：对猫注意观察，一旦看到猫叼回死老鼠，要立刻夺下并对尸体消毒处理。如发现猫想吃死老鼠，就要用小棍轻打猫的嘴巴。隔几小时后，再把死老鼠放在猫的嘴边，如猫还是想吃，就再打它的嘴并严厉地斥责它。这样经过几次训练以后，猫看到死老鼠就会引起被惩罚的条件反射而不敢吃了。

六、猫不上床的训练

猫喜欢上床钻到人的被窝里睡觉，这是一种不好的行为。由于猫易患真菌、弓形体等疾病，这些病很容易传染给人，所以猫的这种不良习惯，必须彻底改变。因此，训练猫不上床钻被窝是十分必要的。

应训练猫养成在自己专用的猫床上睡觉的习惯。首先应该为猫准备一个特别舒适的窝，冬天可以在窝里放一只暖水袋。如果采取这些措施后，猫还是不愿在自己的窝里睡觉，可在窝的上面盖上一个罩子使它不能往外跑。经过多次训练后，猫才会改掉钻被窝的陋习。

七、猫磨爪的训练

在室内饲养的猫，有扒抓的习惯。扒抓是猫的磨爪子行为，是猫为了生存，与同类竞争的自然需要。磨爪子是猫必要的生活习惯，若养猫者不加以严格调教和管理，猫会在室内寻找扒抓对象，如将木器家具（如床、椅、桌、组合式柜等）的棱角边缘作为扒抓对象进行扒抓。扒抓不但影响室内的整洁，而且还会毁坏家具等其他物品。对此，可通过调教和训练让猫扒抓木板或木柱。这样既能满足猫的自然生理需要，又可保护家具免受毁坏。

室内养猫者，可放置磨爪板或专供猫用的磨爪木桩，专供猫儿磨抓。国外市场上有现成的磨爪板出售，可以添加一点薄荷草，猫更乐意在上面磨爪子；国内市场尚无成品的磨爪板，但可自制或用木桩代替。即使将猫养在室外，为防止房屋受到伤害，也有必要准备一块磨爪板或木桩。

1. 小猫的调教

必须在小猫还未出现扒抓家具现象前进行调教。方法是将磨爪板或木柱放在猫最易看见之处，开始时可水平放置木柱，以利于小猫爬上爬下。自己寻找它愿意扒抓的部位。若小猫不扒抓，训练者或主人可用手轻轻地抚摸猫的头部，并下压其头部强迫它扒抓磨爪板或木柱，但动作一定要轻。猫扒抓磨爪板或木柱以后，会将脚上腺体分泌液涂擦在扒抓部位。由于分泌液气味的吸引，猫会继续到磨爪板或木柱上扒抓，养成习惯后就不会再扒抓家具等物品。

由于猫有睡醒后立即进行扒抓的习惯，并且常在睡觉处（如猫窝）的周围物体上进行扒抓，以活动一下前肢和脚爪。因此，调教时应将木柱或木板放在猫窝附近。木柱或木板大小应适中，开始训练时木板的宽度为15～20cm，长度为30～37cm即可，随着猫的生长发育，应适当增加木板的宽度和长度。而木板或木柱的物理特征对调教的成功与否起着十分重要的作用。猫喜欢扒抓那些质地坚实的木质材料，而那些质地疏松的木板或木桩对猫没有太大吸引力。实践证明，在木板或木桩上面包裹一层地毯，对猫有很大的吸引力，猫很喜欢扒抓地毯。但应注意，在猫抓破了地毯后，不要再更换地毯，因为猫总是喜欢扒抓它以前抓过的物品。当猫养成了扒抓木板或木柱的习惯后，为了房间的整洁，可将木板或木柱固定于猫窝附近的墙壁上。如发现猫把爪子放在家具上，立即用坚定的声音斥责制止扒抓家具行为。当猫正确使用磨爪板或磨爪桩时，请立刻加以称赞。

2. 对有扒抓家具习惯的猫的调教

如果猫已养成了扒抓家具的习惯，就会经常扒抓家具，轻者使家具的油漆或贴皮脱落，重者使家具出现坑凹或窟窿。养猫者虽常训斥扒抓家具的猫，但还是不能阻止它继续扒抓家具。常常是猫见到主人就会立即溜掉，当主人不在场时，它又会去扒抓家具。为纠正猫扒抓家具的行为，可以使用下列调教方法。

（1）用塑料板、铝薄片、木板或厚纸板完全遮盖住猫所扒抓家具的部位，若家具较小，移动较方便，就可将此家具暂搬到猫不容易发现的地方，以避免猫再次对其扒抓而加重家具的毁坏程度。

（2）在猫扒抓家具的位置处，放置适当大小、而且较为坚实的木柱或木板，此时，有的猫就会立即去扒抓。但有的猫却不愿扒抓木柱或木板，这时，主人可将猫抱到木柱或木板上，并柔和地用猫的脚爪和脚底摩擦木柱或木板，因猫脚上有腺体的分泌液，涂擦在木柱或木板上后，猫就会被吸引到木柱或木板上扒抓。时间长了，猫也就养成了扒抓木柱或木板的习惯。

（3）当猫养成扒抓木柱或木板的习惯后，为了房间的整洁，可将放在家具上的木柱或木板移至主人认为理想的地方（如猫窝旁等），但应缓慢地移动，不能操之过急，每天只能移动 5～10cm 的距离。

八、猫不夜游的训练

猫有昼伏夜出的习性，白天少动多睡，夜间却非常活跃。作为宠物，如任其在夜间到处游荡，在捕鼠、交配和撕打过程中，猫很有可能遇到被毛脏乱或伤害，甚至丢失等，同时还易感染上其他的传染病，对人的健康十分不利。爱夜游的猫往往野性很强，较难饲养管理，所以，必须对其进行调教。调教猫则须从小猫开始，夜间将小猫用笼子驯养，白天放出，让小猫在室内活动，注意这时候绝不能放出户外，晚间再捉回笼内。这样经过一段时间，小猫会养成习惯，即使主人去掉笼子，它在夜间也不愿出去活动。若仍然不改，可以在晚间对猫进行药物催眠，白天用少许兴奋药物，勿须多长时间，夜游的习惯就会纠正过来。但是，对已经纠正了夜游习惯的猫，也要尽量避免长时间放出户外，或任其自由出入，否则会导致猫的劣性复发。

九、猫异嗜的纠正

猫的异常摄食行为包括 3 种：贪食症、厌食症和异食癖。

贪食症：指猫对食物的摄入量太多而引起肥胖。对此可以通过饥饿法或减食疗法来为猫减肥并达到正常状况。

厌食症：猫食欲缺乏的表现，表现为拒绝摄食某些或某一特殊食品。厌食容易造成营养摄取的不平衡，从而导致猫的机体功能紊乱或失调，因此，需采取医疗措施来救治。

异食癖：是一种非正常的摄食行为，主要表现为摄取正常食物以外的物质。比如舐吮、咀嚼毛袜、毛线衫，或主人不在场时偷食室内盆栽花卉等。纠正异食癖可用惊吓惩罚的方法使其产生厌恶反射，如可用捕鼠器、喷水枪等进行恐吓。将捕鼠器倒置（以防夹着猫）在绒线衣物或植物旁，当猫接近时，捕鼠器弹起来发出劈啪声，将猫吓跑；或手握水枪站在隐蔽处，见猫有异常摄食行为时，立即向其喷水，使猫受到突然袭击而马上逃走。经过若干次这样的恐吓以后，猫就可能去掉异食癖。另外，也可将一些猫比较敏感的气味物质（如除臭剂、来苏儿）涂在衣物或食物上。猫接近这些物品时，会由于厌恶气味而远离这种物品。

十、纠正猫错误行为的原则

为了让人和猫都能舒适生活，有必要让猫遵守主人家庭的规矩。为此，要严格地教导猫，对其进行必须的教育。纠正猫的错误行为应该掌握以下四条原则，使训练猫的工作顺利进行。

1. 立刻当场批评

当猫做了不该做的事时，在这时就该马上说"不行"，或用"喂"大声地斥责。当然猫并不是因为听了主人的话而停止行动，只是因为听到巨大的声音受了惊吓而停止了行动。如果反复地这么做，猫就会慢慢感到这么做的话要被大声地斥责，就不再做了。当猫做了不该做的事后，把它带到现场进行说教是完全没用的。猫是健忘的动物，即使因为刚才的事而被斥责，它也不会明白自己为何被斥责。

2. 耐心地教育

对待犯了错误的猫应该总是以同一态度耐心的批评，不可以朝令夕改。如果主人自己中途放弃，那么，之前的所有努力将付之东流，猫也会恢复劣习。

3. 绝对不能实行体罚

如果随便打猫，它会对主人产生恐惧感，进而产生卑屈的性格、甚至逃走。而且猫的身体远比人小得多，被打时很有可能会受伤。

4. 表现好时要及时表扬

虽然猫不能听懂主人的话，但是，它能区别斥责的声音和表扬的声音。当猫被表扬时它的心情也会变好，因此，训练的效果将得到增强。当然，在这种情况下，当场而不是事后表扬很重要。

第五节 猫技巧训练

一、"来"的训练

"来"是训猫最基本的动作，比较容易训练成功。训练要求：主人喊猫的名字或做一个手势，它就会很快地跳到主人的身边。训练方法：应先给猫起一个名字，训练之前，先让猫熟悉自己的名字。在每次喂食前叫一下猫的名字，时间一长，以后等到不喂食时，一叫猫的名字它也会产生反应，在猫有反应如抬头时，就可以进行"来"的动作训练。先把食物放在固定的地点，主人嘴里呼唤猫的名字和不断发出"来"的口令。如果猫不感兴趣，没有反应，就把食物拿给猫看，引起猫的注意，然后再把食物放在固定的地点，下达"来"的口令。若猫顺从地走过来，就让它吃食物，并轻轻地抚摸猫的头、背，以此鼓励。当猫对"来"的口令形成比较牢固的条件反射时，即可开始训练对手势的条件反射。开始时，主人口里喊"来"的口令，同时向猫招手，以后逐渐只招手不喊口令。当猫能根据手势完成"来"的动作时，要给予奖励。

二、"再见"的训练

"再见"训练时间宜选在猫空腹时进行，因为在猫的进食欲望未得到满足时，训练更有成效。训练方法是：首先，教它学会抬手（爪）。在主人左手指尖上蘸些猫喜欢吃的食物（如干酪等），高举起左手指并发出"再见"的口令，用右手轻轻地握起猫的一只前脚高举保持状态数分钟，给予左手的干酪奖励它。如此每天训练数次，每次 5min 左右，直至一说"再见"，猫就能自动自觉地伸出爪来，高高抬起。训练的过程中，注意猫每成功地完成一次就立即给予表扬。其次，教它学会"拜拜"——摆手。当猫能够完全做到抬手时，再教给它摆手动作，左手拿着干酪，发出"拜拜"的口令，待猫抬起一只爪时，俯身用右手抓住猫的爪左右摆动，同时重复"拜拜"的口令。每做完一次，就给一次奖赏。开始使用干酪，以后逐渐改为用抚摸的方式。反复多次进行训练，待到一听见"拜拜"口令就能摆手时，说明这种条件反射已经建立，但是，要注意防止反射的消退，必须经常进行摆手巩固性训练，让猫真正学会"摆手"、"再见"。

三、衔物训练

经过训练的猫也能像犬一样，为主人叼回一些小物品。猫的衔物训练可分两步进行。

1. 基础训练

即学会"衔"、"吐"动作。训练前，先给猫戴上项圈，以控制猫的行为。训练时，一只手牵住项圈，另一只手拿着令猫叼衔的物品，如小木棒、绒线球等，一边发出"衔"的口令，一边在猫的面前晃动所拿物品。然后，强行将物品塞入猫的口腔内，当猫衔住物品时，立即用"好"的口令和抚摸，给予奖励，接着发出"吐"的口令，当猫有吐出物品的动作时，立即重复发出"吐"的口令，当猫吐出物品后，喂点食物给予奖励。经过多次训练后，当主人发出"衔"或"吐"的口令，猫就会做出相应的叼衔或吐出物品的动作。

2. 整套动作的训练

训练者先将猫能衔或吐出的物品在猫面前晃动，引起猫的注意。然后将此物品抛至几米远的地方，再以手指着物品，对猫发出"衔"的口令，令猫去衔取。如果猫不去，训练者则应牵引猫前去，并重复"衔"的口令，手同时指向物品。猫衔住物品后训练者即发出"来"的口令。待猫回到训练者身边时，再发出"吐"的口令。猫吐出物品后，应立即给予食物奖励。如此反复训练，猫就能去衔主人抛出去的物品了。

四、打滚训练

打滚对猫来说非常容易，小猫之间嬉戏玩耍时，常常会做打滚动作。但是要猫听从主人命令来完成打滚的动作，则必须经过训练。训练猫打滚很简单，先让猫站在地板上，训练者在发"滚"的命令的同时，轻轻将猫按倒并使其打滚，如此反复多次。在主人的诱导下，猫能听令打滚时，应立即奖给食物并给予爱抚。以后每完成一次动作就给予一次奖励。随着动作的不断熟练，逐渐减少奖励次数，直至取消奖励。条件反射建立后，猫一听

"滚"的命令，就会立即作出打滚的动作。但过一段时间后，猫做完打滚的动作，还是要给予奖励，以强化效果，避免这种条件反射的消退。

五、跳环圈表演训练

首先制作一个跳环圈，制作跳环圈是用铁丝弯成一个圈，环的直径可视猫的大小而定。再将接头处焊在一块铁板上，使铁丝环和铁板垂直。训练时，将铁环竖立在地板上，主人站在铁环的一侧，让猫站在另一侧，主人和猫同时面对铁环。主人不断地发出"跳"的口令，同时向猫招手，如果它通过铁环过来，主人要立即给予可口的食物（如牛肉或鲜鱼等）奖励；如果它绕过铁环走过来，不仅不能给予奖励，而且，还要轻声地训斥。之后在可口食物的引诱下，当主人发出"跳"的口令后，猫就能走过铁环。每走过一次，都要马上进行奖励，经过反复的训练，猫在没有食物奖励的情况下，也会在"跳"的口令声中，顺利地走过铁环。此后再逐步升高铁环的高度，但不能操之过急，先将铁环升高离地面6～10cm，此时，主人就可呼叫"跳"字的口令，若猫跳过铁环立即给予一份食物奖励，如此反复进行，它就能很熟练地跳过有一定高度的铁环。如它从铁环的下面走来，要严加训斥。刚开始，由于铁环的升高，猫可能不敢跳，此时，主人要用食物在铁环内引诱猫，并不断发出"跳"的口令，只要跳过一次，再跳也就容易了。训练一段时间后，要逐步减少食物奖励。最后，达到在没有食物奖励的情况下，只要主人发出"跳"的命令，猫就能跳过30～60cm高的铁环。

训练跳环中应注意以下问题。

1. 猫学会了跳环技巧动作后，为避免跳环反射的消退，隔一段时间，训练它再跳过铁环时，应再予奖励食物。

2. 训练时主人必须要有耐心和信心，不厌其烦，不怕失败，要持之以恒坚持训练，坚信最终一定能训练成功。

3. 训练中应对猫和善友好，命令声不宜粗鲁、刺耳。平时还应多和它接近，并轻轻地抚摸它的被毛。

第六节　训练中的注意事项

一、掌握训练的年龄和时机

猫的训练应从2～3月龄时开始，这时较易接受训练，并能为今后的提高打下基础。如果已是成年猫，训练起来就比较困难。训练猫的最佳时机是喂食前，因为饥饿的猫愿意与人亲近，比较听话，食物对猫的诱惑力使训练容易成功。

二、和蔼的态度与各种刺激结合

猫的性格倔强，自尊心很强，不愿听人摆布。所以，在训练时，要将各种刺激和手段有机地结合起来使用，而且态度要和气，像是与猫一起玩耍一样，即使做错了，也不要过多地训斥或惩罚，以免猫对训练产生厌恶，而影响整个训练计划的完成。

三、由易到难，循序渐进

因为猫很难一下子学会许多动作。如果总是失败，会使猫厌烦和对训练失去信心，给以后的训练带来困难。所以，训练时注意每次只教一个动作，每天可多训练几次，但每次的训练时间不可超过 10min。

四、提供安静的训练环境

不能几个人同时训练，以免分散猫的注意力。训练的动作不能太突然，不能发生巨大的响声，因为猫对巨响或突如其来的动作非常敏感，以免把猫吓跑，躲藏起来，而不愿接受训练。

五、奖惩分明，注意诱导

当猫完成一次指令动作后，给予少量食物以示奖励，亦可用手轻轻抚摸以示赞扬；诱导方法对于不太活泼的猫更适用，对兴奋型的猫应少用。当猫拒绝完成指令或有错误行为时，应予惩罚。对于易犯规的猫，必须强迫其终止不良行为并做出相应的惩罚，否则，猫会任性地发展错误行为，不利于良性条件反射的建立。但要注意，猫也有生理与心理变化期，在训练中不要过多地采用惩罚手段，以免猫厌倦训练，甚至对训练产生恐惧心理。

六、要注意观察猫的性格和神经类型特点

猫能完成一些动作，但并不是所有的猫都能完成所有的动作，因此，诱导和鼓励是必要的，而因猫施教更加重要，这样才能不断提高猫对进行训练和完成动作的兴趣。

（刘艳艳）

【复习思考题】
1. 简述猫训练的 4 种基本方法。
2. 猫与主人关系良好的标志有哪些？
3. 如何训练猫定点排泄？
4. 生活中你见过猫能做的技艺表演有哪些？猫"再见"是如何训练的？
5. 猫的训练中要主要注意哪些问题？

第九章 鸟的技艺训练

  鸟类在地球上出现，远比人类早得多。据考证，地球上最早出现的鸟是"始祖鸟"，距今1.5亿年。在漫长的演化过程中，由于地域、气候及其他自然条件的差异，形成了品种繁多的鸟类。目前全世界的鸟类大约有9 014种。由于我国森林面积广，山地众多，更适于鸟类的生长，所以鸟类资源非常丰富。据不完全统计我国有各种鸟类1 186种，占世界现存鸟类种数的14%左右，是鸟类资源非常丰富的国家。

  大约在石器时代，人们开始对鸟类产生图腾崇拜。后来又逐渐出现了以鸟类为主题的诗歌、舞蹈、绘画、雕塑等艺术形式，有些鸟甚至还被赋予了一定的文化内涵。如鸽子代表和平、雄鹰代表勇猛、喜鹊代表喜庆吉祥、乌鸦代表邪恶晦气等。

  家禽饲养驯化，在我国已有数千年的历史。早期，人们为了满足物质生活的需要，把狩猎获得的一些体形不大、性格比较温顺、容易喂养成活的野生鸟进行人工饲喂。经过漫长岁月的选择和驯化，终于使一部分野生鸟逐渐成为家禽，如鸡、鸭、鹅等。如早在5 000年前埃及已经把鸿雁驯化成家鹅，大约3 000年前我国长江流域已把红色原鸡人工驯养成家鸡等。当时人们驯养鸟类主要是满足于生产、食用、役用（通信、狩猎）的需要。后来，人们对自然界中的那些羽色华丽、鸣声悦耳及姿态优美的鸟产生了兴趣，把这些鸟捕来饲养、驯化，培育新品种，以供人们欣赏、娱乐，满足人们的精神需求，于是产生了观赏鸟。

  观赏鸟是鸟类中供人玩赏和消遣的部分。目前，作为观赏鸟饲养的常见的种类有百灵、画眉、绣眼、点颏、八哥、鹩哥、鸽子、鹊哥、交嘴雀、蜡嘴雀、金丝雀、虎皮鹦鹉、十姐妹等许多品种。近年来，不断的有新鸟种被人类驯化而加入进来。根据用途的不同，观赏鸟可以分为以下四大类型。

  1. 观赏型

  观赏型一般外表华丽，羽色鲜艳，体态优美，活泼好动，令人赏心悦目，常能博得广大饲养者的喜爱。该类型鸟主要有寿带、翠鸟、三宝鸟、红嘴蓝鹊、蓝翅八色鸫、金山珍珠、白腹蓝翁、牡丹鹦鹉、高冠鹦鹉等，也包括孔雀、山鸡等一些体型较大的鸟。

  2. 实用型

  较聪明，经训练可能掌握一定的技艺与表演能力。如鹩哥、绯胸鹦鹉、蓝歌鸲、白腰文鸟、棕头鸦雀、黑头蜡嘴雀等。这一类型的鸟，有的能模仿人语，有的能依照人的指示叼携物体，有些甚至能帮人打猎，如猎鹰、猎隼等。

  3. 鸣唱型

  善鸣叫，且鸣声悦耳婉转，动人心弦。如百灵、画眉、柳莺、金翅雀、云雀、树莺等。饲养这类鸟的目的就是欣赏其鸣叫声。若同时饲养几个品种时，鸣声此起彼伏，明亮多变，令人感觉到妙趣横生，心旷神怡。

4. 鸽子

亦称家鸽，是一种常见的聪明、温顺鸟。由于鸽子种类繁多，特点明显，功能各异，饲养方法特殊，所以，将其单列为一类。

第一节　鸟训练的基础知识

由于鸟类本身已经具备了鸣唱等很多天赋，所以养鸟可以给人们带来很多乐趣。但是随着人们玩赏水平的提高，自然状态下的鸟的技艺已经不能满足人们欣赏的需要，必须通过训练，提高鸟的本领。实践证明，只要我们精心的选择品种、性别，并利用正确的训练方法适时的训练，就完全可以得到歌声优美、技艺高超的优秀观赏鸟。

一、驯鸟的基本要求

1. 熟悉鸟性、以鸟为友

要驯好鸟，首先要熟悉鸟的生活习性、生理特点、鸟的体能和智力等情况。刚刚捕获的或刚购入的鸟不认识主人，需要在喂养时不断呼唤鸟名，鸟才能通过熟悉主人的声音来逐步认识主人。其次，驯必须以养为基础，只有在养的过程中与其建立友好的感情，鸟才能听你的话，你才能取得鸟的信赖。这些都是训练的基础。

通常的做法是让鸟在你的手中吃食。在鸟吃食的同时，用手轻轻的从头颈到尾抚爱，并亲自给鸟洗澡、治病等。鸟一旦对主人产生了依恋和信任，训练各种技艺就会事半功倍。

2. 准确选择、因材施教

鸟的种类千差万别，有的温顺、有的粗野，有的聪明、有的愚蠢，有的善于歌唱、有的善于学舌，有的善于飞行、有的善于捕猎。所以，驯鸟前必须按着训练的目的准确选择，在此基础上因材施教才能达到目的。

就选材而言，理想的鸟通常是头大喙薄、眼大机敏，条身长、身体壮，羽毛细、轻、薄，尾并拢成一条直线，两翅在尾部交叉；站立时抬头、挺胸、收腹，尾巴夹紧，常东张西望。

就训练而言，驯鸟者必须掌握鸟的形态、习惯、特点加以顺应和利用，做到扬长避短、因势利导。如训练舌短而软的鸟去说唱，训练猛禽去捕猎，训练鹦鹉嘴的钩和脚去握物、爬梯子，训练蜡嘴的大嘴练高空衔物，训练交嘴鸟（利用喙交叉的特点）接核桃等。

3. 先易后难、循序渐进

驯鸟必须在做好以上两项工作的基础上，采取先易后难、循序渐进的训练方式进行。比如，开始先在让鸟熟悉安静的环境，再到人声较小的环境，最后到更复杂的地方。再如，先进行基本技能训练，巩固后再进行特殊技能训练。放飞先近后远，先单方向后多方向等。

二、驯鸟的主要手段

1. 食物诱导

是驯鸟的最基本方法。这一方法从鸟的训练、表演到竞赛贯穿始终。食物诱导法是利用鸟觅食的本能，使鸟自觉或不自觉地服从主人的过程，也是巩固条件反射的最佳手段。在实际训练中，常使受训鸟处于半饥饿状态（训练的最佳状态），再根据鸟的表现有赏有罚。这样有利于控制、激励和调动好鸟的学习积极性。

2. 早期训练

多数观赏鸟在一岁前体型基本定型，此时的鸟不但可塑性强，而且又能调教完成许多复杂的动作，所以是开始训练的最佳时机。

三、驯鸟的主要科目

目前，观赏鸟的训练科目很多，从简单到复杂约有40多种。按着简单和复杂程度可以分为两大类。

1. 简单的科目训练

包括训熟、出笼、上下架、接食等。

2. 复杂性科目训练

包括放飞、戴面具、叼物换食、开车、算术、空中接物、竞赛、提吊桶、开"锁"取食、拉抽屉找食、叼物换食、鹤舞、狩猎等。

另外，也可以将训练科目分为笼内和笼外项目。如荡秋千、照镜子等是笼内项目，而带脸谱、吊水桶、衔物、爬梯等是笼外项目等。随着人们需要的提高，训练的项目还将不断的增加。

第二节 鸟的鸣唱、说话与手玩训练

一、鸟的鸣唱训练

鸣叫是各种鸣禽的本能。根据鸟类叫声的长短和复杂程度，将鸟的鸣叫分为鸣唱和鸣叫两种类型（也可以分为鸣唱、鸣叫和效鸣三种类型）。但是，欲使鸟的鸣叫更加悠扬，音调和节奏更条理有序，必须经过反复的训练。

1. 鸟的鸣唱

鸣唱又叫做鸣啭、啭鸣或歌唱。鸣唱通常是鸟在性激素控制下产生的响亮的、连续的、富于变化的多音节旋律。繁殖期雄鸟发出的婉转多变的叫声就是典型的鸣唱。鸣唱是有领域行为的鸟类用于划分和保卫领域、警告同种雄鸟不得进入及吸引雌鸟前来配对的重要方式。鸣唱所发出的"歌声"复杂多变，大多发生在春夏繁殖期间，通常由雄鸟发出。

以鸣唱闻名的鸟类很多。如百灵、画眉、芙蓉、乌鸫、云雀、点颏、绣眼等，它们大多体型较小。不同品种鸟的鸣唱也各有不同，有的时间很长，可达数分钟，有的则极短。另外，鸟与鸟的鸣声间隔也有所不同。

鸟的鸣叫与鸣唱不同。鸣叫是不受性激素控制的、雌雄两性都能发出的、通常是短促单调的声音。鸣叫发出的声音也有很多含义，常用于个体间的联络和通报危险信息等活动。鸣叫大致可分为呼唤、警戒、惊叫、恫吓四类。

2. 鸣唱训练

鸟的鸣唱训练最好选择当年羽毛已长齐的雄性幼鸟（老鸟的叫声已定，反应迟钝，无训练价值），采取定时间、定环境的不间断的训练方法进行。定时间最好是在笼鸟精力充沛的清晨（日出前后）。定环境指选择无惊扰的、草繁花茂的安静场所。接受训练的鸟宜采用单笼饲养、雌雄分养（如合在一起，则无求偶意图，而导致不叫）。

训练的方法主要有带教和溜鸟两种。

带教：选择安静的场所和已调教好的鸟或别的动物，采取两笼并悬的办法。在训练时罩上笼衣，用已调教好的鸟或别的动物领叫，让幼鸟在密罩的笼内洗耳恭听。也可用录音机播放鸣唱声代替调教好的鸟，每天不间断地训练。聪明的鸟一周就可以见效，多数鸟在几周至几个月就能学会多种鸣唱声，并且能有序地连续鸣唱，甚至还能学会一些简单的歌曲。

溜鸟：就是每日定时间、定地点带鸟出去行走。溜鸟虽然简单，但对于驯鸟更重要。

在鸟学鸣唱时，难免学会一些"脏口"。对有"脏口"的鸟必须及时纠正。纠正的方法是：当鸟鸣唱到"脏口"时，用筷子、手势或声音等提醒它，阻止它继续鸣唱这个句子。经过反复不间断的纠正，一般都可让鸟忘记"脏口"。

二、鸟不鸣叫的原因

一直鸣叫的鸟，突然停止了鸣叫，原因可能有以下几点。

1. 精神紧张

例如受到猫和老鼠等动物的侵袭，精神受到了极大的威胁。这时应把笼子覆盖起来，让小鸟能够镇定下来。

2. 老化

一般鸟龄在 10 年以上的鸟，会逐渐停止鸣叫。

3. 疾病

患感冒、疾病等的小鸟，会停止鸣叫。最好为鸟准备体温计，及时发现，及时治疗。

4. 发情休止期

在这段时间通常都不鸣叫。

三、鸟的说话训练

动物界几乎只有鸟能够模仿同类或其他动物的声音或叫声，而鸟类中可以模仿人说话也只有少数几种。主要有琼鸟科（八哥、鹩哥、黑领椋鸟）、鸦科（红嘴山鸦、松鸦）、鹦鹉科（大绯胸鹦鹉、葵花鹦鹉、灰鹦鹉）和长尾蓝鹊等，但八哥必须捻舌后才能教学说话。

1. 鸟的选择及基础训练准备

驯鸟说话也要选择毛齐后或刚刚离巢的幼鸟。教学前必须与主人已经熟悉。教说话时也要选择安静的环境，时间最好是在每天清晨、空腹的时候。在教的过程中，驯者先发出教的声音信号，鸟学会后即给予食物作为奖励。最终达到驯者一叫，鸟就有回应。

2. 训练的程序与方法

第一，所教的语言应先简后繁，音阶由少到多。开始时最好选"你好"、"再见""欢迎欢迎"等简单的短句；第二，教授时必须口齿清晰、发音缓慢；第三，一句话至少要坚持一周左右，学会后还要巩固3～5d，然后才能开始第二句的学习；第四，鸟学习第一句话最难，一旦学会第一句，以后就容易了。所以训练要有足够的耐心。比较聪明的鸟在学成一组语言后，还可以教简单的歌谣。

驯鸟说话的方法还有许多。如用录音机反复放一句话，让鸟对着镜子或对着水盆学习，或由会说话的鸟带着学等。

目前，市售的驯鸟录音带如《金喉玉口》、《鹩哥、八哥学话》等由于声音好、背景音乐自然优美，不仅可以速成驯鸟，而且可以激发鸟的鸣唱。

四、鸟的手玩训练

手玩鸟是经过训练后能够立于人手或与人玩耍的鸟。一只对环境已完全熟悉的手玩鸟能听懂主人的号令。它可以在手掌上取食，在肩膀上逗留，片刻不离主人左右，所表现出的动作惹人喜爱。

用于训练手玩鸟的种类一般有白腰文鸟、芙蓉鸟、珍珠鸟、虎皮鹦鹉和牡丹鹦鹉等。这些鸟不仅羽色艳丽、体态优美，而且易于繁殖，很适合初学者饲养。对于初学养鸟的人来说，还可以通过鸟的手玩训练，逐步掌握养鸟的规律，提高养鸟的兴趣。

具体训练方法。

1. 建立感情

从雏鸟开始，饲养者就在手上喂养它、让它在手上啄食。在进食前后，还要留出一定的时间与它游戏。一边同它玩一边给它吃的，一边轻轻地抚摸鸟的脖子。让鸟逐渐克服对人的恐惧感，增进与人的感情，慢慢地与人成为朋友。

2. 采取食物控制方式驯鸟

选择清晨鸟空腹的时候，投些好食料喂它，但一次不要喂得太饱。用手一点点地喂给它喜欢吃的食物，这样多次喂食引诱其活动，使其形成条件反射。

3. 有规律的放鸟

每天要把鸟从笼子里放出来1～1.5h运动。形成规律。

白腰文鸟虽然羽色并不十分鲜艳，但容易饲养，又能人工繁殖，而且可以教给技艺，所以非常适合驯养成手玩鸟。驯养时，选用15d左右的雏鸟，每天从巢中取出。将小米面、青菜汁和牡蛎粉加水调和放在手上喂它，并与它玩耍，让它习惯与人相处。长大后可以逐步增加喂食时间间隔。

虎皮鹦鹉是适应室内饲养的一种手玩鸟，对它调教应该从小开始进行（成鸟也可以）。

选用 12～13d 天的雏鸟，放在手上进行饲喂，用食物引诱它们的同时辅以吹哨声，时间一长便可形成条件反射。训熟后它可以无拘无束地在人的手上或肩上玩耍，还可以在两人之间飞来飞去，表演一些简单的技艺。

训练时，笼内应设置栖木、吊环、小型游艺设备等供鸟玩耍。

第三节 鸟的基础训练

家庭养鸟的调教，首先要从基础训练着手，然后再作技艺项目训练。基础训练一般包括驯熟、出笼、上架和接食。

一、驯熟

基础训练的第一步是驯熟。实现"小鸟依人"的目标需训鸟人付出很多努力。首先要有感情上的投入，如关心鸟的冷暖、饥渴、沐浴、卫生等每件小事；其次要亲自饲喂，如喂给鸟喜欢吃的昆虫幼虫（如皮虫、粉虫之类）及水果等，同时喂食时要给声音信号，通过这样才能使鸟逐渐与人亲近，达到驯熟的目的。

二、出笼

调教鸟出笼，应选择鸟略有饥饿感的时机。方法是当笼门打开时，主人手持鸟爱吃的虫子或其他食物在笼外引诱，同时，在笼外发出"出笼"的口令，鸟出笼时，就奖励它食物。然后，转入笼内引诱，发出"入笼"指令。鸟进笼子，立即给食物奖励。用这种方法反复训练，使鸟在主人的指令下作出笼或进笼的动作。但出入笼的训练要在室内进行，房子的门窗应事先关好，以防鸟飞走。

三、上架

调教上架，又叫回叉，是指鸟能在鸟架上或鸟棒上停立栖息。上架饲养的鸟，首先要使它能安静站立在架上或木棒上，脚上或颈上套上"颈扣"。鸟可以在"颈扣"细绳长度的范围内自由飞落。

刚套上"颈扣"的鸟，常因不习惯被束缚而感到不适。表现为用嘴咬绳、挣扎欲逃。这时可以用水喷湿鸟体，迫使它安定。对特别烦躁而体质又好的鸟用水喷湿后还可将它置于寒风中（时间要短，否则易染病）并不给它饲料。经过几次这样的"惩罚"，它就会习惯在木架或木棒上安静站立。只有能安定地在木架上生活，才能开始训练表演技艺。

开始训练的时候，鸟一旦上棒（架），一定要注意看管。发现鸟呈"上吊"状时，要立即用手托鸟重上棒。如无人时可把鸟架放在近地面处，以免颈绳缠绕窒息而死。

四、接食

所谓接食，是指鸟停在鸟棒上，驯者散落手中食物时，鸟能张嘴而食（也包括接飞食，即鸟能离棒飞而食之）。接食时，人与鸟的距离、方向可随鸟动作熟练的程度而改变。

训练鸟接食和接飞食的方法是：先取走鸟食缸，每次喂食代之以手。鸟在饥饿的状况下一般不大会拒食，经过犹豫徘徊之后，它最终会到你手中啄食。鸟养成在你手中取食的习惯后，就会对你的手掌倍感亲切。接下来每次喂食时都要有意地将手掌来回移动使鸟追食。经过多次反复训练，鸟就会顺从驯者的指挥动作了。以后，人可以离鸟远些，在颈绳范围内引鸟来吃。最后，鸟会随着"来"、"去"或"飞"、"回"等口令，在主人的手中吃食或回到栖架、鸟棒上去。

接食、接飞食的动作连贯熟练后，要逐渐加大距离重复训练多次，待距离超过3m后，就可以放开拴它的线或链，进行放飞的训练。

第四节　几种常见技艺的训练

除了说唱训练以外，鸟还可以进行多种技能的训练。如放飞、空中叼物、提吊桶、开"锁"取食、拉抽屉找食、戴假面具、叼物换吃、鹤舞、狩猎等。但不是所有的鸟都具备掌握技艺的先天条件，只有选准受驯的对象，驯鸟才能事半功倍。易于训练并善于表演技艺的多为小巧玲珑、轻捷灵巧、机敏活泼的鸟。主要包括黑头蜡嘴雀、黄尾蜡嘴雀、锡嘴雀、黄雀、大山雀、麻雀、文鸟、芙蓉鸟、太平鸟、画眉、相思鸟、八哥、金翅等；而善于表演争斗的鸟主要有画眉棕头鸦雀、鹊鸲、鹌鹑和斗鸡等。

鸟可以训练的技能有很多种，本书主要介绍放飞、空中叼物、提吊桶、开"锁"取食、拉抽屉找食、戴假面具、叼物换食、鹤舞、狩猎等9种。

一、放飞

适宜放飞的鸟有黄雀、朱顶雀、蜡嘴雀、灰文鸟、芙蓉鸟、八哥等。训练鸟放飞有多种方法，如上架饲养放飞、鸟笼饲养放飞和室外放飞等。

1. 上架饲养放飞法

鸟主人在手心中放些饲料，让鸟啄食。经多次训练后，使鸟形成"人手中有食"的条件反射。在此基础上，让鸟啄食几粒后，将手握成拳。反复多次以后，鸟儿又形成了"人握拳就吃不到食"的第二种条件反射。重复训练下去，鸟见食又得不到食，在饥饿状态下，就会大胆地飞到手上来啄食。让鸟啄了几粒后驯者再握掌。这时鸟啄不到食，就会飞回鸟架上。采取这种方法，训练之前鸟颈项上需用线拴住。经多次训练后，鸟与笼距离超过1m时，解除鸟的颈项线，鸟就可自由的来去飞行。

2. 鸟笼饲养放飞法

这种方法也很简单。首先笼内食缸不放饲料，使鸟饥饿，然后在竹片上放鸟爱吃的麻子、苏子等，从鸟笼缝中伸入给鸟啄食。当鸟习惯后，将竹片上的饲料转移到笼门口喂食。学会以后可以打开笼门让鸟站在门上啄食，接着将竹片从笼背后伸入，让鸟转头向里。巩固几天后，再让鸟在关闭的房间内飞翔，停止飞翔后，将鸟笼靠近鸟，打开笼门（注意房间门窗关好），竹片上的饲料从笼背伸入，引诱鸟进入笼内。反复训练2～4d，鸟儿就会飞进笼内啄食。但鸟笼的位置不要轻易调换，否则鸟不会飞进笼内。

3. 室外放飞训练

选择室外草地、广场等场所，把握在手中的鸟扔向天空，鸟飞翔一圈再回到主人的手中即为成功。

准备室外训练放飞的鸟，最初宜用鸟架单独饲养，用软索系住脖子，软索另一端系于鸟架上。训练主要也是利用食物的诱惑。白天使鸟处于饥饿或半饥饿状态。但是，在傍晚要喂给足够的食物，使鸟晚上能正常休息。这样，第二天的早晨鸟才能精神饱满地接受训练。训练时，第一步是主人手中托着鸟爱吃的食物，同时给鸟信号或呼唤鸟的"艺名"，诱使它下架来啄食，随着训练时间延长，逐渐将系脖的软索加长；第二步是室内训练鸟出笼啄食。这种训练脖子上不用套绳索，鸟飞翔的远端与笼的距离逐渐增加；第三步是在鸟能听从命令，自由上架或进出笼的前提下，在院内进行短距离试飞。在鸟飞出一定距离后，及时发信号令其回到手上啄食和进笼，以后逐渐增加飞行的距离和高度。经过这样的训练，鸟会形成每飞一回就有一顿美餐的条件反射。这时，室外放飞训练就已完成。

值得注意的是，驯熟以后的鸟，放飞时都不能吃饱，每次放飞的时间也不能太长（约15min），否则在外界环境的诱惑下，容易使鸟乐而忘返。另外，避免放飞的鸟被家中的猫犬等吓着，否则会因对"家"产生恐惧而不愿回来。

二、空中叼物

将放飞成功并处于半饥饿状态的鸟放出笼来，主人手中托着食物在鸟面前来回晃动，诱其前来啄食。经过几次训练后，当鸟飞起前来啄食时，可将食物抛向鸟头上方，诱它在空中接食。当鸟能在空中接食时，可减少正常饲喂方式，改以抛喂为主。而后用大小和重量适当的玻璃球或牛骨制的光滑弹丸等其他物品代替食物。当鸟接住空中的球弹因吞咽不下（设计时就让鸟吞不下）而吐出时，即奖励一点食物。反复训练多次后，鸟能熟练准确地接住球弹并送回到主人手中换食，这时可将球弹抛得更高更远，最后可用弹弓射入空中。驯熟的蜡嘴雀，最多一次可接取球弹3～4颗（图9-1）。

图9-1 空中接食训练

三、提吊桶

黄雀和锡嘴雀等还可训练其"提吊桶"的技艺。因这一技术要嘴、爪兼用，训练难度比其他技艺要大。吊桶不能太大和太重，可用轻质材料制成，并用粗细合适的粗糙麻绳或棉线吊于鸟架或鸟笼的栖木上。训练鸟提吊桶时，在吊桶内放少量鸟只爱吃的食物，让它学会从吊桶中啄食。经过多次反复训练后，可将吊桶的绳子放长，使鸟不能轻易啄取到桶内的食物；这时鸟就会在绳索上东啄西啄，当它衔住绳索并把桶提起发现了桶内的食物时，就会想办法用爪将绳子踩在栖木上，再啄取桶内的食物。而后逐渐放长系桶的绳子，让鸟慢慢学会一段一段地反复衔起吊桶并踩住绳子。训熟的鸟，嘴爪配合协调，动作利索，能很快将桶提到所需的位置啄取食物。

四、开"锁"取食

对一些喜欢吃种子食物的鸟可训练其开"锁"取食的技艺。训练的道具是一个透明的上下无底的玻璃方形扁瓶，瓶内隔成多条纵深的管道。每条管道在上下适当的位置钻几个小孔，供插火柴棒或其他小棍（锁栓）用。训练时，在细小的玻璃管道的小孔中插上一根锁栓，将花生米等颗粒食物放在管道内锁栓上方。在突出于玻璃瓶外的锁栓一端粘附苏子等食物，然后诱使半饥饿的鸟啄食粘附在锁栓上的食物。当受训鸟啄食时把锁栓从小孔中拔出，里面的花生米从玻璃管道内掉落下来，即用之奖励它。当受训鸟熟悉这一取食过程后，锁栓的外端可不用粘附食物，并逐渐在管道上下小孔中插上一排锁栓，小鸟只有把全部锁栓拔除后，花生米才能掉落下来。也可在玻璃管道内放置玻璃小球，当鸟只拔除锁栓使玻璃球掉落下来后即奖励一点食物。而后逐渐加大鸟的工作量。在玻璃瓶的每一管道中各放上一个玻璃球，每一条管道都插上一排锁栓，使鸟把全部锁栓拔除，让所有玻璃球掉下来后再奖励食物。这一技艺难度不大，多种笼鸟都可训练。

五、拉抽屉找食

在鸟放飞训练成功的基础上，可进行拉抽屉找食的训练。训练的手段仍然是让其处于半饥饿状态，利用食物奖励使其形成条件反射。"拉抽屉"适于蜡嘴雀和一些其他嘴的力量较大的鸟，同时抽屉的重量也要合适。训练时，用一根细索系住抽屉的拉手，一端系一粒鸟爱吃的食物，然后开笼发出口令，诱使鸟来啄取绳端的食物。经过一段时间的训练后，绳端不系食物，鸟也会叼住绳子用力拉拽。当其每拉开一次抽屉时，就奖励一点食物。而后可将食物放在抽屉里。当鸟拉开抽屉后，发现抽屉里有食物就会自食。慢慢就形成了"拉开抽屉找食"的习惯（图9-2）。

图9-2 八哥拉抽屉训练

六、戴假面具

供鸟戴的假面具多用银杏外壳制成。将银杏外壳对半切开，清除果肉后，用细金属丝对称系于果壳两边，果壳的外面画上各种京戏脸谱。训练时，将鸟爱吃的食物置于果壳内，诱鸟啄食。而后将食物粘在果壳的金属丝上，用手势或口令诱鸟啄食。当鸟叼住金属丝把面具衔起时，即奖励一点食物。以后，金属丝上不粘附食物，命令鸟叼住金属丝戴上面具，每戴上一次就奖励食物。再后逐渐训练鸟一次戴几种不同的面具。戴上面具后的鸟前来求食时，一纵一跳的姿态十分滑稽有趣。

七、叼物换食

将鸟爱吃的食物粘贴在牌签、纸币、糖果或香烟等物体上或藏在这些物体中，诱使鸟前来啄食。经过一段时间后，物体中不再放食物。当鸟偶尔叼起一件东西时，即奖给一点食物，使它逐渐形成"叼物换食"的习惯。而后用手势和口令来训练其叼物换食。驯熟的鸟可在主人命令下为客人送糖送烟等许多物品。

八、鹤舞

鹤类体型优美，姿态娴雅，特别受人喜爱。在人工饲养时，鹤类每逢从饲养棚放出，或天气爽朗、微风轻吹之时，它们都会引颈高歌、翩翩起舞，给人以美的享受。若加以人工驯诱，则可延长它们的起舞时间，并能按信号起舞。训练鹤类跳舞要从幼鸟开始，关键是要按信号饲喂。训练时，将鹤引到宽阔的地方玩耍。待其饥饿后，一边模仿亲鸟呼唤雏鸟的声音，一边鼓掌并抛撒食物，幼鹤即鼓翼鸣叫奔来觅食，群鹤齐动，场面甚为壮观。待幼鹤长大后，只要一听到鼓掌声，就会翩翩起舞，这时可向它们投些芦苇和草茎等为其助兴，以延长其跳舞和鸣唱的时间。

九、狩猎

能训练狩猎的鸟，目前主要有灰伯劳、苍鹰和雀鹰。

狩猎鸟均较凶猛、强悍，体质强健，耐饥饿。因而训练时不仅要使其饥饿，还要使其疲劳，故有"熬鹰"之说。一般连续 7d 不使其休息，并常填喂麻团，以便"刮油"。为防止饥饿过度，每天喂一些用水泡过的瘦肉条（水白肉）。到第七天时，鹰已是无精打采、十分饥饿，这时见到猎物会不顾一切地扑去，待抓到猎物后已无力飞跑，此时主人喂给一点带血的猎物鲜肉，鹰就又回到主人臂上继续"服役"了。

第五节 百灵鸟简介

一、形态特征

雀形目百灵科的鸟共有 6 个属 12 个种，人们经常饲养的品种是百灵、沙百灵、凤头百灵（图 9-3）、角百灵（图 9-4）和云雀等品种。但除了歌百灵、二斑百灵以外其余都只适合在北方饲养。

图 9-3 凤头百灵

图 9-4 角百灵

人们常说的百灵鸟是指蒙古百灵（图 9-5），别名"口百灵"、"蒙古鹨"或"告天子"。全长 174～195mm。上体栗褐色，有不规则的白色斑纹。下体白色，前额栗褐色。头顶和后颈栗色，头顶中部棕黄色，眉纹棕白，并向后延伸至枕部。耳羽棕褐色，下颏、喉部白色。上胸两侧有不连贯的黑色带状横斑，向下转为棕白，至腹纯白，肋部有栗色斑纹，两翼覆羽为栗红色，羽缘淡黄，两翅外侧飞羽黑褐色，羽缘白色，内侧飞羽乌白色，从第 7～14 枚飞羽为白色，三级飞羽为棕褐色。尾羽黑褐色，羽缘和羽端缀白色斑块，最外侧尾羽为白色。尾上覆羽栗红色，尾下覆羽白色。

图 9-5 蒙古百灵

百灵鸟在野外自然环境下，寿命为 6～7 年。在人工饲养条件下，由于饲养管理条件的改善，其寿命比野外自然环境下的鸟寿命长得多，有的可达 14 年之久，而且鸣叫不错。

笼养百灵鸟一般饲养到 5 年左右，在鸣叫和羽色上便达到了顶峰。以后鸣叫能力和体力开始下降，抗病力减弱，在饲养上应特殊照顾。

二、生活习性

百灵鸟多栖息于草原和沙漠。营地面生活，善地面快速奔走及飞翔，喜沙浴、日光浴。喜欢站在高岗、沙丘上鸣叫，也在飞翔时长时间鸣叫，鸣声嘹亮，音韵多变。耐寒、喜结小群活动，但迁飞时结的群较大。食谱广泛，食物主要以野生杂草的嫩芽、根和种子为主，兼食少量昆虫，如蝗虫、蚱蜢等。繁殖季节吃大量昆虫，雏鸟几乎全部以昆虫为食。百灵鸟在3～4月开始发情交配，小满前后在草丛中的地面凹处营巢，巢成碟状或浅杯状，由杂草、根茎筑成。在5月初至7月末之间产卵，孵化期为15～18d。每年繁殖1～3窝，每窝产卵3～5枚，卵色变化较大，有灰色、黄白色，表面具褐色斑点。卵平均大小为23.5mm×18.5mm。百灵鸟无终生配偶，从交配时开始组对，待雏鸟会飞、能独立觅食时，雌雄即各奔东西。冬季迁徙时，结大群短距离向南迁徙至河北省北部。

百灵鸟的鸣叫有大性期和小性期之分，配对成亲时雄百灵鸟的鸣声最动听，俗称"大性期"；百灵鸟从8月开始换羽毛，10月份羽毛长齐后开始鸣啭的时期称为"小性期"。

三、野外捕捉

百灵鸟是我国著名的鸣唱鸟，目前在人工饲养下还不能做到大量的繁殖。而且在形态与行为上，野生百灵与家养百灵也有所不同。野外捕捉的成年百灵羽色鲜艳，羽毛整齐，足趾油亮而呈暗红色，爪黑色；家养百灵羽色稍暗淡，羽毛常有不同程度的磨损，足趾粉红，爪黄色。野生百灵怕人，常突然猛撞；家养百灵则较安详，即使受惊，也不拼命撞笼子。购买时应注意区分。现在饲养的百灵鸟绝大多数都是从野外捕捉的，百灵鸟的捕捉方法主要以网捕和掏窝雏为主。

1. 成鸟的捕捉

用网捕的方法有2种：一种为粘网，另一种为拉网。

（1）粘网　一般网长10～12m，宽2m左右，网眼直径2.5～3cm。因百灵鸟栖息于开阔的草原，活动面积较大，所以粘网要选择长一些。要选百灵鸟经常栖息、取食、活动的地方或有水源的地方下网。选择好下网地点后，把网支牢，人躲在附近有隐蔽物的地方，待鸟撞入网中即可取下。也可采取轰赶的方法，使鸟惊飞撞网，这样收益较大。

（2）拉网（翻网）　也要在百灵鸟经常活动、取食和有水源的地方下网。首先要选择一块平地把网下好，最好用草把网隐蔽一下，网中央放一只驯熟的雄鸟，以雄鸟的叫声来招引，人在附近隐蔽好，等鸟进网内即可拉网。

百灵鸟一年四季都可捕捉，但秋季是网捕的最好季节。因百灵雏鸟出飞不久，常喜结群活动；野外生活时间不长，野性不大，对环境改变的适应性较强，比较好驯养。而夏季正是百灵鸟的繁殖季节，雄鸟和雌鸟为了筑巢、孵化、育雏等频繁活动，消耗了大量的体力，这时捕来的成鸟不容易饲养成活。同时，在此季节捕捉成鸟必定饿死小鸟，所以，是非常不可取的。但冬春两季捕来的成鸟野性大，也不容易成活。

2. 雏鸟的捕捉

百灵鸟从5月初开始繁殖，一直延续到7月末。所以，掏窝雏的时间应在5月底至8

月份。掏窝雏是在鸟巢中捕取还未离巢的雏鸟，如捕取的时间适当，能获得较好的效果。

　　在掏雏鸟时，首先要根据百灵鸟经常出没的地方来判断鸟巢的方向和位置，才可以找到鸟巢。发现鸟巢后，应先观察雏鸟是否适合捕取。一般养鸟人对掏窝雏的时机有两种看法：一种看法是掏取 7d 的窝雏。认为七活八不活，7d 以前的窝雏还没睁眼，雏鸟对外界无任何印象，进行人工饲养，好喂食，容易饲养成活。8d 以后的雏鸟已经睁眼，比较怕人，喂食较困难，不容易饲养成活，即使成活，长大后也性格暴躁，难以驯服。第二种看法是掏取 15～20d 的雏鸟。只要是未出飞的雏鸟即可捕取，而且好饲养，省工省力，只要人工调教好就可以。我们认为，两种都可以捕取，只要在雏鸟时期调教好就没问题。在捕取雏鸟时应适当掌握时机，一般在雏鸟全身已长出绒羽，大约为孵出 7d 以后的雏鸟。如果雏鸟太小就不要捕取，因雏鸟太小不容易养活，养鸟者也费精力，应让亲鸟继续喂养雏鸟。掏雏鸟时尽量不要翻动鸟巢和破坏周围环境，否则会引起亲鸟弃巢而造成损失。

第六节　百灵鸟的驯养与调教

　　百灵鸟是以鸣唱为饲养目的的观赏鸟。在 5 月底至 8 月份购买，或从捕获的雏鸟开始驯养。从雏鸟开始驯养的百灵鸟，容易饲养、不怕人，易驯、性情温顺，适应能力强、易上口，学其他鸟叫或压口比成鸟要容易的多。

　　驯养与调教百灵鸟很费功夫。幼鸟绒羽一掉完，雄鸟喉部就常鼓动，发出细小的嘀咕声（俗称"拉锁"），此时就让它学叫。用驯成功的老鸟"带"最省事，也可到自然界去"呷"或请"教师鸟"，还可以用放录音的方法。

一、"十三套"

　　百灵鸟的叫口我国讲究"十三套"，即会学十三种鸟、兽、虫鸣叫的声音。但这"十三套"的内容和先后排列顺序却因地而异。南方笼养百灵鸟允许有画眉的叫口，而北方却忌讳。北方笼养百灵鸟的基本叫口要有沼泽山雀（吱吱红）的鸣叫声，南方则不要求。

　　北方的百灵鸟"十三套"叫口的顺序是：麻雀噪林，喜鹊迎春，家燕细语，母鸡报蛋，猫叫，犬吠，黄雀喜鸣，小车轴声，雄鹰威鸣，蝈蝈、油葫芦的鸣声，水梢铃，最后是吱吱红的叫声。

　　南方的"十三套"叫口顺序是：麻雀噪林，家燕迎春，喜报三元，红殿金榜乐，吹哨列队，山喜鹊叫，小车轴声，母鸡报蛋，猫叫，鸢鸣，画眉叫，烟蝠叫，最后是黄雀儿叫。口巧的百灵鸟模仿得惟妙惟肖，令人陶醉，而且决不只限于"十三套"。

　　驯养百灵鸟的目的是为了聆听美妙动听的歌声和欣赏优美的舞姿，但不是任何一只百灵鸟都能轻易做到的。要调教好一只百灵鸟，除它本身具备的体型大、健壮、胸宽头大、脖颈粗、腿粗、爪趾有力等条件外，还需要经过严格仔细地挑选、精心的饲养管理和调教方能达到。

二、挑选雄鸟

在驯养百灵鸟的过程中，确定鸟的雌雄最为重要。从幼鸟中挑选雄鸟是比较困难的，需要仔细观察、综合判断。如在第一次换羽时期可选择嘴粗壮、尖端稍钩、嘴裂（角）深、头大额宽、眼睛大有神、翅上鳞状斑大而清晰、叫声尖的鸟。第二次换羽时期已近似成鸟，要着重选择上胸黑色带斑发达、头及身体羽色鲜艳、斑纹清楚、后趾爪长而平直的鸟。一旦选出雄鸟，即单笼个别调教。

三、价值及套口

根据养鸟的目的和要求，驯养百灵鸟有如下 3 种类型。

1. 普通型

不要求套口，叫口越多越好，只要能鸣叫，叫声模仿得越逼真越好，这种方式养鸟主要是精神的寄托。早起遛鸟，锻炼筋骨，成了日常生活的一项内容，适合一般饲养者的心理要求。

2. 非专业训练型

要求套口，但不绝对。边养边摸索养鸟技能，调教出的百灵鸟能边鸣边舞，而且从鸟的舞蹈和鸣叫中获得乐趣。

3. 专业型

按规矩驯养，严格对鸟进行筛选调教，使之成为能够鸣叫成套的套口百灵鸟。这是最高水平的驯养。要求鸟除具有套口鸣叫技艺外，还能舞蹈、舞鸣、笼内托手叫等，这种百灵鸟的价值最大。

四、百灵鸟的评价

上品百灵鸟主要具备以下条件。

1. 体型

应该是体大健壮，头大、顶平，腿粗、趾短，全身匀称，体呈流线形。

2. 羽色

羽色应通体鲜艳富有光泽。

3. 眼睛

眼球明亮、突出，颜色乌黑。

4. 胆量

首先是不怕人和活动的物体，不怕任何颜色，不怕噪声，不择环境，入群、单亮都能鸣叫。

5. 叫口

上品百灵鸟叫口应具备以下特点：①优秀的百灵鸟首先应具备能单独鸣唱，也能入群鸣唱，不管在任何地方都能鸣唱；②鸣唱时膛音宽、洪亮；③每个套口之间要有 3～5s 的间歇，句后有蹲腔；④叫口多而不杂，始鸣、终鸣有规律，不丢口；⑤鸣唱多轮不乱章法，套与套之间清晰不乱，并能反复鸣唱。

五、百灵鸟的驯养规律

每年3～4月间是鸟的发情期，这时鸣叫最频繁，鸣声最优美，此时称"大性期"。"大性期"即使在晚上掌灯后也鸣叫不断，可延续到6月底。七八月份开始换羽，啭鸣减弱。10月份百灵鸟换羽完成，又开始啭鸣，称"小性期"。小性期可一直啭鸣至"大性期"而不间断。上品的百灵鸟套叫3轮就要罩笼衣，再打开笼衣又可连套叫3轮。但是，第三个3轮套叫后就一定要让鸟歇息，不然就会使鸟神经质地不断鸣叫而伤其身、失其语，因而有"三套一罩，三罩一歇"的说法。

百灵鸟能唱出美妙动听的歌声和展示优美的舞姿，这与饲养者的饲养经验密切相关。日常的严格管理、驯养调教是百灵鸟鸣叫出好成绩的关键。

目前驯养百灵鸟的方法各有千秋。有沿袭旧规的饲养法，竭力追求历史的老套；有新的大路货（粗放）养法，只求其乐，不求其套法。训养者可自行选择。

六、常用的训练方法

1. 基础训练

首先，经常用活虫引逗雏鸟，锻炼胆量，同时培养鸟和人的感情。对"拉锁"期的雏鸟开始锻炼鸣叫的方法是：在清晨和傍晚，将鸟带到幽静的园林中或带到村边野外，让它聆听其他各种鸟的鸣叫或听鸡和犬的叫声。也可经常放在有叫口百灵鸟的地方，让它学口。其次，还可以训练它做各种动作，由易到难。如开始先锻炼它站台，站上台就给一个虫吃，久而久之便可站台鸣叫。然后再锻炼它登台起舞，即站在台上扇动两翅左右旋转，或站在台上频频点头，或给手式即鸣叫等。

2. 压口

喜鸣唱、好模仿是百灵鸟的特性，因此，在饲养中，人们利用这个特性对它进行压口。所谓压口，就是利用别的鸣禽和动物的叫声训练百灵鸟鸣唱。

压口的方法有2种。一是使用师鸟（已具备很好鸣叫的套口百灵鸟）带鸣，俗称"靠口"。利用有叫口的百灵鸟来压口效果不错，但能叫出13套或多套的鸟很不容易找到。

另一种办法是用录音磁带压口。把录好有套口百灵鸟的磁带反复播放，循序渐进，一叫口一叫口地教鸣。这种办法比较好，套路固定，随时可以压口，想压多长时间都可以。但应注意磁带的录音必须清晰，无杂音，效果逼真。

录制压口录音带，既可以采取把能叫13套百灵鸟的叫口直接录下来，也可以对每种叫口进行零录，最后编辑成13套。另外，也可以直接到田野、山林、池塘边等处，录下虫、鸟或其他动物的叫声，如喜鹊、麻雀、伯劳、鸡、犬、蟋蟀等的叫声及人的口技模拟声，如水梢声、小车轴声、小孩哭等各种声音，再作后期整理，效果非常理想。在录制压口磁带时，叫口与叫口之间要有3～5s的间歇。压口最好在清晨和傍晚，此时环境清静，无杂音。

3. 遛鸟

在训练百灵鸟时还应注意经常遛鸟。百灵鸟不一定每天都要遛，有时遛有时可不遛，但遛总比不遛好，勤遛比少遛好。遛鸟可使百灵鸟多听一些其他的鸟叫，呼吸新鲜的空气。养鸟者在遛鸟时可将鸟笼来回晃动，能使鸟的脚、爪和肌肉也都得到锻炼。而且勤遛的鸟见多识广，胆大不怕声响，不怕陌生事物，比关在家的鸟要好得多。

4. 防止杂音（脏口）

幼鸟初学时，耳聪脑灵，模仿外界声音能力很强，很容易上口。但在调教的头一年应特别注意防止外界杂音干扰。如果长时间有一种音响不断刺激，幼鸟会学叫出，如汽车发动机声、吹口哨声等。对大路货（粗放）的鸟无关紧要，但对要获得套口的百灵鸟则难以改正。所以为获得套口的百灵鸟，需在早上没有其他噪音之前遛鸟，还要注意回避画眉鸟的叫声。

驯养中，重要的一点是要培养百灵鸟胆大，这需要从小培养。可将百灵鸟置于闹市街头，使其对嘈杂的马路行人习以为常后，胆子就会渐渐大起来。一个见任何颜色、任何东西都不怕，听了任何声音也不惊，且能上台鸣唱表演无杂口的百灵鸟才是上品。

5. 登台训练

为驯养出上品百灵鸟，除需调教其叫口本领外，登台鸣唱也是非常重要的。一只好的百灵鸟，要求能上台大声鸣叫，在台上能歌能舞，如张开两翅像"蝴蝶开"，或边飞边叫地飞鸣，或伫立高台，左一下，右一下地拍打双翅，伴着自己的歌唱翩翩起舞等。因此，在调教时必须一开始就着手教百灵鸟登台。

登台训练常用方法有2种：一是在鸣台周围放一圈硬纸板，比笼子底圈略高，可用夹粪棍捅脚，迫使它上台，每次上台后喂它喜食的活虫，使之逐渐形成登台有食的条件反射，养成登台习惯；二是抬高食罐，在食罐下放一块木头，必须让鸟登上木头才能吃到食，待其习惯登台吃食后，再将木块移至台中央，它就会不断地登台。过一段时间后，将木块撤去，换上鸣台。

训练百灵鸟登台是个渐进的过程，不能操之过急。鸣台要逐渐增高，每次增加高度以10cm左右为最好。每个高度让其熟练一段时间后，再增加一个新的高度。并注意观察百灵鸟的适应程度，如跳不上亦飞不上，可以把高度降下来，否则几次上台不成可能会使百灵鸟从此"废台"。另外，鸣台要牢固，有足够的强度支持百灵鸟的登台动作。

第七节　鹩哥的技艺训练

在众多的观赏鸟中，八哥与鹩哥以其善鸣叫、善表演和会学舌等特点，备受人们的喜爱。八哥羽衣不华丽，歌喉也不很美，但不怕人、聪明、善仿人言，所以八哥既可以同人玩耍又可以听其学"说话"。训练鹩哥学"说话"的方法与教八哥的方法相同，相比之下，鹩哥学语更快、声音更逼真、好听。八哥则相形见拙，有些"大舌头"。

一、鹩哥的形态特征和生活习性

1. 鹩哥的形态特征

鹩哥又名秦吉了、九宫哥、海南鹩哥、海南八哥、印度革瑞克。在我国，留居云南南部、广西和海南岛。鹩哥的体形比八哥稍大，体长约27cm。通体黑色，并富金属光泽，头后披有两片黄色肉垂，两翅具白斑，飞行时尤为显眼。幼鸟体褐黑色，两肋及腹部的羽毛呈均匀又狭窄的白色。头部裸露部分不如成鸟显著。

2. 鹩哥的生活习性

鹩哥主要生活于开阔的田地边缘或茂密的常绿阔叶林的林缘处，在森林的中心地带少见。大多三五成群地聚集在果树上觅食，不常单独活动。常见与椋鸟和八哥混群，在长满花果的树冠上又唱又跳。善鸣叫，鸣声极富音韵，由低而粗厉的略略声至轻快如铃的吹哨声，无所不能，还会仿效其他鸟的鸣叫。主食昆虫、植物种子及杂草种子等。繁殖期多在3～5月，也有在1～2月间进行繁殖的，每年繁殖1或2次。巢营于稀疏杂木林、致密的常绿林或在开阔地区和作物区的枯朽树洞内，有时也利用啄木鸟的旧巢。巢洞一般离地4～5m，也有高达9～12m的。巢内堆集一些枯叶、野草、稻草、树枝等。有的树洞太小，雌雄二鸟则共同用脚和嘴扩大巢洞。洞口大而圆，一般直径为10～15cm。每次产卵2～3枚，卵呈长椭圆形，端部或钝或尖，质粗糙而硬，呈蓝绿色或淡紫色，并有浓淡不同的咖啡色至红褐色斑点，新产的卵略具光泽。

二、鹩哥的选择

选择鹩哥最好是选刚出窝的雏鸟，而且最好选择头窝幼鸟。首先，雏鸟野性小、可塑性大，容易适应人工环境，也容易对人产生依赖性，所以，容易驯教；其次，是因为头窝幼鸟往往比较聪明，尤其是双亲均是青年鹩哥后代的第一窝鸟；第三，要选胆大的雏鸟，测试胆量的方法是先惊扰它们，如果惊慌乱撞的，就是胆小的；反之，如果仍然眼睛大睁，昂首挺胸，那一定是胆大的上品鸟；第四，要选择强壮的雏鸟，体壮的鹩哥羽毛平整有纹，毛色黑亮有光，双眼神采奕奕，体形较大，姿态优美，食欲旺盛。

三、鹩哥说唱的训练

由于鹩哥生性胆怯怕惊，不宜外出遛鸟，可在家中笼养喜鹊等鸣禽帮助训练，或播放录音。

训练鹩哥学其他鸟鸣叫，幼鸟可以在3月龄后进行。调教时，要严格遵循先易后难的原则，循序渐进。在保证鸟健康的前提下，适当控制饮食。在鸟半饥半饱的情况下进行训练，采用奖励食物的办法来建立鸟的条件反射。最好的训练时间是从每天早晨喂食之前开始，到上午10点钟为止。也可以在傍晚太阳落山之前，这时的鸟最活跃，学习效果最好。学习时，把"教师鸟"的笼子和鹩哥的笼子挂在一起，并把笼衣放下，使鸟看不到外面，集中注意力听、学"教师鸟"的鸣叫。等它学会一种鸟鸣，并巩固以后再更换另一只

"教师鸟",学另一种鸟鸣。换羽期后,如果鹩哥"去口",也应让它再向原来的"教师鸟"学一段时间,找回"去口";或将原来在一起学习的"同学鸟"挂在一起,让它们互相交流,恢复记忆。

调教时,只能用文明语言,不能讲粗话。实践证明,鸟模仿的人语,不一定是主人有意识专门教的,有些是鸟主动模仿的。有时主人家庭成员的一些习惯用语鸟很容易学会。所以,凡是家中养有鹩哥、八哥之类的"学舌"鸟,全家人都要注意语言文明,避免鸟学说粗话。

第八节 八哥的训练

一、八哥的形态特征和生活习性

1. 八哥的形态特征

八哥属雀形目椋鸟科。学名为鸲鹆,别名有许多,如鹦鹆、寒皋、鸜鹆等。八哥体长约25cm,全身羽毛黑色而有光泽,嘴和脚都是黄色。额前羽毛耸立如冠状。两翅有白色斑,飞翔时更明显,从下往上观看,左右的白色纹形成八字,八哥则由此得名。八哥的眼、嘴和脚均为黄色,具有冠羽,这是区别于乌鸦的明显之处。八哥的羽毛虽不很艳丽,但容易饲养,不但善于模仿其他鸟的鸣声、学人语,还能仿效喇叭声、歌声,而且八哥的歌声动听、音调又富有旋律,所以,深受人们喜爱。

2. 八哥的生活习性

八哥性喜集群,常成群栖息于大树上,或成行站立在屋脊上,也常落在水牛背上。常夜宿于竹林、大树或苇丛中,常与椋鸟或乌鸦混群共栖。繁殖季节为4月至7月间,大多数于5月产卵,繁殖期可延至炎热的夏天。营巢无固定的处所,多在古庙和古塔墙壁的裂隙中或屋檐下或树洞内营巢,有时利用喜鹊或黑领椋鸟的旧巢。巢以稻草、松叶、苇茎、棕丝、羽毛或废屑等堆集而成。一窝产4~6枚卵,卵多为玉蓝色。

二、八哥的训练

1. 八哥的选择

八哥的选择主要有以下5点。

(1) 选择当年头窝、早出窝的雏鸟 一般来说,当年的头窝(4~6只)雏鸟,均由体质健壮的雄雌成鸟交配、产卵所孵出的,而且以头窝中最早出窝的雏鸟质量最优。因此,有经验的养鸟者在雏鸟刚上市时即去购买,或在此时到八哥窝中捕捉这种雏鸟,最好是选刚齐毛的幼鸟。因齐毛幼鸟的体质比雏鸟更强壮,容易人工饲养,成活率高。相对来说,二窝的雏鸟,体质比头窝的差些,训练的成功率比头窝的也要低些。

(2) 选择"五白" 根据经验,质量上乘的雏鸟应具备"五白"特征。翅膀上白色羽斑明显为"一白";尾羽上的白色羽斑多而明显为"二白";两腿胯之间肚(腹)部羽毛呈灰白色为"三白";两胯间灰白色羽斑向胸前延伸为"四白";头顶、两眼上方两侧有浅灰白色羽斑为"五白"。但这"五白"齐全的雏鸟往往是很难得的。尤其是两眼上方两侧的浅灰白色羽斑更是极少见到。

以上"五白"，在雄鸟表现得更为明显。雌雏鸟翅上和尾部的白色羽斑少而不明显，胯腹部几乎是黑色。此外，鸟爪全白是品质优良的标志（称全白脚爪为"玉脚玉爪"），它也是紧凑细致型体质鸟所具有的特征。凡是"玉脚玉爪"、紧凑细致型体质的鸟，多聪明机灵，活泼好动，反应迅速，容易调训成功。相反，凡黑脚黑爪（俗称"铁脚铁爪"）者为疏松粗糙体质鸟，表现为天性笨拙呆板，反应迟缓，不容易调训成功。

（3）选择树窝中的雏鸟　八哥的窝址有2类：一类是树窝（或以喜鹊旧窝作窝）。另一类是洞窝，如在岩洞、树洞、旧屋檐等处。这两类窝中孵化出的雏鸟质量是不同的。在树上做窝的成年鸟，大多是体格健壮的优质成年鸟，它们表现为作巢能力强，精力充沛，活泼有神，鸣声高昂多变，抗争能力也强，它们作出的鸟窝非常精细，孵化出的雏鸟品质也比较好，但提取比较困难。在岩洞、树洞等处作窝的成年鸟，作窝能力比较差，精力与鸣声都不如在树上作窝的成年鸟，抗争力也差。它们作的鸟窝质量比较简陋，孵化出的雏鸟品质也比较差，但捕取雏鸟比较容易。

（4）雏鸟性别的选择　雄雏鸟与雌雏鸟哪个更好，目前说法不一。多数认为雄雏鸟优于雌雏鸟。首先，雄雏鸟活泼好动，精力充沛，在繁殖季节勤于鸣叫和模仿人语，叫声响亮，且鸣叫和仿讲人语的频率高于雌雏鸟。再者从外形看，雄鸟体较大，头较大、略扁，颈粗而长；全身羽毛浅黑色，身上的"五白"特征明显等。雌雏鸟则比较文静，虽也能学会人语，但叫声低沉，且学人语的套路也比雄雏鸟少，还不太会模仿其他鸟鸣叫和动物的叫声（人们称无"巧口"）。另外，雌鸟白色羽斑部分不明显。

（5）购买成年八哥的要求　①外形上必须是全身羽毛带有黑色金属光泽，紧贴而不蓬松，尾羽不散开，短而自然下垂，尾羽腹侧的端部有清晰白点；两翼腹侧的"八"字形白斑洁白而明显；站立时昂首挺胸，精神饱满。同时个头较大、身材修长、矫健有神、"五白"特征明显，具有火红朱砂色的眼和玉白色的嘴。②不但能仿讲许多套人语，而且能回简单的对话，或会几句简单的外语。此外，它还能仿犬猫和其他鸟的叫声。③品格上无缺陷、行为上无恶癖。品格上有缺陷者，将会影响种鸟的整体品质和形象，常常会给饲养的主人带来遗憾。另外，绝不能购买会说脏话的鸟。④选择口腔较大且舌多肉、柔软而呈短圆形的八哥，同时应具备性情温顺易驯、不羞涩的特点。

2. 八哥的调教

（1）八哥的调教内容　①学说人语和其他鸟的鸣叫或兽叫声；②出笼玩养。

（2）调教前的准备　①驯熟：在教学前要使八哥在笼内或架上能安定地生活，不易受惊并很驯服，愿意接近人。八哥驯服到允许人的手抚摸它的头或前背，放开脚链它也不飞走时最好。②捻舌：八哥的舌头较硬，外面附有硬壳，捻舌后才能学人语。捻舌又称为修舌，是训练八哥说话的技术措施之一。简单的说，捻舌就是将鸟舌用剪刀修剪成圆形。③八哥捻舌的方法主要有3种。一是手指捻动法；二是香灰烙烫法；三是剪刀修理法，但多是采取手指捻动的方法。捻舌一般由两人配合进行，捻舌前准备好草木灰或香灰。一人先将鸟握住，另一人以左手将鸟嘴掰开，同时以右手的拇指和食指沾些草木灰或香灰包裹鸟舌，然后握住鸟舌轻轻捻动，直到舌尖的硬壳即舌壳脱落为止。捻动时注意不要用力过猛。舌鞘脱落后，如果舌部有微量血，可涂少许紫药水或云南白药。捻舌4h以后，可以喂水喂食，但不宜喂硬料，最好喂黄粉虫或软性混合饲料等。④捻舌时间：第一次捻舌的时间，最好是当年的齐毛幼鸟开始学习发音的最初期，一般7月中旬左右。由于这时幼鸟的角质硬膜还比较嫩软，与舌头的附着还不太牢靠，因此，捻舌时比较容易将角质硬膜分离和取下。第一次捻舌后，由于舌头在活动与采食时常处于摩擦状态，新生的角质硬膜又开始慢慢地形成并延伸生长，使舌尖由钝圆状逐渐转变为尖锐状，这个过程需一个月到一个半月。这时就要进行第二次捻舌。此后，约经一个半月左右，可进行第三次捻舌，但要视具体情况而定。如果经第一次捻舌后鸟仍体力充沛，神气活泼，相距20d即可；如果第一次捻舌后，鸟显得筋疲力尽，体力虚弱，相隔的时间应当长一些，最好待其体力恢复后再进行。

3. 八哥的人语训练过程

首先是选准训练时间和时机。训练八哥学话应从幼鸟开始，而训练八哥学话语宜在八哥换毛以后半年左右开始。训练幼鸟出笼时，在笼的周围放些鸟喜欢吃的食物，每次15min左右。这样训练（夏季可在早晨、傍晚气候凉爽时，冬季宜在中午时，但北方气候寒冷，冬季困难多些）可以使幼鸟建立出笼或进笼有美食享受的反射条件。经过多次反复训练至雏鸟能飞时，这一阶段反射条件基本形成。以后，每次放飞出笼时要注意应减少受惊。出进笼训练成功后，要在笼内放几条昆虫，以示奖励。

训练八哥学话语时，选择女性的高音或童音训练比低音域的人训练效果更好；每天训练选在清晨空腹时或洗澡后效果最好。原因在于鸟的鸣叫在清晨最为活跃，加之鸟尚未饱食，所以，教学效果好。另外，在傍晚太阳落山前的一段时间里，鸟也非常活跃，也是训练的好时机。

其次是选择安静的训练环境，不能有嘈杂声和谈话声，否则易分散鸟的注意力，也容易使鸟学到杂口。所以，必须选择在安静的室内进行。

训练分三步进行。

（1）单调训练　开始时要选择简单的教学内容，如"您好"、"欢迎"、"再见"、"拜拜"、"谢谢"等。注意发音准确、清晰、缓慢，不用方言，最好用普通话。每天反复教一样的话语，学会后还要巩固。如用录音机播放效果会好些，也比较省力。一般一句话教1周左右，鸟儿即能学说；能学说后巩固几天，再教第二句。对于反应较灵敏的鸟，还可教以简单的歌谣。在教学期间，应避免让鸟听到无聊或不适当的语句。鸟的学语有一短暂时间特别敏感，这时对外界的各种声音极易仿效。一旦发现这一敏感期，应及时抓住好好利用。

（2）待客训练　八哥学会简单的人语以后，还可以训练八哥代主人接客。训练时要有两个人配合，一个人与鸟在关着门的房内，另一个人在外边敲门。房内的人对鸟说："进来！"，门外的人及时推开门，并对着鸟笼里的鸟讲"你好！"，房内的人接着回答："欢迎，欢迎！"。敲门是给鸟发出信号，提醒其注意；脸对着鸟是使它意识到主人在教学。这样多次反复，让鸟练习。经过10～20d时间，鸟就可以学会。

（3）向其他鸟学习　八哥一般没有自己特有的音韵，应注意创造条件，使其学习其他鸟的鸣叫声。学习鸣叫的最好时间是在每天的早晨。此时的鸟异常兴奋，能专心地学习，效果比较好。学习时，应把"教师鸟"笼与八哥笼挂在一起，并把笼衣放下，使鸟看不到外界，能集中精力听、学"教师鸟"的鸣叫。也可以将"教师鸟"笼挂得高些，学鸣鸟笼挂得低些。八哥学其他鸟鸣叫，如学百灵、画眉、沼泽山雀等鸟的鸣叫，一般经 2～3 个月就可学会。一只聪明的八哥可以学会 10 余种鸟的鸣叫声。但要注意不要随意更换"教师鸟"，学会一种"教师鸟"的鸣叫之后，需巩固一段时间再换"教师鸟"学另一种鸟鸣。

4. 八哥的放飞训练

八哥放飞，要求听从主人的口令或手势，主人走到哪里，鸟就跟着飞到哪里，或在主人的指挥下，在手上、肩头与主人玩耍。八哥放飞训练要从幼鸟开始，大体分三步进行。

（1）训练八哥上杠与下杠　从八哥入笼饲养即开始训练，每次喂食之前，主人发出"上杠"、"下杠"的口令，同时配合手势的指令，如果八哥按指令去做，就给食物奖励。这样经过 2～3 周的训练，每当主人发出口令或手势的指令，即使不给食物它也会完成上杠、下杠的动作。

（2）训练进笼与出笼　待八哥初步领会上杠、下杠手势的指令后，就要训练八哥进笼与出笼。出入笼的训练，开始在室内进行。驯前将房子的门窗应先关闭好，以防八哥不辞而别。主人手持八哥爱吃的虫子或爱吃的食物在笼外引诱，把笼门打开，同时向八哥发出出笼的口令或手势，当它出笼时，就奖励其食物；然后，手持食物转入笼内引诱，同时发出入笼指令，八哥入笼立即给食奖励。用这种方法反复训练，使之听从主人的指令出笼与入笼。

（3）放飞训练　待八哥已能熟练地按其主人指令出入笼以后，就可以进行放飞训练了。训练要先室内后院内，先近后远，先在人少安静的地方，后到人多嘈杂的地方。先训练八哥由笼门飞到主人手上，再令其飞回笼内；或将其放入笼内，使其逐渐习惯主人的指令而飞到手上，飞到手上即奖励爱吃的虫子等食物。这样反复训练，待建立条件反射后逐渐地可越飞越远。

放飞时，注意放飞的时间不宜太长，最初放飞以不超过 15min 为好。如果开始放飞的时间太长，就可能使之因自由而忘记返笼。另外，也可能因鸟在笼外自由惯了，对笼中生活产生厌烦感，不利于今后的饲养。有经验的养鸟者，能根据鸟放飞时"领取"奖励食物的状态，有效地掌握放飞的时间，及时令鸟入笼休息。

（林长水）

第九节　鸽子的基本情况概述

一、鸽子的起源

在几万年以前，野生鸽子成群结队地飞翔，以峭壁岩洞为巢，以植物的种子、果实为食。现在的鸽子，就是由野生的原鸽、岩鸽和林鸽长期驯养而培育出来的一种可观赏和利用的物种。

鸽子的饲养历史悠久。古希腊，最早利用信鸽把奥林匹克运动竞赛优胜者的名字告诉周围城市；在巴格达、苏丹最早建起一个以信鸽为主的邮政系统；比利时号称鸽子王国，鸽子竞翔比赛早已成为全国性的体育运动项目；在法国，信鸽为法国在第一次世界大战时立下了不可磨灭的战功，为了纪念信鸽的功勋，特意在里尔建立了一座宏伟的信鸽纪念碑；在英、美、俄国等，信鸽都表现不凡。查理·达尔文的《物种起源》一书介绍：埃及第五王朝驯养鸽子大约在公元前 3000 多年前。公元前 2700 年埃及就有了描绘鸽子的浮雕。公元前 1600 多年，印度可汗克巴，极爱养鸽，他的宫廷内养有各种各样的鸽子 2 万多只。达尔文不仅是伟大的科学家、生物学家，他还是一位养鸽的好手。

我国养鸽，有着悠久的历史。据《越绝书》记载，"蜀有苍鸽，状如春花"。长沙马王堆汉墓出土的帛书《相马经》中就指出"欲如鸽目，鸽目固具五彩"。由此推测，在春秋战国时代的中国南方已经有了目色不同的鸽子。秦汉时期，宫廷和民间都醉心于各种鸽子的饲养管理。隋唐时期，在我国南方广州等地已开始用鸽子通信。明朝时，我国的养鸽已具相当水平，据《鸽经》记载，明朝正统年间在淮阳，一日大风雨，有鸽坠落在主人屋上，十分困乏。被捉之后，正准备杀吃，忽见足上有一油纸封裹的信函，看封面题字，知道该鸽是从京师来的，时间仅有 3 天。从这段记载可以看出，从淮阳到京师只用 3 天，空距 700 多千米，足见当时信鸽的竞翔水平。清朝时，养鸽业更是繁荣发展，这时我国已从国外引进了大批的优良名鸽品种。尤其到了清末，无论达官显贵、八旗子弟，还是走卒贩夫、顽童老翁，养鸽放飞者大有人在，少则饲养一二十只，亦有多至数百只者，这时的养鸽者非常喜爱给鸽佩哨（给鸽尾带上哨子）。人们不但可以看到鸽子在蓝天上翻飞，而且还能享受到美妙的天空雅乐。目前我国的信鸽运动被视为社会主义精神文明和物质文明建设中不可缺少的一部分，也被视为社会稳定、人民生活祥和的象征，尤其是在北京举办的大型庆典活动中的信鸽放飞，曾多次受到党和国家领导人的肯定和表扬，深受广大群众的喜爱。

二、鸽子的分类

鸽子的分类有多种形式。据日本《动物大世界百科》介绍，地球上的鸽子有 5 个种群，250 多种；美国的《国际大百科》则称有 290 多种；而日本《万有百科大事典》记载，谓鸠鸽种的鸟类多达 550 种。当今人们公认的鸽子类群主要包括通信鸽、观赏鸽、肉用鸽三大类。

1. 通信鸽

简称信鸽，现代称竞翔鸽、赛鸽，是用于通信的鸽子。通信鸽的来源，是人们根据鸽子的强烈归巢欲，在经过人们精心选育、培训，利用它传递消息承担通讯使命重任。通信鸽包括航海通信鸽、商业通信鸽、新闻通信鸽、军事通信鸽和民用通信鸽等。在通讯工具不发达的年代，通信鸽起着非常重要的作用。直至近代高科技电子业的出现，通信鸽的通讯使命逐渐被现代通信设备取代，其功能以竞翔比赛为主，成了国防体育项目之一。信鸽有了竞翔比赛的功能，又受到了不少人的青睐，世界各国都正在积极地开展着各种竞翔比赛活动，并且竞翔比赛越来越受人们欢迎。所以说，现代的通信鸽，不仅仅限于通信的单一含义，也包括参加国际、国内竞翔比赛的赛鸽了，而且对其的要求更高、更严、更美、更标准了。通信鸽具有强烈的归巢性和辨认方向的能力。翅膀宽大，飞行耐力持久，飞行速度快，飞行距离远，机灵、敏锐，知觉和视觉较好，嘴爪绝大部分都是角质色，极个别的也有肉红色的。

2. 肉用鸽

又叫肉鸽、食用鸽、菜鸽、地鸽。其特征：体型大、生长速度快、成熟早、肉质好、繁殖率高、抗病能力强、适应性也很好。但是，由于个体笨重，不能高飞，也不能远飞。虽然有一部分个体比较小的肉用鸽也能自由地翱翔于蓝天，但是，不能放飞，因为其归巢性差。

3. 观赏鸽

专供人们观赏玩耍的鸽子。品种繁多，羽色多样，有的体态古怪；有的鸣声奇异；有的经过训练后，会杂技表演；有的喜欢高飞；有的很笨重，不能飞翔。

本节将主要介绍信鸽的技艺训练。

三、鸽子的生理特点与习性

1. 恋巢性

恋巢性是鸽子的基本特征。对绝大多数鸽子来说，它的出生地就是它一生生活的地方。尽管居住条件差异很大，但鸽子不会因为自己的居住条件差而去寻找安逸舒适的地方。它眷恋着已经熟悉了的周围环境，在那里安居繁衍后代。这就使它形成了一种特性，不愿在任何生疏的地方逗留，时刻都想快速返回到自己的"家乡"。根据鸽子的这种特性，数百年来，人们对其进行了筛选、训练，培育成了今天的信鸽、赛鸽等。

2. 遗传性

好血统的鸽子能将基因遗传给后代，其后代多为优良品种。

3. 抗寒耐热性

鸽子的心脏容量大，脉搏跳动快，每分钟平均跳动244次，且具有较高的血压，成年鸽一般为14 000～18 000Pa（105～135mmHg）。这些特点，保证了鸽子具有旺盛的新陈代谢和高而恒定的体温（42℃），可适应±50℃的气候条件。天气寒冷时，它紧裹羽毛保温御寒；天气炎热时，它会松开羽毛散热，进行自我调整。所以，中原一带的鸽子，除了病鸽一般没有被冻死或热死的情况发生。

4. 具有"双重呼吸"与"双重循环"的特点

鸽子既能用肺完成呼吸作用和调节体温，又有气囊协助呼吸和调节体温。这就是"双重呼吸"最显著的特点。另一个显著特点，是血液循环有时可不通过心脏而通过肾脏进行。这就保证了鸽子的耗氧量在最低的限度，使鸽子具有很强的高空适应性。即使用飞机把它带到16 000m以上的高空放飞，它也不会因缺氧而窒息死亡。

5. 鸽子的其他行为特性

（1）霸道 凡是鸽子占据的地方（包括巢、饮食具和活动场地），除其配偶和未离开它们的幼鸽外，统统不让其他鸽靠近，一靠近便往外驱逐。特别是雄鸽更霸道。因此，对它们要进行调教。采取强制的方法让它们学会和平相处。

（2）残忍 虽然鸽子是比较温柔和平的鸟，但是，它也有残忍的一面。鸽子打架经常是打得头破血流仍不休战；还有极个别的鸽子专去偷袭别窝小鸽，当别窝老鸽不守窝时，将小鸽啄得遍体鳞伤，有时甚至脑浆迸出还不休止。

（3）疯狂　鸽子的疯狂性表现在追蛋时，不让雌鸽出窝，只要雌鸽一出窝，就猛追猛撵，禁止进食进水，狠狠啄击雌鸽的头部，甚至在空中也如此。

（4）多疑　鸽子多疑好斗，警惕性较高。它在吃食、饮水，或在站、卧时，别的鸽子一靠近，就立即做出准备"格斗"的姿势，防止别的鸽子袭击它。

（5）记仇　鸽子记仇，如果因为它犯错主人惩罚它，它会记恨在心，长时间疏远主人。如果在它们打斗时主人偏向一方，被偏向者会主动靠近主人，而另一方会躲远，不再亲近主人。所以，一般情况下不要随便去惩罚它们。

（6）欺软怕硬　"软的欺，硬的怕"，多数的鸽子都有这样的特性。相互打斗后，斗输的弱者，会溜之大吉，但是，如果遇到比它更弱者，它就又成了欺负更弱者的"行家"了。对这种好恃强欺弱者，可采用隔离法，将其在笼内关几天，就可以大大地打击它的嚣张气焰。这样做可以稳定鸽群。

第十节　鸽子的技艺训练

饲养信鸽的根本目的是为了放飞、竞赛和使用。要想获取理想的信鸽，除了精心选育良种，搞好优种选配及科学饲养管理外，更重要的是科学的训练。"种、养、训、管"相辅相成，缺一不可。训练的基本原理是根据信鸽的生物学特征及行为学特点，经过训练使之形成"条件反射"。训练的根本目的在于通过培养、锻炼提高信鸽的素质，发挥其固有的生物学特征与特长，从而具备完成各种通信和竞翔任务的基本要素及条件。训练的内容一般包括：基本训练、放翔训练、竞翔训练、适应训练和运用训练。训练原则是：从幼鸽开始，由简到繁、由近及远、由白天到夜间、基础训练与专业训练相结合。

一、基本训练

训练目的在于培养信鸽对驯养者服从并形成强烈的归巢意识。训练内容包括喝水、亲和、熟悉巢房、熟悉信号等。

1. 喝水训练

幼鸽刚出壳，1～2d 内不吃食并无大碍，但不饮水却会有生命危险。因此，首先要教会它们使用饮水器。方法是用一只手轻轻持鸽，使其喙部接触饮水器水面。如果恰逢它渴了，自然会大口饮水。这样逐只调教至所有的幼鸽都能喝水，重复多次训练，它们就能学会使用饮水器喝水的方法。

2. 亲和训练

幼鸽离开母鸽后会怕人，不敢和饲养者接近，也不敢大胆啄食。因此，在开始训练之前，必须让幼鸽与饲养者接近、亲和。逐步解除信鸽对主人的恐惧心理，养成其对主人的服从特性，从而驯服地接受训练。

亲和训练的方法是以食物作诱饵，让幼鸽主动跟随并接近主人。主人利用幼鸽的求食欲接近幼鸽。每日可饲喂幼鸽2～3次，但只有最后一次饲喂使其吃饱，迫使信鸽始终对主人有一个依附感和求饲欲。控制食物是控制幼鸽的有力武器。开始幼鸽总是害怕陌生人，主人进入鸽舍喂食，给以特定的信号，如呼唤或口哨等，并将少量的食物撒开让幼鸽都能吃到，然后逐渐将食物撒到主人身边，这时如有主动接近主人的鸽子，就予以奖励，以鼓励其他鸽子主动接近主人。喂食的同时，配以亲切的呼唤并用手亲切抚摸，经过一段时间训练后，就可以以食物为诱饵，引诱鸽子飞到主人的手上吃食。当幼鸽可以飞到主人头上、肩上，主人可任意捉拿某只幼鸽而幼鸽不受惊吓时，主人就成了幼鸽完全可以信赖的伙伴，即使在不喂食的时候，听到召唤的幼鸽也能招之即来，亲和训练即已形成。注意在亲和训练时，也要训练它们的恋巢行为。

3. 熟悉巢房训练

熟悉巢房训练主要包括对舍内和舍外环境以及出入舍门训练。训练采用先适应舍内环境，再出入舍门，最后适应舍外环境的步骤。

(1) 适应舍内环境　让鸽在舍内互相熟悉、群居、记住舍内环境，包括熟悉巢房位置以及饮水器、食槽、散步台和各自巢穴的位置。使鸽子在舍内安详地、不慌不忙地、自由自在地飞上飞下，表现出愉快的表情。此过程一般需要3～5d。

(2) 出入舍门　舍内熟悉训练结束后，即进行出入舍门训练。饲养者用小粒饲料作诱饵，在舍外给予固定的信号，引诱幼鸽从出口门到舍外。然后将出口门关闭，打开入口门，到舍内给予固定的信号，同时撒一些饲料在入口门附近，使它们在啄食时不知不觉地穿过活动栅进入舍内，这样引诱鸽子熟练进出舍门。如此反复多次就可形成条件反射。

(3) 熟悉舍外环境　训练的前一天应让鸽子少吃或者不给予喂食。训练时，主人在舍外降落台前发出信号引诱鸽子出舍，同时撒适量小粒饲料让鸽子安静地啄食，此时要保持环境的安静，不能让人围观并防止其他动物进入。待鸽子都到达舍外后，关闭出口门，打开入口门，让鸽子边吃食边熟悉舍外环境。每隔15min左右发1次信号，让鸽子入舍并喂以少量的饲料，接着再发信号呼唤鸽子出舍熟悉环境，经过反复训练即可。此过程约需5～6d。

(4) 熟悉信号训练　目的是为了使鸽子能领会主人的意图，懂得不同信号含义，从而形成条件反射，按照主人给予的各种信号准确的进行行动。主人可根据自己的情况自行规定各种不同的信号意义。但必须做到信号不随意改动、滥用，以免混淆，使信号失去作用。常用信号一般分为声响（哨子或口哨）、颜色旗两大类。饲养者可以根据自己的情况灵活掌握，几种不同的信号可以结合使用。

二、放翔训练

目的是为了增强信鸽的翼力、体力，锻炼信鸽的体质，提高其飞翔的耐力，为将来远距离放飞和竞翔训练打下良好的基础。此项训练又可分为基本功训练及归巢训练、诱导训练、四方放飞训练、定向放飞训练、调教训练等几个方面。

1. 基本功训练及归巢训练

幼鸽熟悉鸽舍周围环境后，不久便可以在鸽舍附近作短距离飞翔，这时每天上下午都要将信鸽放出让其任意飞翔。到3月龄左右即可开始进行强制飞翔训练，飞翔训练时间要由短到长、距离要由近及远。从30min增加到1h，并逐渐延长至2～4h连续飞翔。由于基本飞翔训练非常重要，因此每天早上和中午必须迫使它们坚持1～2h的基本功训练（每次不少于1h），并且要让它们起顶，即高空不着陆飞行，不能擦屋面飞行，也不能时飞时停，这样才能达到训练目的。飞行距离要从1km、2km、4km逐渐增加到至少20km之后坚持1个多月的训练即可。另外，飞翔训练的方向也要由单一方向到多个方向，并适应各种气候条件。通过一段时间的基本飞翔训练后，信鸽的体质会逐渐健壮起来，在飞翔时间、适应性等方面都会得到提高。

归巢训练目的是为了让鸽子养成放翔后能够顺利归巢入舍的习惯。方法是在舍内放食物，将出口门关闭，打开入口门，再让鸽子飞翔训练。待鸽子一回来入舍就有食，长期坚持，就会养成放翔归巢入舍的习惯。

2. 诱导训练

根据鸽子固有的群居生活和求偶等生活习性，通过雌雄配对和老幼配对，进行多方诱导。一般在新配偶的鸽子及老幼鸽之间进行。因原有的鸽子对地形、环境都熟悉的特点，让其带新引进的进行诱导训练，如用原来饲养的一只雌鸽同新引进的一只雄鸽配对，配对成功后，就可用雌鸽诱导新引进的雄鸽进行对环境、飞翔以及归巢训练。此外，主人还可以利用喂食的机会，以食物作诱饵，进行诱导训练。

3. 四方放飞训练

此项训练目的是为了提高信鸽的记忆力，能够准确识别方向并顺利归巢。四方放飞训练一般是在基本飞翔训练完成之后进行的。方法是按照训练计划（包括目的地、距离、方向、在上空盘旋的圈数和返回的时间长短等）将信鸽用运输笼送往距鸽舍若干千米以外的地方放飞，让它们自己辨别方向返回巢穴，并不断变换方向、延长距离，从而达到放飞训练的目的。

训练时，一定要循序渐进、由近及远，待一个方向熟悉后再改变方向，不能操之过急。在训练过程中，从第1次到第12次放飞，应以2～4只为一组同时放飞。这对于那些没有经验的幼鸽，可以互相帮助，从而达到觅途归舍的目的。这种训练不能表现每只信鸽的能力，也不能锻炼它们独立辨认方向的本领。但等待一段时间后即可开始单羽放飞训练，之后开始训练幼鸽独立觅途归舍能力，并对每只幼鸽起飞后的情况做详细的记录。包括放飞后，观察鸽在上空盘旋的圈数，据此可初步判断其识别的能力。

4. 定向放飞训练

四方放飞训练完成之后，幼鸽已到5～6个月龄，新羽已基本换齐，身体发育已趋成熟，幼鸽已能从比较远的地方单独飞返鸽舍，对其性能也基本上有所了解，此时的训练要求必须更高一些，但只需从将来要使用的方向延长距离就行。例如：延长到80km、100km、200km、400km等。这个阶段训练的时间可根据鸽子体质状况而定，训练时间也不宜超过3个月。放飞的距离也要根据信鸽的年龄、体重、饲养状况、训练条件等合理确定。一般幼鸽不宜超过600km，1～2岁可增加至800～1 000km，2～3岁的信鸽可进行1 000km以上的放飞和竞翔训练。当训练距离延长到150km时，劣等鸽早已淘汰；到300km时，未满1周岁的信鸽已达到标准。此后应在100km以内多次定向飞翔以代替早晨出舍飞翔，但不增加距离，这样可以为第二年做更远距离的放飞训练创造有利条件。60～150km训练每次均以2～4只为一组放飞，200～300km以上放鸽时均应集体放飞。另外，训练幼鸽应注意使用目的。如准备训练成单程通讯信鸽，应在鸽舍四周经常放飞训练。如训练准备参加竞翔比赛的赛鸽，则应多做短距离定向放飞训练。

5. 调教训练

为了保持信鸽通过训练养成的归巢能力和持久的飞翔力，必须经常在不同的时间、不同的地形以及不同的气象条件下做调教训练。以便信鸽随时都能按照主人的意图准确行事。训练方法要因鸽而异，既要注重对原有素质的巩固、提高，又要针对薄弱环节进行调教。例如：对于辨别方向较慢的信鸽，就要多变换方向放飞。

三、竞翔训练

对于通过以上多方面的训练已练好基本功的信鸽，就可以根据其年龄、素质特点安排参加春、秋两季的竞翔。参赛一方面可进一步提高信鸽的素质，另一方面可检验训练成果。一般情况下 1 岁之内的信鸽，只能参加短程竞翔；1.5 岁左右的信鸽，参加中程竞翔较恰当；2 岁以上，最好是满 2.5 岁的信鸽，参加远程赛或超远程比赛较为理想。但在信鸽参加竞赛之前，仍要进行一些重要训练，如提高飞翔速度训练、隔夜训练，黎明起飞、傍晚续航训练等。这些训练都有助于使信鸽尽快归巢，取得竞赛胜利。

1. 提高飞翔速度的训练方法

（1）诱导法 信鸽属于"一夫一妻"式，对于这些过着舒适安逸、愉快安静生活的信鸽，参加放飞训练或竞翔时，不要将雌、雄信鸽同时放飞，应单独放飞，放一留一，至于放雌还是放雄，依个人的习惯而定，参加竞翔的信鸽则只能将其配偶留在家里。这样，可以利用鸽子思偶心切，迅速寻路回家"团聚"。

（2）饥饿法 在放飞或竞赛前不饲喂信鸽，让其空腹，训练时，它就会因急于充饥而迅速完成任务返飞归巢，但平时一定要喂一些高能物质，比如：油菜籽、花生米之类的饲料。因这些饲料含有较丰富的脂肪，一方面可以补充信鸽飞翔时体内能量的消耗，另一方面脂肪在鸽子体内代谢过程中，会产生大量代谢水，减轻信鸽的口渴现象。

（3）占巢法 对参加放飞或竞翔的鸽子，在前 10d 应刺激它们的占巢欲。方法是：在趁黑夜放翔或竞翔鸽的舍内偷偷将另外一只鸽子轻轻放入它们的巢内。天亮"主人"见有"不速之客"占据它的巢房，就会拼命地驱逐。反复几次之后信鸽就会产生一种恐惧心理，惟恐其他信鸽占据了它的巢房。在这种情况下放飞或竞赛，它就会拼命地往回赶，看看自己的巢房是否又被别的信鸽占据了。这样就能大大加快其返回速度。

（4）寡居法 将非育雏期间的雌、雄信鸽分棚饲养，每天放翔时间也分先后，避免它们互相接触，赛期将近时，才让它们合棚配对。这期间"夫妻"感情格外亲切恩爱，准备生儿育女。为了放飞速归和竞翔获胜，可让其孵假蛋，再将雌鸽或雄鸽拿去放飞或竞赛，均会奋力迅速归巢。如果已有雏，而且育单只，让其参加放飞或竞赛，也会取得同样的效果。

2. 隔夜训练

训练远距离放飞或竞赛的信鸽不可能当天归巢，途中要夜宿。如果是没有经过训练的信鸽，很容易与沿途的鸽子合群"借宿"被捕捉或被伤害，造成损失。隔夜训练目的就是让信鸽通过体验野外夜宿的生活，学会夜间寻找地方栖身和在野外安全过夜的本领，为远距离放飞或竞翔做好准备，当远程竞赛或放翔时能在途中野外安全过夜。隔夜训练的方法是：傍晚将信鸽带到远离鸽舍的地方放出，因天色已晚，辨认方向困难，不得不在野外就地寻找栖身之所，待天亮归巢；另一方法是利用无月色的夜晚，将信鸽带到郊外轻轻赶出鸽笼，让它就地过夜，体验夜宿生活，待第二天早晨归巢。这样训练几次后，信鸽就能学会夜宿本领。

3. 黎明起飞与傍晚续航（黄昏、夜间飞行）训练

信鸽习惯于白天活动，但不等于夜间不能飞行。进行这种训练必须让信鸽白天休息，夜间飞行。通过这种训练，信鸽在竞翔或返飞途中，傍晚前不必寻找地方栖息，而是在夜色朦胧之中仍鼓翼奋勇前进。训练时，最好在鸽舍内安装电灯，黄昏时，将信鸽带到几千米外放飞。

四、适应训练

目的在于巩固基本训练的成果，为更好地进行训练和竞赛打下基础。主要是进行在不同气象、地形、时间条件下的适应放飞训练，以及防猛禽训练。

1. 适应不同气象条件训练

信鸽远距离飞返鸽舍途中不会总是一帆风顺的，经常会遇到各种恶劣的气候条件。为了使信鸽能够适应各种恶劣的气候条件，平时一定要起早贪晚进行训练。不论什么样的恶劣气候条件都要坚持，迫使它们克服困难飞翔，使之形成牢固的条件反射。例如，信鸽在雨中飞翔归来入舍就食时，是检查羽毛的好机会，这时观察每只信鸽的羽毛上粉尘的多少和被雨水打湿的情况，可察知羽毛的质量。如羽毛上面的粉尘厚则羽毛不易打湿，说明这类信鸽更适于在雨中飞行。据此作为选择参赛信鸽时的依据。可以按信鸽的使用范围，根据气象预报，加强在各种气象条件下的适应训练，培训出"全天候"信鸽。

2. 适应不同地形地貌

我国境内地形地势的非常复杂、各具特点，对信鸽竞翔有很多不利的影响。如高山和强磁环境会影响信鸽导航；深山峡谷影响信鸽视野，使其难于辨认方向；平原村庄密集，需要确定明显目标才能有利于熟悉地形环境；海洋和大河面积广，极易引起局部的强气流，信鸽也会增加归巢难度。凡此种种，为了使信鸽在任何地形下都能准确归巢，在适应性训练中，需要分别在各种不同地形条件下进行放飞训练。

3. 适应不同时间的放飞训练

一天中的上午、中午、下午、黄昏、日落这几段时间，因阳光照射的反射角度不同、参照物阴影、倒影等变化，都会给信鸽造成错觉；夜间飞行，如无月光，也会在飞行时产生错觉或迷航现象。因此，在适应训练中也应注意安排不同时间的放飞，以使信鸽任何时间放飞均能归巢。

4. 防猛禽训练

鸽子的"天敌"是鹰、隼之类的猛禽，它们对信鸽威胁最大。所以飞翔训练，千万不要在鹰、隼经常出没的地方进行，并且有必要创造条件训练信鸽防鹰、隼的本领。经过严格训练的信鸽，在遭遇鹰、隼时，也能顺利完成通信传递、竞翔任务。因此，在适应训练中，防猛禽训练是不可忽视的项目。由于鹰、隼类属猛禽，性情凶猛、视力敏锐，足趾上长有锐利的爪，具有俯冲速度快、空中抓捕能力强的特点。但它们也有自己的弱点，即翅

翼狭窄，飞行时是盘旋上升，速度慢；而且它们喜欢单独活动捕食，飞行中如果遇到鸽子，追捕2～3次还捕捉不到，就会放弃。如果一只鹰或隼追捕到一只鸽子，遇到其他鸟类或乌鸦，它们就会来争食。而信鸽虽然有翼宽、下降阻力大、速度慢弱点，但它有能扶摇直上，飞行速度快，为鹰类所不及的优点。因此，可以利用信鸽的优点和鹰、隼的弱点来训练信鸽的自我防护能力。

五、应用训练

应用训练属于比较高等而且复杂的训练，饲养和训练信鸽目的就是提高它们的使用价值并为人类服务。竞赛就是应用训练的一种，而通信则为信鸽的重要使用价值之一。利用信鸽通信古已有之，它有时可以完成人类较难胜任的工作，特别是交通、通信不发达地区，以及在一些非常情况（如战争等）。通信训练也叫传递训练，一般分为单程传递、往返传递、移动传递、留置传递和夜间传递几种。

1. 单程传递训练

每天都要在两次喂食前强制信鸽做持续飞翔训练，每次1～3h，以提高飞翔能力。利用信鸽的"圆周型辐射视线"具有开阔视野的特点，训练信鸽在复杂的环境和气候条件下，以及不同时间、地点能准确判断鸽舍方位，迅速找到归途。其原理是信鸽在空中飞行能够按照飞行点的前、后、左、右的视野角度构成一个圆周型辐射状视线。这与应用训练的范围、距离的远近及熟悉程度密切相关。因此，正确掌握和利用信鸽的圆周型辐射视线，逐步扩大放飞范围，增加放飞距离，是一项重要的训练内容。但应注意训练时由近及远，近距离多放，以60km的训练放飞代替早晚的舍外飞行运动；对迟归信鸽应在近距离增加训练次数，直到基本上能直线归巢，再延长距离。训练时还应根据信鸽素质以及地形、气候条件决定放飞范围和距离。训练必须坚持两个原则：一是从易到难和由熟到生的原则。即训练时先到信鸽熟悉的方向、地形放飞，再到不熟悉的方向、地形放飞；二是集体初次放飞与单只复放相结合的原则。集体初次放飞，就是在新距离、新地段做首次飞行时，以集体放飞为宜。这样可以充分利用信鸽的群居性和合群性，让素质好的带素质差的，既能提高鸽群素质，又能减少损失；单只复放，就是在集体初次放的基础上，再做一次单只放飞。这样，既能对每只信鸽作出检验，又能提高信鸽独立飞翔的能力，从而达到个别使用目的。但应注意，由集体到单放训练，应以后者为重点，以适应使用。加强"四向"和"三不同"的放飞训练：为了使训练与使用不脱节，不形成固定的规律性，保证在任何情况下都能顺利、准确、迅速地完成传递任务，在应用训练中必须加强在"东南西北"4个方向和"不同地形、不同气候、不同时间"的3个不同条件下的训练，要有意识地选择恶劣气候近距离训练，由集体到单只，在地形复杂的地方应多次训练，并对训练情况做详细记录。

但单程传递鸽有3个明显的缺点：第一，费时费力，使用单程传递鸽时，必须先用运输笼把信鸽送往某地，暂时把它关在小笼子里饲养，不让它看到周围环境，以避免养熟而不飞归。使用时装上通信筒，然后放回鸽舍，这样，小笼子里就少了一只。如此重复用完之后，又需专人送鸽子前往某地备用，费时又费力，十分不方便。第二，使用不便，由于信鸽被关在笼子里缺少运动，经常这样势必影响到信鸽的素质。归巢后需休息几天，以恢复体力，不能天天使用。第三，使用时，每对之中应留一只静候配偶归巢。因此，单程传递，信鸽每次能真正使用的只占全部信鸽的一半以下。如果遇上恶劣的气候条件，其传递的效率也会受到影响。而使用往返传递鸽就可以克服上述弊端。虽然在训练期间需训练者往返两地比较辛苦，但在训练成功后，训练者就不必再往返奔跑。已训练成功的往返传递鸽天天来往于甲乙两地，天天受到锻炼。使用的时间越长，它们对两地之间的山川地形就越熟悉，即使遇到恶劣的气候条件，也不会阻止它们的往返传递。

2. 往返传递训练

这种训练更为复杂，即饲养于甲地某鸽舍（简称宿舍）的信鸽，经过训练后，每日能飞往乙地某鸽舍（简称食舍）就食，食后仍飞返宿舍栖息，并在此产卵、育雏。如此风雨无阻，天天往返于两舍之间，人们利用其往返之便携带书信，在甲乙两地担负起有规律的通信传递任务，这种训练称之为往返传递训练。往返传递适用于通信设备少的山区、海岛、草原、人员少而又分散的点与点之间的通信联系。

（1）训练前的准备工作　训练往返传递鸽至少需要两个鸽舍，先确定双方的传递点，然后分别在甲、乙两地选择固定栖息鸽舍和喂食鸽舍的位置。一般应以原饲养鸽舍作为甲地建立栖息舍，以另一通信地作为乙地建立喂食舍。两地鸽舍的样式最好相同，舍内外所需各种设备均应齐全，但舍内没有产卵、育雏的巢房，只有栖架，以备信鸽飞来采食时暂时休息之用。甲地管住不管吃，乙地管吃不管住。鸽舍位置不宜过低或隐蔽，以便信鸽尽快熟悉两处的鸽舍。如果有3个以上的地点需要使用往返传递的信鸽进行通信，则应选择一个中心点作为食舍，其他各地为宿舍，使食舍成为中心站，与其他各地相互联系，从而形成一个通信网。如以宿舍为核心，其他各点则均应设食舍，并以不同颜色的色环装在信鸽脚上，以区别它们来自不同的食舍或宿舍。此外，尚需颜色相同、式样一致的工作服若干件以及运输笼若干个，以便训练时应用。训练距离：甲乙两地间的距离一般在50km以内为最佳。若两地距离过长，可在甲乙两地之间设中转站，使点与点之间连接成通信网。训练时坚持"集体初次放"、"单只复习放"、"困难地形多次放"、"目标显著少次放"的原则，使信鸽充分熟悉两地间的情况和归途中的各种标记。

（2）训练方法　训练往返信鸽，主要是利用采食和繁殖（栖息）这两种生物学特性来控制和训练的。原来信鸽在同一个鸽舍内就可获得食宿，现在硬是把食、宿这两个生存的必需要素分开，致使信鸽被迫往返于两舍之间，才能满足食和宿的需要，从而完成生存及繁衍后代的目的。因此，让准备训练成往返传递鸽的成年信鸽成对地在宿舍里安居，每对占一巢房，经过训练可以安定鸽舍内的秩序，再和训练幼鸽一样完成各种基本训练。进而训练它们能分别从食舍所在地迅速飞返宿舍栖息。

①成年信鸽轮流孵卵习性训练法　首先应进行亲和训练，每日喂食均采用手喂法，让信鸽接近主人，为以后在食舍训练创造条件。正式训练前几天均不要喂饱，约喂日采食量的1/3，而且在训练往返的前一天停止给食。训练雄鸽的方法是：雄鸽于上午9时进巢房代替雌鸽孵卵，让雌鸽离窝活动；下午5时左右，雌鸽开始孵卵至翌日上午9时，又由雄鸽接替，如此轮流，天天不变。根据这一习性，可以在早上送雄鸽前往食舍，让它们熟悉食舍周围的环境并熟悉进出口位置，上午8时半唤它们进舍，喂食量只是平日的2/3，然后打开出口，让它们到舍外活动，但不要赶它们起飞，关闭进出口。这时已经到了雄鸽孵卵的时间了，由于急着回家，会赶快起飞向宿舍飞去。训练雌鸽的方法是：雌鸽离窝后，

也送它们到食舍，训练方法同雄鸽。下午 4 时半喂食，只给日采食量的 2/3，然后让它们在舍外活动，此时由于急着回家孵卵，会迅速飞返宿舍。

无论在宿舍还是在食舍均应全天供应清洁干净的饮水、保健砂。翌日及第三天重复上述两项训练，训练飞往宿舍；第四天一早送雄鸽至食舍附近放飞，然后呼唤它们降落，因前几天喂食加起来等于少了 1d 的定量，训练之前每天还少喂了一些、并停喂了 1d，前后合计少吃了几天的定量。此时处于饥饿状态的信鸽，若发现食舍而又听到呼唤，一般会降落下来入舍，因为这时会吃到食物。如果不降落而是飞返宿舍去接替孵卵，则它们一天均不能得食。紧接着如上所述送雌鸽前往食舍附近训练；第五日重复第四日训练，赶雄鸽起飞，虽然宿舍内有它的配偶正在孵卵，但是因几天均未饱食，腹中饥饿，加上接连 5d 均从食舍飞返宿舍，已经熟悉了食舍的位置和环境，同时知道那里有食物，于是会顺利地飞往食舍。鸽入舍后，喂食至饱，然后放它返回宿舍里孵卵。如果它们还记不清航线，飞后不入食舍而进入宿舍，应再送它们飞回宿舍。同样的方法训练雌鸽。从第七日开始重复第六天的训练，直至雌雄鸽均能从宿舍飞往食舍为止，来往传递信鸽即基本训练成功。

②利用亲鸽育雏行为训练法　训练方法同与前法相似。不同点在于：只留一只幼雏在巢房里，作为诱饵增加信鸽的恋巢性，一旦训练成功，即应淘汰幼雏；其次在停食一天后，翌日早晨将宿舍内的信鸽无论雌雄均送往食舍，训练它们熟悉食舍的位置和周围环境，并学会进出食舍。一直到下午 4 时才慢慢给食（采食量为日粮的 2/3）。食后让它们飞返宿舍育雏。由于一整天都在食舍内，信鸽对环境的适应时间较长，因此，可以缩短训练日期。而前者雌雄分批训练，且每天在食舍逗留的时间较短，所需时间较长。这两种方法各有利弊。

③移动宿舍或食舍训练法　幼鸽先在宿舍内完成基本训练，然后开始进行在宿舍和食舍之间的往返训练。把一个与宿舍相似的鸽舍作为食舍，放在宿舍对面，让两舍的降落台靠在一起，两舍屋顶均有运动场。宿舍里有巢房而食舍里有栖架，这是两者唯一的不同之处。训练幼鸽往返于两地之间时，早晨让幼鸽出舍飞翔，然后关闭宿舍的进出口，并打开食舍的进口。鸽降落后只能进食舍进食。喂食少许，然后移动食舍位置，使两舍之间相距10m，再把屋顶运动场装好，让幼鸽在屋顶熟悉环境。下午先拿掉饮水器再喂食，食后让它们飞返宿舍饮水。翌日，放鸽出舍飞翔，并在食舍附近呼唤它们，如果不肯飞来，就让它们进入宿舍饿一天。第三天，重复前一天的训练。信鸽进入宿舍后把它们送往食舍，并喂少许食物。再移动食舍，使两舍相距30m，再让它们在运动场内熟悉新环境。下午喂食给水后，赶它们飞返宿舍。如此反复，并逐渐增加移动食舍的距离，直至宿舍移至目的地为止。这种移动食舍的训练方法，也可用先固定食舍的位置只移动宿舍的方法来进行，重要的是当位置移动后，一定让在舍内的信鸽有机会观察熟悉新的环境。还可以将甲地饲养的单程传递鸽，用轮流移动宿舍或食舍的方法，使其成为乙丙两地往返传递的信鸽。

④雌雄幼鸽分别饲养于食舍或宿舍训练法　将雌雄幼鸽分别饲养于食舍或宿舍内，雄鸽占据一个巢房宿舍，雌鸽占据一个食舍，同时对它们进行基本训练。之后再训练雄鸽和雌鸽分别由食舍、宿舍飞返它们各自相对的宿舍和食舍内，进一步训练它们单独觅途返舍的能力。雏鸽性成熟后，把雌鸽送往宿舍与雄鸽配对，并训练雌鸽认识巢房，让雌鸽由舍内到屋顶运动场去熟悉鸽舍周围环境，并能随雄鸽飞进巢房。

上述各项训练完成后，在宿舍内停止喂食，次日放鸽出舍，让它们飞翔。雌鸽在宿舍内的日期不多，还记得食舍，它会向食舍飞去，但是，又受到雄鸽牵制；雄鸽恋其配偶，特别在赶蛋期更会追赶雌鸽，可是又恋自己住惯了的宿舍。因此，会暂时发生混乱。如果发生有雄鸽因追赶雌鸽飞往食舍，或者有雌鸽快要产卵却又跟着雄鸽在宿舍降落等情况要做好记录，以便进行相应的处理。飞往食舍的信鸽要奖给食物，对没有去的只能让它在宿舍饿上一天。在食舍里的信鸽吃食后应强行把雌鸽再送往宿舍并赶回对雄鸽离开。此后的训练可以概括为几个字。在宿舍方面是：放、赶、送；在食舍方面是：喂、放、赶、送。如此反复，直至它们能自动地由宿舍飞往食舍，食后自动返回宿舍，训练便告成功。

⑤分组往返训练法　培养出一批往返传递鸽以后，要及时分组进行往返训练。每组2～4只，按照性别以及素质的好坏合理搭配，并佩戴不同的颜色环加以区别。每组的放飞时间应根据季节而定，组与组之间的放飞要有间隔，但时间要相对固定，不可随意改变。

3. 单程与往返的优缺点比较

单程传递鸽有三个明显的缺点：第一，费时费力。使用单程传递鸽时，必须先用运输笼把信鸽送往某地，暂时把它关在小笼子里饲养，不让它看到周围环境，以避免养熟而不飞归。使用时装上通信筒，然后放回鸽舍，这样，小笼子里就少了一只。如此重复用完之后，又需专人送鸽子前往某地备用，费时又费力，十分不方便。第二，使用不便，由于信鸽被关在笼子里缺少运动，经常这样势必影响到信鸽的素质。归巢后需休息几天，以恢复体力，不能天天使用。第三，使用时，每对之中应留一只静候配偶归巢。因此，单程传递信鸽每次能真正使用的只占全部信鸽的一半以下。如果遇上恶劣的气候条件，其传递的效率也会受到影响。而使用往返传递鸽就可以克服上述弊端。虽然在训练期间需训练者往返两地比较辛苦，但在训练成功后，训练者就不必再往返奔跑。已训练成功的往返传递鸽天天来往于甲乙两地，天天受到锻炼。使用的时间越长，它们对两地之间的山川地形就越熟悉，即使遇到恶劣的气候条件，也不会阻止它们的往返传递。

往返传递鸽虽比单程传递有很大优越性，但也有一定的局限性。因为往返传递鸽每日来往于两舍之间，两舍相隔不能太远。飞行距离以两小时以内较为合适。如果按照信鸽飞行的时速50km计算，两舍间的距离不能超过100km。距离远了，信鸽就不能胜任，这就是它的局限性。而使用单程通信鸽的距离就不受上述条件的限制，这是往返传递鸽所不及的。

因此，单程传递鸽的优点正是往返传递鸽的缺点，但单程传递鸽的利用率远不及往返传递鸽。因此，它们是相辅相成的，使用时应按需选择。

4. 移动传递训练

目的在于培训出的移动传递鸽能准确认识鸽舍（移动）和信号，不受地形、自然环境限制，即使鸽舍在一定范围内迁移后仍然能够准确识别鸽舍的移动。这种信鸽在军事、地质勘探、草原放牧以及航海等方面都具有较高的应用价值。要培育出高素质的移动传递鸽，应从刚出巢的幼鸽中挑选并进行严格的训练。

训练前的准备工作：把制作好的移动鸽舍安装在移动车上，然后把幼鸽从固定鸽舍移到移动的鸽舍内。先进行亲和、舍内熟悉、出入舍门、熟悉移动车、熟悉信号等基本训练，然后再按照不同距离和方位进行移动传递训练。

第一位置：就地采取三角形移动或其他形式的移动做辨认不同方向的方位训练。一般训练3d左右。

第二位置：向不同方向做小移动方位训练，移动距离在50m以内，训练2d。

第三位置：在50m以外的新位置训练，训练时间为1d。

第四位置：在200m范围内做不同方位的移动训练，训练时间2d左右。

第五位置：在3km的范围内做三角形方位移动训练，训练时间4d左右。

第六位置：在3～5km范围内传递训练，训练时间3d天左右。

第七位置：做500～5 000m范围内的综合移动训练，训练时间6d左右。

结合担负移动传递任务的信鸽做带飞训练，也是诱导训练的一种方法，要求与正式执行任务的信鸽一样。

5. 留置传递训练

留置传递就是将甲地饲养的信鸽送往乙地长期留置使用，一旦需要能马上进行传递使用的方法，是使单程传递鸽发挥出更大作用的一种训练方法。

（1）留置传递鸽应具备优良单程传递鸽所具备的素质　包括在黑暗和隐蔽处饲养，在1个月到半年以上仍不丧失飞翔力的特殊体格；在黑暗处关养也能正常吃食饮水，又不乱叫或煽翅；耐粗饲、适应恶劣环境、定向好、归巢心强，无论任何时间、地点、气候条件下放飞均能顺利归巢。必须重点注意的是在乙地关养时，一定不能让它们看到周围的环境，因为如信鸽熟悉了乙方的环境，放飞后往往在上空盘旋不去，误认为这是它居住的家了。因此，既不能让它认识乙地环境，也不能让它在乙地做飞翔运动。每天只能供给有限的食物，虽然这样会在一定程度上影响信鸽的体质。信鸽在甲地生活时，能天天在广阔的天空中飞翔、能和其子女天天同处。而后禁闭乙地时，除了吃喝外，其余什么都得不到。在这种条件下，留置的时间越长对它的情绪影响就越大，归巢性就越强。这样既能让每只信鸽均有机会传递信件，又减少了管理员往返两地的辛劳。但管理员必须了解每只鸽子的性能，如训练成绩、使用情况以及健康、配偶、育雏等情况，在使用时才能灵活选择。让更健康、更能出成绩的信鸽多闲置些时日，先使用那些体质较差、成绩一般者，才能更好地、更顺利地完成任务。

（2）留置传递鸽的训练　在按照单程传递鸽的基本训练、应用训练和适应训练的基础上再进行特殊训练。也可将单程传递鸽直接实施"留置训练"培训成留置传递鸽。训练科目及要求按留置传递鸽应具备的素质安排实施训练计划。训练在舍区以外进行，离舍区的距离及留置时间应由近及远，由短到长，由白天到黑夜，留置条件也由简到繁。培训留置通信鸽要严格进行挑选，侧重于对改变饲养环境条件的适应性训练。

6. 夜间传递训练

目的在于培训具有夜间飞行和传递本领的夜航信鸽。训练距离在50km左右，实际使用距离50km以内，应用方法与单程传递相同。

（1）训练前的准备工作　此项训练与夜间飞行训练有相似之处。先将鸽舍顶和降落台刷上白色涂料，以便鸽群夜间识别。舍内要安装光线较弱的电灯，以不刺眼又能看到喂食为宜。舍外安装红、绿、白三种颜色的彩灯作夜间训练的指挥信号。夜航信鸽的生活习性要完全改变，白天应用黑布遮住鸽舍，让信鸽在舍内休息，黑夜打开训练。关养夜航鸽的降落台要宽，方便信鸽起降。同时，鸽舍周围灯光要少，以防与指挥灯信号混淆。还要注意鸽舍附近不要有电线杆、树林等障碍物，以防鸽群撞伤。

（2）舍内及网内训练　上午用遮光的办法在舍内进行亲和、舍内熟悉、出入舍门等基本训练。拂晓和傍晚在网内进行熟悉周围环境及降落台的训练。每天训练 3～5h，一直到改变生活习性、适应夜间飞行为止。这段时间大约需 1 个月左右。

7. 飞翔和放飞训练

先在拂晓到日出前这段时间训练，然后变为傍晚练习。飞翔时间逐渐由每次 10min 延长到 1h，这一科目要训练到鸽群能集体在夜间自由飞翔为止，大约需 20d 左右。放飞训练时，先作近距离的"四方"放飞，然后再一个方向一个方向作应用放飞。距离逐渐延长，开始在明月下放飞，然后在有微弱月光的条件下放飞，最后在黑夜放飞。

六、训练及竞翔中应注意的事项

1. 建立完整的信鸽记录表

自幼鸽出生开始就要做好详细的记录，掌握好信鸽的年龄、品种以及放飞训练和竞翔归巢等方面的情况，科学选留或淘汰并不断提高饲养管理技术水平。

2. 不要过早放飞幼鸽

虽然希望幼鸽早日练就一身好本领，但过早地进行放飞训练，可能会造成不必要的损失。由于幼鸽的发育不成熟、记忆力不强，放飞后会迷失方向。

3. 为信鸽配制营养全面的日粮并科学饲喂

对参加竞翔的信鸽要给予蛋白质和脂肪含量较高的日粮，如油菜籽、豌豆、碎花生米或芝麻粒等，以满足其在长途飞行过程中能量的需要。同时注意在放飞前不要喂得太饱，以免影响其归巢欲。

4. 为竞翔信鸽选好配偶

为避免信鸽之间争夺巢舍，要及时关闭其巢舍，并防止其配偶与其他信鸽配对，使竞翔鸽保持良好的竞翔状态。

5. 适当休息

参加竞翔的信鸽，归巢后无论是体力还是精力消耗都很大，需要有一段时间安静休息，以恢复体力。

6. 减少孵抱幼鸽，否则因为体质下降而影响竞翔

对于参赛的信鸽，不能让它孵抱幼雏，或只允许少孵幼雏，以保证信鸽的体质健康。为避免孵雏过多而影响其体质，可以采取抱假蛋的方法，也可采取白天将雌、雄鸽暂时隔开的办法，这样可以避免雌鸽多产蛋。

7. 保持原有的鸽窝和配偶

对于参加竞翔的信鸽一定要保持原有的鸽窝和配偶，在这个时期绝对不能挪动或改变鸽窝，更不要将雌、雄鸽拆开，防止因情感创伤而影响其归巢的速度。

8. 为竞翔信鸽的起落和归巢创造条件

使信鸽起飞时能够扶摇直上，降落时能够方便入舍。

（李义）

【复习思考题】

1. 作为宠物的观赏鸟主要分几类？各有什么特点？

2. 驯鸟有哪些要求？训练的科目有哪些？主要用哪些方法？

3. 哪些鸟适于手玩训练？如何训练鸟放飞？

4. 鸟乱鸣叫的原因是什么？如何解决？

5. 简述一只上品百灵鸟应该具备的条件。

6. 叫口应具备哪些条件？何为压口？百灵压口常用哪些方法？

7. 训练八哥为什么要捻舌？八哥的高级人语调教分几步？如何进行训练？

8. 鸽子分几类？简述鸽子的生理特点和行为习性。

9. 鸽子应用训练通常有几种方法？如何进行鸽子的往返传递训练？

实训指导

实训一　犬行为（表情、情绪、动作）观察

【教学目标】

掌握观察犬表情的方法。

初步学会根据犬的脸部表情和肢体动作判断犬的情绪。

【教学准备】

一、犬的选择

1. 教学时首选成年犬（可在课后继续对老犬、幼犬进行观察）。

2. 选择不同状态、不同性情特点的犬。

二、教学前的准备

1. 观察前准备好犬喜欢的点心、玩具等。

2. 在教学前要使犬在笼内或架上能安定地生活，适应训练并与训犬人员建立良好的互信关系。

【观察内容与方法】

犬的喜怒哀乐等心理感觉可通过丰富的表情和形体语言来表达。

一、犬的表情与语言器官

（一）犬的脸部表情

1. 唇部

可向后卷露出牙齿，露齿有时意味攻击性，但是，有些犬在很高兴的时候也会露齿嬉笑。犬表现攻击性时唇部全部向后卷，犬齿明显外露，表现出凶悍状态。

2. 耳朵

有活动性，可追随声音转动。长耳犬也可转动耳朵到警戒位置。

3. 眼睛

也有表情，犬高兴时眼睛明亮，当感到惊异或困惑时会抬眼帘甚至会倾斜头部，显出夸张的表情。

4. 瞪眼

犬在恐惧性攻击时会露出野性的眼神，脸部皮肤向后收缩露出眼白，瞳孔张开；犬在主宰性攻击时，瞳孔收缩，瞪着眼瞄准攻击对象的一举一动。对犬而言，瞪眼直视代表挑战，平常情况下，人们瞪着犬时，犬会避开视线接触而突然呈现顺从。训犬员注意不要用眼睛瞪着犬，除非有把握能应付犬的突然攻击。

（二）犬的肢体语言

犬与狼的肢体语言很相似，在安静平和时，犬身体姿势放松脸部表情平和，耳朵停留在正常位置（品种有别）尾巴下垂，身躯不会拱起或提升，眼睛微闭，唇部与颈部肌肉松弛。当犬很有信心并要向另一只犬显示它的权威与优势地位时，身躯可随时拱起并准备采取行动。

（三）犬的尾巴

犬的尾巴会显示它的情绪与意图。尾巴夹起表示心理害怕，竖起来摇晃表示高兴，向下直伸表示忍无可忍，自然屈伸摇摆则是摇尾乞怜。高举的尾巴显示犬有信心、兴奋或强势。摇尾巴表示高兴与兴奋。尾巴高举竖直并做小幅度高频率的摇动表示犬在显示它的强势（或主导优势）。尾巴下垂作慢节奏的摇摆表示犬"不确定"。

（四）犬的声音

犬的声音的表达范围很广，有婴儿哭声、警戒低吼、高亢吠叫、要引人注意的叫声、嚎叫、痛苦的低吟、尖叫与快乐的呻吟等，有些犬会有类似狼的号啸吟唱。

犬的声音由呼啸、低吼到咆哮。犬用声音表达感情，高音调或高音量显示受挫折或激动。吠叫不代表攻击性，常常是表示"快一点来游戏"及"很高兴看到你"；低吼在成犬具有攻击意味，有些犬喜欢玩"低吼"声，但它的态度是明确的，有些犬可在"低吼"声中抑扬顿挫，具攻击意味的低吼其身体也呈现攻击姿态。

二、综合判断，把握犬的情绪变化

犬的表情很丰富。犬高兴的时候耳朵下垂，愤怒时耳朵也下垂；尾巴也有表情，高兴时摆动，愤怒时也摆动，而高兴和愤怒几乎是两种完全相反的情绪变化，这时我们就必须借助于犬的叫声、眼神及身体其他部分的状况来综合判断，只有这样才能正确地把握住犬的情绪变化。

（一）高兴时的表情

犬使劲摆动尾巴，不断跳跃，这是最常见的一种表现方式。如果看到犬鼻上堆满皱纹，上唇拉开，露出牙齿，眼睛微闭，目光温柔，耳朵向后伸，轻轻地张开嘴巴，鼻内发出哼哼声，身体柔和地扭曲，可以认为犬在笑。

（二）愤怒时的表情

犬在愤怒时脸部表情几乎和笑的时候的表现完全一样，鼻上提、上唇拉开、露出牙齿，不同的是两眼圆睁、目光锐利、耳朵向斜后方向伸直。同时会用力跺四脚，一般嘴巴不张开，发出呼呼威胁的声音，身体僵直，被毛竖立，尾巴陡伸或直伸，与人保持一定距离。如果两前肢下伏，身体后坐，则表明即将发动进攻。

（三）恐惧时的表情

犬感到恐惧的时候，尾巴下垂或夹在两腿间，两眼圆睁，浑身颤抖，耳朵向后伸，全身被毛直立，呆立不动或四肢不安地移动，或者后退。

（四）哀伤时的表情

犬感到悲伤时，两眼无光，垂着头，向主人靠拢，并用祈求的目光望着主人。除以上几种表情外，有时卧于一角，变得极为安静。犬摆动尾巴，身体平静地站立，两眼直视主人，表示等待、期望；头部下垂，躯体低伏，匍匐爬过来表示屈从和敬畏；尾巴高伸摆动，耳朵竖起，头部摆动，身体拱曲，有时还伸出前爪，则表示与人亲热，要求玩耍。

三、观察方法与过程

与犬游戏玩耍，引逗犬做出各种反应，在此过程中详细观察记录犬的各种表情及其情绪表现。注意不要激怒犬，防止遭到犬的袭击。

【复习题与作业】

1. 犬高兴时有哪些表情特征？
2. 犬愤怒时有哪些表情特征？

实训二　奖励、惩罚与犬行为训练

【教学目标】
学会用奖励、惩罚的方法对犬进行训练。
【教学准备】

一、犬的选择

1. 因老犬反应迟钝，应选择幼年或成年犬作教学对象。
2. 饥饿时是犬接受训练的最佳时机，进行训练的犬应处于饥饿的状态。
3. 具备性情温顺易驯、不羞涩的特点。

二、教学前的准备

1. 准备好犬喜欢的点心、玩具等。

2. 在教学前要使犬在笼内或架上能安定地生活，适应训练并与驯犬人员建立良好的互信关系。

【训练内容与方法】

在训练犬时，需要经常地鼓励。点心、玩具以及主人的抚摸和口头称赞都是有效的奖励。而不应该采取体罚手段。当犬犯错误时应立刻进行适宜的惩罚如孤立、训斥等。

一、奖励

（一）奖赏食物

将款待犬的食物举到犬鼻子上方，以吸引它的注意，当犬饥饿时这种方法最有效。

（二）安抚

在训练中，对犬进行身体奖励很重要。沿着犬的身体长时间的抚摸，犬会认为是在表扬它。

（三）奖励玩具

作为一种鼓励方法，可以向犬出示它喜欢的玩具。有些犬更喜欢带响声的玩具。但是，如果犬带着玩具逃避控制，这个玩具下次训练时不能使用。

注意，最好少采用食物鼓励的方式，因为经常给犬奖励食品容易造成贪吃、偷食的毛病，可以采取口头表扬或抚摸其耳背、颈背、头顶或颈下方的方式，这种精神奖励的效果其实并不比物质奖励的效果差。

另外，在动作未完整完成之前不宜奖励，在对某一动作熟练之后，就要考察它的综合运用能力，不应该在无足轻重的环节上给予奖励，最好等到整个动作连续完成之后再予嘉奖，即由单项奖励过渡为综合奖励。这样，犬就能够在完成下一系列动作中处处仔细，而不会只着意于一两个动作。

经过几天训练后，可对犬逐步减少供给食物的次数和身体奖赏，但应该经常给予口头表扬。使它尽快适应单独的口头表扬。

二、惩罚

（一）孤立

当犬犯错误时，可以把它单独关起来数分钟。因为大多数犬喜欢与人相伴，这种惩罚方式很有效，但要注意与人隔离时间不要过长，只能持续几分钟，随之立刻平静地释放它。

（二）严厉的语言

当犬犯错误时，也可口头训斥，或采用出其不意的，但无伤害性的方法如水枪喷射等进行惩罚。

注意：对犬的奖惩应做到及时、当场褒奖。尤其是当犬做错事时，必须及时训斥几句。如果过了这段时间再训，它会记不起自己是因为什么事挨批。褒赏也是如此，如果过了这个时候，可能达不到褒赏的目的。

【复习题与作业】

1. 如何采用奖励的方法进行犬的训练？
2. 在训练时，对犯了错误的犬如何惩罚？

实训三　命令与犬行为训练

【教学目标】

学会向犬发出口头和手势等命令的方法进行犬的训练。

培训犬理解主人发出的语言和形体命令及其组合命令。

【教学准备】

一、犬的选择

1. 因老犬反应迟钝，应选择幼年或成年犬作教学对象。
2. 饥饿时是犬接受训练的最佳时机，训练前不喂食，让犬处于饥饿的状态。
3. 选择性情温顺易驯、不羞涩特点的犬。

二、教学前的准备

在教学前要使犬在笼内或架上能安定地生活，与适应训犬人员建立良好的互信关系。

【内容与方法】

（一）简短而坚决的语言命令

犬对人的语言理解能力有限，他们对短而清楚的语言反应敏感。为避免命令的混淆，应给犬取单音节或两个音节名字，不要连续重复某一个命令，因为这容易使犬迷惑不解。选择简单的词语如"过来"、"过去"、"不"、"好"等作为命令。

1. 吸引注意力

呼唤犬的名字，以引起它的注意，然后发出命令。让犬蹲立于主人身旁，使其注意力集中于主人，并以食物奖赏作鼓励。

注意下命令时声调变化及面部表情是很重要的。主人满意时应微笑，如果犬任性违背主人的命令时，应怒目而视。

2. 坚决说"不"

"不"是驯犬最重要的词语之一，因为它可以阻止犬做出危险的事情，适时下达命令以及知道何时说"不"是训犬的关键。当犬做错事时应坚决说"不"。

注意说"不"时要压低声音果断地说。

（二）身体语言命令

1. 表示欢迎的身体语言

做出一种欢迎的姿势以鼓励犬服从于主人。用一种友好、兴奋的声音召唤它，微笑着张开双臂欢迎它。

2. 严厉的身体语言

当犬犯错误时，应向其作出威胁性的姿势。而且，当发出否定命令如"不"时，应表现出很生气。

3. 手势

培训犬理解主人发出的手势命令，注意语言和手势结合。如果犬离主人较远，可召唤其名字予以控制，并作出明确的手势

【复习题与作业】

1. 当犬犯错误时，应当如何制止？
2. 当犬离你较远时，如何发出召唤命令？

实训四　犬佩戴牵绳的训练

【教学目标】

掌握训练犬佩戴牵绳的方法，让犬具有佩戴牵绳的服从性，学会通过拉动牵绳随时调整犬行进的步伐和速度。

【教学准备】

犬的选择：性情温顺，不羞涩的幼年犬。

设备与材料：脖套和牵绳。

【内容与方法】

一、训练要求

在训练中、日常散步途中以及为了犬只的安全佩戴脖套和牵绳必不可少。

注意，脖套和牵绳应该是主人和犬之间一条看不见的纽带，而不是用来压迫和驯服犬只的工具。在给小犬佩戴牵绳时，应让它感觉到很舒服。如果小犬进行反抗，就要想办法转移它的注意力，（例如：通过玩耍或者给予奖赏的方式）然后轻轻地把牵绳给它套上。也可以给小犬套上 1m 长的牵绳，然后对它发出"走"的命令，这样就开始了最基本的训练课程——佩戴牵绳的服从性。

还要注意的是：对幼犬来说，一根结实的皮质牵绳松松地带在脖颈上是比较合适的。

要让小犬了解，在带上牵绳后，如果它不断地反抗，它就会很不舒服。

此外还应注意：人和犬都要养成一个习惯——犬总是走在人的左侧。

二、佩戴牵绳的服从性

几乎所有的犬类协会，都要求佩戴牵绳的犬在主人发出"走"的命令后不论是慢走还是小跑始终在主人身体的左侧。具体的要求是：犬只的肩部和牵犬人的左膝之间构成一条无形的直线。在练习的时候可以通过发出"走"的命令并简短有力地拉动牵绳随时调整。如果犬走的过快就向后拉动牵绳；如果犬走的离人过远就向右拉动牵绳；如果犬走的太慢牵犬人可以用左手轻轻敲击犬的左后上肢，示意它做出正确的动作。注意，每次犬改掉了错误的动作后，应及时给予鼓励，如轻轻抚摩并辅以"真乖"等夸奖。

此外，在整个过程中应不断地变换步伐和速度。

三、让犬佩戴着牵绳进行"坐"、"卧"、"过来"的训练

让犬采取基本姿势（犬是坐姿，在您身体的左侧），发出"卧"的命令。然后训练人员转身，和犬面对面地站在犬的前方。牵绳握在右手中，尽量不要引起犬对牵绳的注意。在发出"卧下，别动"的口令后，训练员做出相应的手势让犬倒下，自己慢慢地向后方倒退。如果犬试图改变自己的位置，应立刻予以纠正，可能的话再从头开始练习。在离开犬有一个牵绳的长度后，犬始终安静地保持卧姿，而且没有试图站起来，就可以发出"过来"的命令，此时命令声音要大，而且拉长，犬跑过来后，要及时给予夸奖，并让它坐在训练员身体的左侧（即基本姿势）。

【复习题与作业】

1. 如何通过拉动牵绳随时调整犬行进的步伐和速度？

2. 如何让犬佩戴着牵绳进行"坐"、"卧"、"过来"的训练？

实训五　犬的坐、立、卧与行走训练

【教学目标】

学会训练犬坐、卧、行走的基本方法。练习训犬坐、卧、行走。

【教学准备】

一、犬的选择

1. 选择幼年犬、成年犬作为教学对象。

2. 选择具备性情温顺易驯、不羞涩特点的犬。

二、教学前准备

1. 在教学前要使犬在笼内或架上能安定地生活，适应训练并与训犬人员建立良好的互信关系。

2. 设备与材料：脖套、牵绳、食物。

【内容与方法】

一、坐和坐的基本姿势训练

"坐"的训练就是要养成犬坐在训犬者的左侧的习惯。这样可以增进犬对于训练者的感情和注意，有利于训犬工作的顺利进行。开始这项训练的基础是犬已经习惯于佩戴牵绳行动了。

训犬者左手指压犬的腰角（下背部）示意犬做"坐"的姿势，口中频频下达"坐"的命令，同时用右手向上拉动牵绳。如果犬摆出了坐姿，尽管很不标准，也要及时给予夸奖和鼓励，应该注意在接受赞扬的时候，还保持着坐的姿态。不断地重复这项训练，直到犬听到命令后很快地坐下。反复多次训练后，犬就能学会此动作。也可以在训练幼犬时，先给食物，并命它坐下接食。多次训练后，犬也能自然地养成这种"坐"的姿势。

训练要求是：主人发出"坐"的命令犬能立刻坐下，直到听到主人发出"站"或"走"的命令时才站起来，而主人此时可以站在犬的身边或者继续往前走。

基本姿势是：犬在牵犬员身体的左侧，采取坐姿，其头部的方向与牵犬员头部的方向一致。

二、立的训练

如果让坐下或者卧倒的犬站起来，要发"立"的命令，同时右手轻提项圈，左手轻轻托起犬的后腹部，使它站起来。动作完成后，立即给予奖励。发出命令时主人和犬的距离可在训练中慢慢加长。

三、卧下的训练

卧下的训练从基本姿势开始，当发出"卧"的命令后，牵犬员借助手中牵绳的帮助，让犬卧下。刚开始练习时，犬可能会对此做出反抗。此时，训犬员可以弯下腰对它说"好，就这样待着"，同时轻轻地按压它的臀部，直到犬安静下来。在以后的重复训练中发出的口令要简短而有力，为了表示支持和帮助可以把左手放到犬的肩膀部位。

如果要犬在左侧卧倒，可以先让犬在左侧坐下，发"卧"的口令，左手朝前面向下拉项圈，右手拿食物，从犬嘴前面慢慢向下移，诱使它前腿卧倒，动作完成后，立即给予奖励。

如果要犬在正面卧倒，可以让犬在正面坐下，用同样的方式诱使它前腿卧倒。动作完成后，即给予奖励。

对待不听话的犬可以把它的前肢向前方拉动，这样它很自然地就摆出了卧的姿势。此时需要注意的是不要马上给予鼓励和夸奖，否则犬只的反应是立即高兴地站立起来，应该让它保持卧姿再待上一会儿。之后，训犬员可以从蹲的姿势慢慢站起来，而且口中不断地重复"卧（下）"的命令。尽量注意不要牵动绳子，不要刺激犬也想同时站起来。

下一个步骤是：远离犬只。在犬保持卧姿的时候，把牵绳尽量放长，此时可以在犬的身边来回走几步，这个动作可以不断地重复，直到可以在犬的身边来回绕圈时，犬还是保持卧着的姿势。逐渐地可以在犬的正前方用倒退的步子缓缓走动，手中拿着牵绳，在牵绳快拉直的时候再向犬走过去。这样重复几次后，如果犬还是保持卧姿，就可以让犬站起来，并且给它夸奖和鼓励，例如：给它一些好吃的或者和它一起玩耍。

四、行走训练

（一）前进

训练犬根据主人命令，前进到某一地方。可先让犬坐下，主人走出 20m 左右的距离，做出好像放了一个东西的姿势，然后迅速返回。左腿微跪，右手手掌向里手臂向前平伸，指向刚到的地方，令犬前进。当犬到达目的地时命令犬坐下，马上给它奖励。

反复的任务训练后主人不再亲自前去目的地，而是只用手势和命令指导犬完成到达目的地。

（二）随行

训练犬按照命令牵引随行，应该让犬在左侧，右手在腰部左右轻轻牵引，直到犬到达适当的位置，下达"走"的口令。动作完成后，用左手拍拍它奖励一下。

训练犬在没有牵引的情况下随行，应该在牵引随行成功后去掉牵引带。让犬在稍后的位置跟着走，下达"走"的口令，边走边引导。表现正确时可以奖励一下。

在训练中如果犬不能正确地完成或离开正确地位置，应立即制止，并发出"走"的口令纠正。

（三）过来

当犬在无目的游荡时，应该叫犬的名字，然后说"来"，同时轻拉绳链，向后退，使犬跟着到主人身边，然后让它在主人左侧坐下。完成动作后立即给予奖励。再慢慢增加发出命令时主人与犬之间的距离。

（四）过去

让犬坐下，主人走到距犬 20m 左右的地方放下一东西然后马上返回，发用"去"的口令，左手轻拉项圈，右臂平伸，手掌向里指向放东西的方向，使犬向东西走去。当犬走到东西前时，让它坐下，然后奖励它。

这个训练需要经常反复地进行，距离可慢慢加大。

熟练以后可远距离指挥，让犬自己前去。

【复习题与作业】

1. 如何进行犬的坐、卧训练？
2. 如何进行犬的行走训练？

实训六　猫调教训练中刺激法的运用

【教学目标】

掌握猫训练中刺激法运用的方法。

学会用机械刺激、食物刺激等非条件刺激训猫。

学会用口令、手势、哨声和铃声等条件刺激训猫。

【教学准备】

一、猫的选择

1. 选择幼、成年猫，老猫因反应迟钝一般不作教学对象。
2. 选择性情温顺易驯、不羞涩的猫。

二、教学前准备

在教学前要使猫在笼内或架上能安定地生活，适应训练并与训练人员建立良好的互信关系。

设备与材料：食物和铃声等。

【内容与方法】

一、训猫的刺激方法

猫调教训练的刺激方法有两类，即非条件刺激和条件刺激。

二、非条件刺激

非条件刺激包括机械刺激和食物刺激。

机械刺激是指训练者对猫施加的物理手段，包括拍打、抚摸、按压等。机械刺激属于强制手段，能帮助猫做出相应的动作，并能固定姿势，纠正错误，机械刺激的缺点是易引起猫精神紧张，对训练产生抑制作用。

食物刺激是一种奖励手段，效果较好，不过所用的食物必须是猫喜欢吃的。只有当猫对食物发生了兴趣，才会收到良好的效果。训练开始阶段，每完成一个动作，就要奖励猫吃一次食物，以后逐渐减少，直到最后不给食物。在实际训练中，将两种刺激方法结合起来应用，效果更佳。

三、条件刺激

条件刺激包括口令、手势、哨声和铃声等。

常用的条件刺激是口令和手势，特别是口令是最常用的一种刺激。在训练中，口令和相应的非条件刺激结合起来，才能使猫对口令形成条件反射。各种口令的音调要有区别，而且每一种口令的音调要前后一致。

手势是用手做出一定姿势和形态来指挥猫的一种刺激，在对猫的训练中手势有很重要的作用。在手势的编创和运用时，应注意各种手势的独立性和易辨性。每种手势要定型，运用要准确，并与日常惯用动作有明显的区别。

【复习题与作业】

在猫的实际训练中，食物刺激法有哪些注意事项？

实训七　鹩哥的说话训练

【教学目标】

掌握鹩哥捻舌方法，初步学会训练鹩哥说话的方法。

【教学准备】

一、鹩哥的选择

1. 准备教学的鹩哥要选取当年羽毛已长齐的幼鸟（一般要小于6、7个月）。
2. 驯养鹩哥应选择嘴呈黄玉色，脚呈橙黄色，全身羽毛光滑有光泽的品种。
3. 口腔较大且舌多肉、柔软而呈短圆形。
4. 具备性情温顺易驯、不羞涩的特点。

二、教学前的准备

1. 首先要确定鹩哥最喜欢的食物做诱饵。可以备些虫子，如果有的鹩哥不喜欢吃虫子，可用切成细条的生牛肉或其他食物试喂，也可以用其他食物，当确认鹩哥喜欢之后即可选作诱饵。

2. 选择要训练的鹩哥应该是不怕人，能上手吃食物的，这样可以缩短训练的时间。反之需要在训练中逐步培养，相对来说需要的时间要长，且训练时要求鸟处于异常饥饿的状态。

3. 设备与材料：适宜的食物（虫子、牛肉等）。

【内容与方法】

鹩哥一般对清脆的声音比较敏感，所以要用好听、清楚悦耳的声音做鹩哥的示范音。

人工饲养大的鹩哥，较早习惯人讲话的声音，比较容易训练。训练鹩哥学讲话一定要有耐心，持之以恒，与鹩哥说话的时间愈多，就能学得越快。

鹩哥说话的训练时间最好选择在清晨，因此时鹩哥的鸣叫最欢，并且在喂食前进行，训练效果更好。选一个环境较安静的地方，每天清晨和其他固定时间用同样的话语向鹩哥反复灌输，几天之后鸟就会有相同反应。训练时注意要用短词句，在鹩哥能成功的模仿短词句后，再继续连贯下去。另外，用清脆的女声录音带有节奏地反复播放的训练方法，效果更好。

注意鹩哥说话训练时，主人最好也在鸟笼旁边，以提高鸟的适应性。一般来说聪明的鸟7～10d可学会一句短词，一个月可学会几句短词句。

【复习题与作业】
简答训练鹩哥说话的方法步骤。

实训八　八哥的语言模仿训练

【教学目标】
掌握八哥捻舌方法，初步学会训练八哥说话的方法。
【教学准备】

一、八哥的选择

1. 选取当年羽毛已长齐的幼鸟。
2. 选择嘴呈黄玉色，脚呈橙黄色，全身羽毛光滑有光泽的品种。
3. 口腔较大且舌多肉、柔软而呈短圆形。
4. 具备性情温顺易驯、不羞涩的特点。

二、教学前的准备

在教学前要使八哥在笼内或架上能安定地生活，不易受惊并很驯服，愿意接近人。八哥要能驯服到允许人的手抚摸它的头或前背，放开脚链它也不飞走的程度。

设备与材料：诱饵、剪刀、香灰（蚊香灰、香烟灰等）、适宜的食物、安静的教室。
【内容与方法】

一、捻舌

八哥需经捻舌后才能教以人语。捻舌就是将鸟舌用剪刀修剔成圆形。操作时最好两人合作：一人用手轻握鸟体，另一人用左手从颈部向前握住鸟头，并用左手食指和拇指从鸟嘴角两边插入，将鸟嘴撑开。嘴张开以后，在右手食指上沾些香灰（蚊香灰、香烟灰都可以）用香灰包裹鸟舌，随后两指左右捻搓，用力由轻到重，舌端会脱下一层舌壳，并会微量出血（这是正常现象），涂些紫药水后将鸟放回鸟笼，捻舌后可用蛋黄蒸粟米作为饲料饲养。相隔半月以后再用上述方法进行第二次捻搓，但这次仅能捻下极薄而不完整的一层膜皮。再休养半个月后，即可进行教学话语。

二、训练方法

1. 训练准备

八哥学话须从幼鸟开始。

2. 训练时间

因鸟的鸣叫在清晨最为活跃，这时鸟尚未饱食，教学效果好，所以，训练时间最好选择清晨。

3. 训练环境

要求安静，不能有嘈杂声和谈话声，否则易分散鸟的注意力，也会使鸟学到不应该学的声音，因此最好选择在安静的室内进行教学。

4. 训练内容

开始时要选择简短的词语，如"您好"、"欢迎"、"再见"、"拜拜"、"谢谢"等。注意发音准确、清晰、缓慢，最好用普通话，不用方言。每天反复教同一词语，学会后还要巩固。还可用录音机辅助，并且反复播放。这样不仅效果更好，而且也省力。一般一句话教1周左右，鸟儿即能学说。能学说后巩固几天，再教第二句。对于反应较灵敏的鸟，还可教简单的歌谣。

注意在教学期间，不能让鸟听到无聊或不适当的语句。鸟学语一般有一短暂时间特别敏感，这时对外界的各种声音极易仿效。训练时注意观察，及时抓住利用好这一敏感期。

【复习题与作业】

1. 什么叫捻舌？捻舌的方法和步骤？
2. 如何训练八哥学话？

实训九　捉鸽、握鸽、递鸽和接鸽练习

【教学目标】

掌握捉鸽、握鸽、递鸽和接鸽的方法，学会捉鸽、握鸽、递鸽和接鸽。

【教学准备】

一、鸽子的选择

1. 准备教学的鸽子要选取当年羽毛已长齐的幼鸟，老鸟因反应迟钝，一般不作教学对象。
2. 具备性情温顺易驯、不羞涩的特点。

二、练习前的准备

在教学前要使鸽子在笼内或架上能安定地生活，不易受惊并很驯服，愿意接近人。

【内容与方法】

捉鸽、握鸽、递鸽、接鸽都有一定的方法，方法不对，会使鸽受惊、感到难受而扑打翅膀，甚至还会拔掉羽毛或扭伤关节。所以每一个初养鸽者首先要学会捉鸽、握鸽、递鸽、接鸽。

1. 捉鸽

首先确定要捕捉的鸽子，把这只鸽子赶到鸽舍的某个角落。将一只手伸到鸽子的前面，吸引鸽子的注意力，然后另一只手要从鸽子的背部慢慢靠近，快而轻地将鸽捉住。切忌用力过猛，也不要用双手从正面去抓，因为，这样抓鸽子不仅不容易抓到，而且会使它受惊、乱飞乱跑。一旦发生鸽子受惊而从手中挣脱时，千万不能抓其尾部，因为尾羽最容易脱掉。

还有一种捉鸽的方法。用纱布制成 100cm×200cm 的长方形口袋，袋口用铁丝穿成圆圈，固定在 2～5m 的竹竿上，用它去套鸽子。这种方法适合用于在地面行走或在高处的鸽子。捉到后，先用拇指轻压在鸽子的背部，其余四指轻握其腹部，并用中指与食指夹住鸽子的双脚，头上尾下地从袋中取出。

2. 握鸽

当捉住鸽子以后，要变换手的位置将鸽子握住，不让鸽子挣扎。否则，它会从手中挣脱，甚至损伤它的羽毛。握鸽的方法，用单手和双手都可以。用右手握住鸽子的胸骨和背部，头部朝向握鸽者的腹部，尾部向外，大拇指压住鸽子的背部，食指和中指夹住它的两脚，然后用四指握住鸽子的全身。这样，左手就自由了，可以按住鸽子的头部，看眼睛，看头形，或者掰开喙看喉部，或拉开翅膀看翼羽等。

3. 递鸽

递鸽用双手和单手都可以。当要把鸽子递给他人时，用右手压住鸽子的后背和肩部，拇指压住鸽体的左侧，食指按住鸽子两肩的中间，中指、无名指和小拇指在右侧，合掌在两翼上部握住鸽体，将鸽子的两脚夹在无名指和小拇指中间，这样可以方便地将鸽子交给他人了。

4. 接鸽

要根据对方持鸽方式决定接鸽方法，如果对方由背部持鸽，要张开大拇指、食指和中指，先将鸽子的双脚放在中指与食指之间，再去握它的腹部，必要时改换由背部去握它。对方如果握住鸽子的腹部，应从背部去接鸽。不可用与握鸽相同的方法去接鸽，否则不仅不容易接好，而且会引起鸽子猛力拍动翅膀。

注意上述捉鸽、握鸽、递鸽和接鸽都应顺着鸽子羽毛生长的方向，轻捉、轻握，不可用力过猛，更不能猛追、猛赶，以免惊吓了鸽子，影响鸽子同主人的关系。

【复习题与作业】

简述捉鸽、握鸽、递鸽、接鸽的动作要领。

实训十　鸽子的放归训练

【教学目标】

掌握鸽子定向放飞训练的方法，调教训练鸽子放飞归巢。

【教学准备】

一、鸽子的选择

1. 准备教学的鸽子要选取当年羽毛已长齐的幼鸟作为教学对象。

2. 具备性情温顺易驯、不羞涩的特点。

二、教学前的准备

在教学前要使鸽子在笼内或架上能安定地生活，不易受惊并很驯服，愿意接近人。

【内容与方法】

1. 在训练之前，首先应明确当年预期达到的目标，制订详细计划，并按计划实施。每次训练都应有详细训练记录，如鸽子在上空盘旋的圈数和返舍时间，均应写明，以备复查。

2. 训练时，东南西北各方向，不论先到哪一个方向放飞，都要在一方熟悉后再到另一方向放飞，待四方都熟悉后，再作交替放飞，放飞的距离由近及远，一站一站进行；气象条件从单一到复杂。这样才能使信鸽逐渐加深对地形地貌、标记等外界环境的记忆。

3. 训练方法以鸽舍为中心，60km 为半径，开始时应选择较好的天气让幼鸽觅途归舍。初期幼鸽不能进行长距离训练，只能在 60km 范围内熟悉山川地理形势，为以后长距离训练和竞翔打下基础。

4. 在训练过程中，从第 1 次到第 12 次放飞，均以 2～4 只为一组同时放飞。这样没有经验的幼鸽，有伴同飞，能互相帮助，利于觅途归舍。但是因为这种训练不能表现每只信鸽的能力，也不能锻炼它们独立辨认方向的本领。因此，这一时期训练的记录不必太详细。经过 12 次训练后，幼鸽有了 25km 离舍的经验，熟悉了 25km 范围内的山川地形，此后便可开始单羽放飞训练。另外，此段时间训练中，一组鸽放飞之后要等它们飞至视力不能及的距离后，才能放飞下一组幼鸽。

5. 自第 13 次放飞训练开始，以训练幼鸽独立觅途归舍能力为主要任务。所以对每只幼鸽起飞后的情况均应作详细记载。如放飞后，观察鸽在上空盘旋的圈数，可初步判断其识别的能力。有的只需盘旋 1 圈或不到 1 圈，即能判断出鸽舍的所在位置而向鸽舍飞去；有的要盘旋 2～3 圈或多至 10 圈尚未能判断鸽舍方位。能迅速判定方向者较为优秀，判断方向能力较慢者要差一些。但也不能因某只信鸽在上空盘旋的圈数较多而断定是劣等鸽而加以淘汰。如有的鸽在鸽舍东边放飞时，能迅速判断方向并作出决定；如换了一个方向放飞却迟疑不决，判断方向的能力差一些。注意这些情况并详细记录，在挑选信鸽参加比赛时，应根据竞翔路线选择能从这个方向迅速判断鸽舍方位者参加比赛，从而取得较好成绩。

6. 定向放飞训练及四方放飞训练完成之后，幼鸽已到五六个月龄，新羽已基本换齐，身体发育已趋成熟，幼鸽已能从 60km 远单独飞返鸽舍，对其性能已基本上有所了解，此时的训练要求应更高一些，但只需从将来要使用的方向延长距离就行。例如延长至 80km、100km、200km、400km 等。这个阶段训练时间可根据鸽子体质决定，训练时间不宜超过 3 个月。当年的幼鸽放飞距离限于体重、饲养、训练条件，不宜超过 600km。1～2 岁可增加至 800～1 000km。2～3 岁信鸽可进行 1 000km 以上的放飞训练和竞翔。

7. 此项训练当距离延长至 150km 时，劣等鸽早已淘汰；至 300km 时，未满 1 周岁的信鸽已达到训练标准。此后应以 100km 以内多次定向飞翔代替早晨出舍飞翔，但不增加距离，可以为第二年作更远距离的放飞训练创造有利条件。60～150km 训练每次均以 2～4 只为一组放飞，200～300km 以上放鸽时均以集体放飞。另外，训练幼鸽应注意训练用途。如准备训练成单程通讯信鸽，应在鸽舍四周经常放飞训练，如准备参加竞翔比赛，应多做短距离定向放飞训练。

8. 为了保持信鸽通过上述训练养成的归巢能力、持久的飞翔力，必须经常在不同的时间、不同地形、不同气象条件下作调教训练。以便随时能按主人的意图准确行事。训练方法要因鸽施教，既注意原有素质的巩固、提高，又针对薄弱环节进行调教。例如：对于辨别方向较慢的信鸽，就要多变换方向放飞。

【复习题与作业】

简述信鸽定向放飞的一般步骤。

主要参考文献

［1］李世安．应用动物行为学．哈尔滨：黑龙江人民出版社，1985.

［2］王更生．训犬指南．北京：中国农业出版社，2001.

［3］王书林等译．实用养犬学．哈尔滨：黑龙江科学技术出版社，1992.

［4］BAUMAN D L. 爱犬训练新概念．徐明主，译．沈阳：辽宁科学技术出版社，2002.

［5］董润民，于微光．中国四大名鸟．上海：上海科技文献出版社，2007.

［6］于会文，王殿奎．宠物行为与训练学．哈尔滨：东北林业大学出版社，2007.